特种设备非金属材料焊接技术

上海市特种设备监督检验技术研究院
上海亚大塑料制品有限公司　　组编
上海海骄机电工程有限公司
主　编　舒文华
副主编　张　泽　张　俊
参　编　薛季爱　龚　文　刘旭东　刘存华　史春志
杨郁葱　印军华　何宗辉　顾福明　邱天侠
李　龙　张继刚　谢延石

机 械 工 业 出 版 社

本书系统地介绍了特种设备非金属材料焊接的工艺和技术，内容主要包括非金属管道焊接施工法律法规及标准，非金属管道原材料，聚乙烯管道的管材、管件与阀门，非金属材料的验收及储运，非金属管道焊接技术及工艺，管道焊接机具，非金属材料焊接工艺评定及技能评定，非金属管道焊接质量控制，非金属管道焊接缺陷及检验，非金属管道施工与抢修，非金属管道焊接数据的采集与分析和非金属管道的施工安全。本书最后还附有特种设备非金属材料焊接作业人员考试培训习题及答案。

本书可供特种设备非金属材料焊接作业人员考试培训使用，也可供制造安装企业和检验检测单位的工程技术人员、检验员、检验师及焊接人员等参考。

图书在版编目（CIP）数据

特种设备非金属材料焊接技术/舒文华主编. —北京：机械工业出版社，2022. 1

ISBN 978-7-111-63342-6

Ⅰ. ①特… Ⅱ. ①舒… Ⅲ. ①非金属材料－粘接 Ⅳ. ①TG497

中国版本图书馆 CIP 数据核字（2022）第 024926 号

机械工业出版社（北京市百万庄大街 22 号 邮政编码 100037）
策划编辑：侯宪国 责任编辑：侯宪国
责任校对：郑 婕 李 婷 封面设计：张 静
责任印制：李 昂
唐山三艺印务有限公司印刷
2022 年 6 月第 1 版第 1 次印刷
184mm × 260mm · 15. 5 印张 · 381 千字
标准书号：ISBN 978-7-111-63342-6
定价：49. 80 元

电话服务 网络服务
客服电话：010-88361066 机 工 官 网：www. cmpbook. com
010-88379833 机 工 官 博：weibo. com/cmp1952
010-68326294 金 书 网：www. golden-book. com
封底无防伪标均为盗版 机工教育服务网：www. cmpedu. com

前　言

特种设备是生产生活中广泛应用的设备，具有较大的危险性，一旦发生事故就会造成人员伤亡及重大经济损失，而焊接作为特种设备制造、安装、维修和改造中的关键工艺，一直为人们所重视。非金属材料在容器、管道、阀门等特种设备中的应用越来越多。非金属材料主要有塑料、搪玻璃和石墨等。聚乙烯压力管道在承压设备中应用最多，大量应用于燃气、能源、石化领域和城市建设中。焊接是聚乙烯压力管道制造、安装、维修等的关键工艺，焊接从业人员的素质高低和装配工艺的好坏，直接关系到承压设备的质量。当前，特种设备行业迈入高质量发展新阶段，为了提高特种设备非金属材料焊接从业人员的素质，保证特种设备的焊接质量，特编写了本书。

本书较系统地介绍了特种设备非金属材料焊接的工艺和技术，内容主要包括非金属管道焊接施工法律法规及标准，非金属管道原材料，聚乙烯管道的管材、管件与阀门，非金属材料的验收及储运，非金属管道焊接技术及工艺，管道焊接机具，非金属材料焊接工艺评定及技能评定，非金属管道焊接质量控制，非金属管道焊接缺陷及检验，非金属管道施工与抢修，非金属管道焊接数据的采集与分析和非金属管道施工安全等。

本书由上海市特种设备监督检验技术研究院、上海亚大塑料制品有限公司和上海海骄机电工程有限公司组织编写，参加编写的人员有：舒文华、张泽、张俊、顾福明、刘旭东、薛季爱、刘存华、龚文、印军华、谢延石、何宗辉、张继刚、邱天侠、史春志、李龙、杨郁葱，全书由舒文华统稿。

本书的编写工作得到了上海市市场监督管理局有关领导的大力支持，在此表示衷心的感谢！

由于编者水平有限，书中难免存在不足之处，恳请广大读者批评指正。

编者

目　录

第一章 非金属管道焊接施工法律法规及标准

特种设备是工业生产和人民生活中广泛应用的重要设备，同时也是比较容易发生事故的特殊设备，一旦发生事故，将直接危及作业人员或公众的安全和健康。因此，世界主要发达国家都对特种设备实行国家安全监察。根据《中华人民共和国特种设备安全法》，特种设备是指对人身和财产安全有较大危险性的锅炉、压力容器（含气瓶）、压力管道、电梯、起重机械、客运索道、大型游乐设施、场（厂）内专用机动车辆，以及法律、行政法规规定适用《中华人民共和国特种设备安全法》的其他特种设备。

焊接是特种设备制造、安装、维修和改造中广泛使用的工艺技术，焊接缺陷经常是造成特种设备发生事故的重要原因。因此，发达国家都在规范和标准中规定，特种设备焊接作业人员需经考核合格并取得证书，才能从事相应项目范围内的焊接作业。特种设备非金属材料焊接作业人员同样需要取得特种设备作业人员证后，方可从事相应项目范围内的焊接作业，以保证特种设备非金属材料的焊接质量和安全。

第一节 压力管道基本知识

一、概念

压力管道是指用于输送、分配、混合、分离、排放、计量、控制或者制止流体流动的，由组成件及支承件组成的装配体。管道组成件包括管子、管件、法兰、垫片、紧固件、阀门、膨胀接头、挠性接头、耐压软管、安全保护装置、疏水器、过滤器和分离器等；管道支承件包括吊杆、弹簧支吊架、斜拉杆、平衡锤、松紧螺栓、支承杆、链条、导轨、锚固件、鞍座、垫板、滚柱、托座和滑动支架等安装件，以及管吊、吊（支）耳、圆环、夹子、吊夹、紧固夹板和群式管座等附着件。

《特种设备目录》中压力管道的定义为：压力管道是指利用一定的压力，用于输送气体或者液体的管状设备，其压力范围规定为：最高工作压力大于或等于0.1MPa（表压），介质为气体、液化气体、蒸汽，或者可燃、易爆、有毒、有腐蚀性、最高工作温度高于或者等于标准沸点的液体，且公称直径大于或等于50mm的管道；公称直径小于150mm，且其最高工作压力小于1.6MPa（表压）的输送无毒、不可燃、无腐蚀性气体的管道和设备本体所属管道除外。其中，石油天然气管道的安全监督管理还应按照《中华人民共和国安全生产法》《中华人民共和国石油天然气管道保护法》等法律法规实施。

《特种设备安全监察条例》中关于压力管道的定义为：压力管道是指利用一定的压力，用于输送气体或者液体的管状设备，其范围规定为最高工作压力大于或等于0.1MPa（表压）的气体、液化气体、蒸汽介质，或者可燃、易爆、有毒、有腐蚀性、最高工作温度高于或者等于标准沸点的液体介质，且公称直径大于25mm的管道。

二、分类与分级

对不同的压力管道实行分类分级，按照不同的类别和级别分别进行设计、施工、使用安全管理，是对压力管道进行科学管理的有效方法。目前，压力管道的分类方法很多，不同部门、不同使用场合，有不同的分类分级方法。部门、行业各自的分类分级方法可以归纳为按设计、施工安装和使用管理进行分级。

1. 分类

常用的分类方法主要如下：

（1）按压力管道承受内压情况分类　压力管道可以分为真空管道、低压管道、中压管道、高压管道、超高压管道。其划分界限为：

真空管道　$p<0.1\text{MPa}$

低压管道　$0.1\text{MPa}\leqslant p<1.6\text{MPa}$

中压管道　$1.6\text{MPa}\leqslant p<10\text{MPa}$

高压管道　$10\text{MPa}\leqslant p<100\text{MPa}$

超高压管道　$p\geqslant100\text{MPa}$

（2）按管道输送的介质分类　压力管道可以分为工艺管道、燃气管道、蒸汽管道等。其中工艺管道可以根据输送的介质名称命名。

（3）按管道的材料分类　压力管道可以分为碳钢管道、不锈钢管道、合金钢管道、有色金属管道、非金属管道、复合材料管道、特种材料管道等。

（4）按管道壁厚分类　压力管道可以分为厚壁管道和薄壁管道。

（5）按压力管道的操作温度分类　可分为高温管道、常温管道和低温管道等。

（6）按使用管理分类　我国相关规范将各行业所有的压力管道按其用途分为三大类，即工业管道、公用管道和长输管道。工业管道是指企业、事业单位所属的用于输送工艺介质的工艺管道、公用工程管道及其他辅助管道；公用管道是指城市或乡镇范围内的用于公用事业或民用的燃气管道和热力管道；长输管道是指产地、储存库、使用单位之间用于输送商品介质的管道。

2. 分级

常用的分级方法主要如下：

（1）按使用管理要求分级　根据《中华人民共和国特种设备安全法》《特种设备安全监察条例》，经国务院批准，原国家质量监督检验检疫总局于2014年10月30日公布了《质检总局关于修订〈特种设备目录〉的公告》（2014年第114号），新修订的《特种设备目录》自公布之日起施行。《压力管道安装许可规则》按工业管道、公用管道和长输管道三种类别进行分级，见表1-1。

表1-1　《压力管道安装许可规则》中的分类分级

管道类别	管道级别
工业管道	GC1，GC2，GC3
公用管道	GB1，GB2
长输管道	GA1，GA2

（2）按管道的压力、介质、温度等分级

1）工业管道的分级。《压力管道安全技术监察规程－工业管道》中将工业管道按管道的介质、压力、温度等因素分为 GC1、GC2 和 GC3 三个级别，分级方法见表 1-2。

表 1-2　按《压力管道安全技术监察规程－工业管道》的分级

级别	适用范围
GC1	输送 GB 5044 中规定的毒性程度为极度危害介质，高度危害气体介质和工作温度高于其标准沸点的高度危害的液体介质的管道
	输送 GB 50160 中规定的火灾危险性为甲、乙类可燃气体或甲类可燃液体（包括液化烃），并且设计压力大于或等于 4.0MPa 的管道
	输送除前两项介质的流体介质并且设计压力大于或等于 10.0MPa，或者设计压力大于或等于 4.0MPa，并且设计温度大于或等于 400℃的管道
GC2	除 GC3 级管道外，介质毒性程度、火灾危险性（可燃性）、设计压力和设计温度低于 GC1 级的管道
GC3	输送无毒、非可燃流体介质，设计压力小于或等于 1.0MPa，并且设计温度高于－20℃但是不高于 185℃的管道

2）公用管道的分级。公用管道按燃气管道和热力管道分为 GB1、GB2 两个级别。GB1 为燃气管道，GB2 为热力管道。

3）长输管道的分级。长输管道按介质、压力、输送的距离分为 GA1、GA2 两个级别，具体的分级方法见表 1-3。

表 1-3　长输管道的分级

级别	适用范围
GA1	输送有毒、可燃、易燃气体介质，最高工作压力大于 4.0MPa 的长输管道
	输送有毒、可燃、易燃液体介质，最高工作压力大于或等于 6.4MPa，并且输送距离（指产地、储存地、用户间的用于输送商品介质管道的长度）大于或等于 200km 的长输管道
GA2	GA1 级以外的长输（油气）管道

分级标准中压力管道介质的毒性程度按国家标准 GBZ 230—2010《职业性接触毒物危害程度分级》，分为极度危害、高度危害、中度危害、轻度危害和轻微危害五级。

介质的火灾危险性按 GB 50160—2008《石油化工企业设计防火规范》、GB 50016—2014《建筑设计防火规范》的相关规定分类。

（3）按压力管道的设计规范分级

1）GB 50316—2000（2008 年版）《工业金属管道设计规范》按管道流体介质的性质分级（类），见表 1-4。

表 1-4　《工业金属管道设计规范》按管道流体介质的性质分级（类）

流体类别	适用范围
A1 类	剧毒流体，相当于 GB 5044① 中Ⅰ级（极度危害）的毒物
A2 类	有毒流体，相当于 GB 5044 中Ⅱ级及以下（高度、中度、轻度危害）的毒物

（续）

流体类别	适用范围
B类	能点燃并在空气中连续燃烧的流体，这些流体在环境或操作条件下是一种气体或可闪蒸产生气体的液体
C类	不包括D类流体的不可燃、无毒的流体
D类	设计压力小于或等于1MPa，设计温度在－20～186℃的无毒、不可燃流体

① 该标准已被GBZ 230—2010替代。

其中A1类和美国B31.3规范的M类相同，D类和B31.3的D类相似，B类相当于B31.3的第三类可燃流体。

2）GB 50028—2006《城镇燃气设计规范》的分级。将城镇燃气管道按设计压力大小分级，见表1-5。

表1-5 城镇燃气管道按设计压力（表压）分级

名称		压力 p/MPa
高压燃气管道	A	$2.5 < p \leqslant 4.0$
	B	$1.6 < p \leqslant 2.5$
次高压燃气管道	A	$0.8 < p \leqslant 1.6$
	B	$0.4 < p \leqslant 0.8$
中压燃气管道	A	$0.2 < p \leqslant 0.4$
	B	$0.01 \leqslant p \leqslant 0.2$
低压燃气管道		$p < 0.01$

（4）美国国家标准压力管道规范ANSI/ASME B31.3对管道流体介质的分级（类） 美国国家标准压力管道规范ANSI/ASME B31.3《化工厂和炼油厂管道》根据被输送的介质和泄漏时造成的后果分级，将压力管道分为D类、M类、一般流体管道（介于M类、D类之间的第三类可燃流体）。

D类：输送的流体为无毒、非易燃物质且在规定操作条件下对人的肌体组织无害；设计压力不超过150psi（1.03MPa）；设计温度为－20～366℉（－29～186℃）之间。

M类：输送的流体有剧毒，在输送过程中即使有极少量泄漏到环境中，被人吸入或与人体接触时能造成严重的和难以治疗的伤害，即使迅速采取措施也无法挽救。

一般流体管道是指除M类、D类之外的所有工艺和公用工程管道，但不包括加热炉、热交换器、容器和机组的内部管道。

三、构成

1. 压力管道元件

压力管道元件由管道组成件、管道支承件组成。管道组成件包括：管子、管件、法兰、垫片、紧固件、阀门、膨胀节、补偿器、特殊阀门、爆破片、过滤器、阻火器、挠性接头及软管等；管道支承件包括：管道的支架、吊架和附属件。

由于压力管道的功能要求和所处位置不同，其构成各不相同，所需的元件有多有少，有的非常简单，有的比较复杂，但是最基本的元件一般包括管子、管件、阀门、支吊架、保温件等。

压力管道一般用单线图表示。图1-1所示为管道系统组成示例，其中构成管道系统的元件比较多，包括管件、阀门、连接件、附件、支架等。图1-1中画出了19个元件的符号。

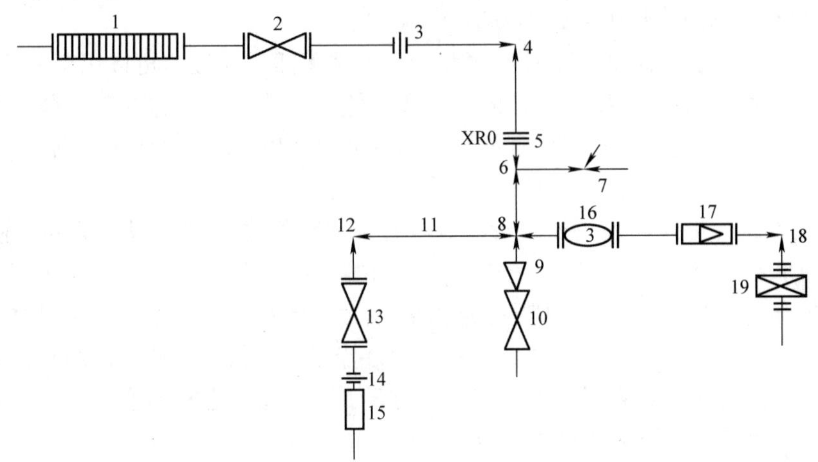

图1-1　管道系统组成示例

1—波纹管　2、10、13—阀门　3—“8”字形盲通板　4、12、18—弯头　5—节流孔板　6—三通　7—斜三通　8—四通　9—异径管　11—滑动支架　14—活接头　15—疏水器　16—视镜　17—过滤器　19—阻火器

2. 压力管道的连接

压力管道的主要构成为管子，管子按材质可分为金属管、非金属管和复合管三大类。金属管包括碳素钢管、合金钢管（包括不锈钢管）、铸（硅）铁管和有色金属管（如铜及铜合金、铝及铝合金、铅及铅合金、钛及钛合金等）；非金属管包括聚四氟乙烯（PTFE）管、聚氯乙烯（PVC）管、聚乙烯（PE）管、聚丙烯（PP）管和丙烯腈-丁二烯-苯乙烯共聚物（ABS）管等；复合管（包括衬里管）是通过两种或两种以上材料复合而成的管子，其接触介质的材料（通常称为复层）为耐蚀的不锈钢或非金属材料，而承压部分（通常称为基层）为较便宜的碳素钢等材料，衬里管常采用衬塑、衬胶、衬玻璃钢、陶瓷、衬绝热耐磨材料等形式。

压力管道中除管子以外，还有许多其他管件，如弯头、三通、异径管、法兰、盲板、阀门、短管等，通常称这些构件为管道附件，简称管件。管件是组成管道不可缺少的部分，是用来改变管道方向、管径大小、管道标高，进行管道的分支、局部加强、调节和切换管路中的流体、实现特殊连接等作用的管道元件。

管道的连接包括管道与管道的连接、管道与各种管件、阀门及设备接口等处的连接。根据管件端部连接形式可以分为焊接连接、承插连接、螺纹联接、法兰连接等，这也是常用的管道连接方式。在低压管路中，流量计及蝶阀等有时也采用对夹式连接方式。

（1）焊接连接　焊接是管道及其元件常用的一种连接形式，是一种不可拆的连接，它是用焊接的方法将管道和各管件、阀门直接连成一体的。焊接密封效果非常可靠，结构简单，便于安装施工，无泄漏且价格便宜，但给清理检修工作带来不便。焊接广泛应用于石油化工装置中的易燃、可燃介质以及高温度压力参数的其他介质管道连接。公称直径小于40mm的管道、有缝隙腐蚀介质的管道、润滑油管道、复合衬里管道一般不采用对焊连接。

管件的焊接有对接、搭接、带衬环的对接、加管箍的焊接等，可根据管道材料和施工要求合理选择。

焊缝质量的好坏直接影响连接强度和密封质量。对于焊缝质量，可按有关技术规定进行检查，如可用X射线拍片和压力试验方法进行检查。

（2）承插连接　在密封要求不高的情况下可采用承插式连接，可以用于公称压力较低、管子公称直径不大于50mm、壁厚较薄的管子和管件之间的连接。它的管口是特制的，管端套入后，在承插处的空隙中填入密封材料，常用的填料有麻、水泥、铅等，以达到密封要求。

（3）螺纹联接　螺纹联接主要由管箍和各种带内螺纹的管件，以及拆卸方便的活接头等组成。螺纹联接的管道端部应加工外螺纹，利用螺纹与管箍、管件和活接头配合固定，其密封则主要依靠管螺纹的咬合和在螺纹之间加敷密封材料来达到。常用的密封材料是白漆加麻丝或四氟膜，缠绕在螺纹表面，然后与螺纹配合拧紧。密封材料还可以用其他填料和涂料代替。螺纹联接适用于公称直径不大于40mm的管子及其元件之间的连接，它属于可拆卸连接，常用于不宜焊接或需要可拆卸的场合。

螺纹联接与焊接相比，其接头强度低，密封可靠性也较低，因此使用压力和使用温度不宜过高，一般用于压力低于1.6MPa的管道中。螺纹联接在石油化工生产装置的管道上使用时，常受下列条件的限制：

1）螺纹联接的管件应采用密封管螺纹。

2）螺纹联接不推荐用在大于200℃或低于-45℃的温度下。

3）螺纹联接不得用在剧毒介质管道上。

4）螺纹联接不推荐用在可能发生应力腐蚀、缝隙腐蚀或由于振动、压力脉动及温度变化可能产生交变载荷的管道上。

5）用于可燃气体管道上时，宜采用密封焊进行密封，其管径宜不大于20mm。

（4）法兰连接　为便于安装和检修，管道中常常采用可拆卸的连接方法，法兰就是一种最常用的连接管件。为与容器法兰相区别，管道中的法兰也称为管法兰。法兰的结构和种类很多，可根据法兰与管子的连接方式、法兰密封面的形式以及压力-温度等级进行分类。不同连接方式的法兰，可有相同或不同的密封面形式；同一连接方式的法兰，亦可有相同或不同的密封面形式；各种类型的法兰又有不同的压力-温度等级。

根据管子与法兰的连接方式，法兰的类型主要有：平焊法兰（板式平焊法兰、带颈平焊法兰）、对焊法兰（带颈对焊法兰）、承插焊法兰、螺纹法兰、翻边活动式法兰（松套法兰）和法兰盖等。

3. 压力管道的安全装置

压力管道的安全装置是压力管道中重要的安全附件，主要包括安全泄放装置（安全阀、爆破片装置、紧急切断装置）、压力表、测温仪表、阻火器等。

为了保证压力管道的安全操作，防止压力管道因超压而产生安全事故，除了要严格遵守安全操作规程等一些根本性的措施外，还应尽可能减少压力管道超压的各种因素，在可能导致压力管道超压的场合，必须设置安全泄放装置。当压力管道在正常操作条件下运行时，安全泄放装置并不影响管道的工作，而一旦管道内的压力超过规定设置的安全范围，它将自动开启，迅速泄出部分或全部的介质，使压力管道内压力保持在所容许的范围内或完全泄掉，达到保护设备装置安全的目的。

四、色标

为了加强生产安全管理，方便操作及检修，压力管道的外表面都应涂刷识别色和标志。国家标准 GB 7231—2003《工业管道的基本识别色、识别符号和安全标识》规定了工业管道的基本识别色、识别符号和安全标识。各行业标准也有具体的色标规范。

1. 识别色

识别色是指用以识别工业管道内物质种类的颜色，有的规范称为表面色。有绝热层的管道一般均应涂刷识别色。但是表面层采用搪瓷、陶瓷、塑料、橡胶、有色金属、不锈钢、镀锌薄钢板（管）、合金铝板、石棉水泥等材料的管道，可保持制造厂出厂色，不再涂识别色。基本识别色标识的方法如下：

1）在管道全长上标识。

2）在管道上以长方形的识别色进行标识。

3）在管道上以宽为 150mm 的色环进行标识。

4）在管道上以带箭头的长方形识别色标牌进行标识。

5）在管道上系挂识别色标牌进行标识。

当管道采用 2）~5）基本识别色标识方法时，其标识的场所应包括所有管道的起点、终点、交叉点、转弯处、阀门和穿墙孔两侧等的管道上和其他需要标识的部位，两个标识之间的最小距离为 10m。

2. 识别符号

识别符号是指用以识别工业管道内物质名称和状态的记号，有的规范称为标志色。工业管道的识别符号包括：管道内介质名称、流向、主要工艺参数等。

3. 安全标识

凡属于 GB 13690—2009《化学品分类和危险性公示通则》所列的危险化学品，其管道应设置安全标识，标识的方法为：在管道基本色的标识上或附近涂 150mm 宽黄色，在黄色的两侧各涂 25mm 宽的黑色色环或色带，安全色范围应符合 GB 2893—2008 的规定。

4. 消防标识

对消防专用管道应遵守 GB 13495—1992《消防安全标志》的规定，并在管道上标识“消防专用”。

五、非金属压力管道

非金属压力管道的种类很多，多用于腐蚀性介质或清洁度要求高（尤其是对铁离子含量有严格限制的流体输送）的输送介质，在城镇燃气输配工程中也常用非金属压力管道。非金属压力管道具有质量轻、耐蚀性强、流体阻力小、热导率低、施工方便且寿命长等特点，埋地敷设的燃气管道常用聚乙烯管材。从 20 世纪 20 年代以来，随着经济的发展，特别是天然气产业的发展，在聚乙烯管道的原料特性、管材和管件的制造工艺、连接方法、机具等诸多方面都取得了很大的进步，为燃气输配系统压力管道使用聚乙烯材料奠定了基础。

国内燃气用聚乙烯管材是按照 GB 15558.1—2015《燃气用埋地聚乙烯（PE）管道系统　第 1 部分：管材》标准生产的，适用于工作温度在 -20 ~ 40℃、最大工作压力不大于 0.4MPa 的人工煤气或天然气、气态 LPG 介质的输送。聚乙烯管材的基础原料为聚乙烯树脂，再添加抗氧剂、紫外线稳定剂和着色剂等添加剂，经挤出成型。聚乙烯管材的颜色为黄色或黑色，规格尺寸范围为dn32～DE630mm。根据使用的工作压力不同，聚乙烯管材分为SDR11和SDR17.6两个系列。聚乙烯管材主要应用于城市中低压燃气管网，尤其是使用天然气的地区用量较大。随着聚乙烯燃气管道产品标准GB 15558.1—1995、GB 15558.2—1995和CJJ 63—1995的颁布，我国聚乙烯燃气管道得到了迅速发展，但与发达国家相比还存在不少差距，主要表现在燃气管道原料主要依赖进口，聚乙烯给水管设计、施工及验收标准不完善，聚乙烯燃气管道施工技术不够先进且缺少使用经验等。在国外，聚乙烯管道用量仅次于聚氯乙烯管道，主要应用于城镇供水、城镇燃气供应以及农田灌溉。根据对各种塑料管道的市场占有情况进行分析，聚乙烯管道增长速度明显高于聚氯乙烯管道。在旧管道插入更新中，聚乙烯管道是首选材料，施工速度快、成本低、路面损坏小。另外，在先进的犁入埋管（拖管法、喂管法）施工中，聚乙烯管道将充分发挥其优良性能。聚乙烯管材与管件的连接方式主要是热熔连接和电熔连接。欧洲主要采用电熔连接，美国主要采用热熔对接连接和电熔连接两种。国外聚乙烯管道产品标准及质量检测标准比较齐全，执行也比较严格，并且发展很快，特别是对低温情况下的快速开裂扩展性能进行了深入研究，并将耐快速开裂扩展（RCP）纳入标准中。

从力学破坏特性的角度，根据聚乙烯原料质量、制品性能、市场开拓、试验方法和有关标准等进展情况，可以区分出聚乙烯管道的三个发展阶段：

1）开始采用聚乙烯管道的初级阶段（20世纪30—60年代），只考虑拉伸模量、拉伸强度、抗冲击强度、短期抗爆能力等。

2）保证和改进聚乙烯管道的耐蠕变开裂、长期寿命和长期强度的阶段（20世纪60—80年代末）。

3）防止聚乙烯管道发生快速开裂破坏危险的阶段（20世纪80年代末至今）。

第二节 非金属管道焊接施工的法律法规

从事特种设备焊接工作的作业人员，首先应掌握与工作相关的法律、法规、技术规范、标准等的要求，再结合自身焊接技术的不断提高，才能确保焊出的所有焊缝都能符合相关的质量要求。因此，学习与本职工作相关的法律、法规、技术规范和标准，了解和掌握其要求是非常必要的。

目前，我国已经基本形成了一套完整的特种设备法规标准体系。特种设备法规标准体系涵盖了特种设备安全的各个方面，对特种设备安全监察、安全管理、安全性能基本要求、安全保障技术措施等进行规范，是实现特种设备依法监管的基础，也是我国社会主义法制建设的重要组成内容。我国特种设备法规体系的结构可以分成法律、行政法规、部门规章、安全技术规范四个层次（见图1-2）。

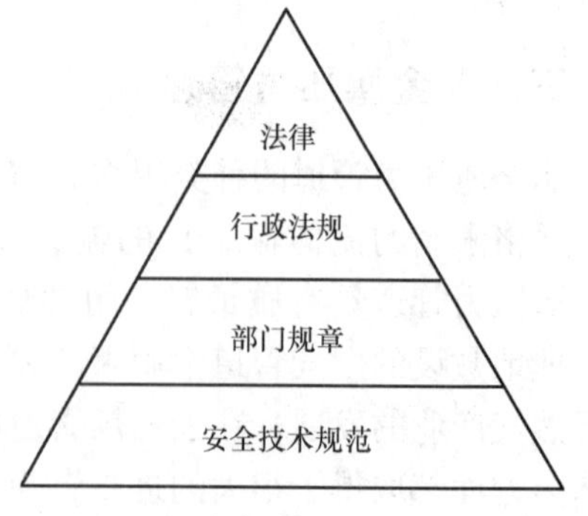

图1-2 我国特种设备法规体系的结构

一、法律

1. 概述

法律是由立法机关或国家机关制定，国家政权保证执行的行为规则的总和。在我国，全国人民代表大会和全国人民代表大会常务委员会行使国家立法权，立法通过后，由国家主席签署主席令予以公布。我国现行与非金属压力管道监管相关的法律见表1-6。

表1-6　现行与非金属压力管道监管相关的法律

序号	法律名称
1	中华人民共和国特种设备安全法
2	中华人民共和国安全生产法
3	中华人民共和国劳动法
4	中华人民共和国石油天然气管道保护法
5	中华人民共和国产品质量法

2. 法律规定

《中华人民共和国特种设备安全法》于2013年6月29日由第十二届全国人民代表大会常务委员会第三次会议通过并予以公布，自2014年1月1日起施行。该法将特种设备领域的安全保障上升到了国家法律层面，确立了“企业承担安全主体责任、政府履行安全监管职责和社会发挥监督作用”三位一体的特种设备安全工作新模式，进一步强化了特种设备生产、经营、使用单位的安全主体责任，更加强调发挥政府的监督作用，履行政府的行政监管职能，鼓励社会公众对特种设备安全起监督作用。该法第二条规定：“特种设备的生产（包括设计、制造、安装、改造、修理）、经营、使用、检验、检测和特种设备安全的监督管理，适用本法。”将特种设备生产、经营、使用及检验、检测的安全工作纳入该法的调整范围，实施分类的、全过程安全监督管理，是保证特种设备安全有效的手段。第二条还规定：“国家对特种设备实行目录管理。特种设备目录由国务院负责特种设备安全监督管理的部门制定，报国务院批准后执行。”对特种设备实行目录管理，以目录的形式列出特种设备种类（包括压力管道元件、安全附件和安全保护装置）的相应类别，有利于进一步明确实施监督管理特种设备的具体种类和品种范围。该法第十四条规定：“特种设备安全管理人员、检测人员和作业人员应当按照国家有关规定取得相应资格，方可从事相关工作。”

《中华人民共和国安全生产法》对特种设备的使用也有相应规定，如第三十七条规定：“生产经营单位使用的危险物品的容器、运输工具，以及涉及人身安全、危险性较大的海洋石油开采特种设备和矿山井下特种设备，必须按照国家有关规定，由专业生产单位生产，并经具有专业资质的检测、检验机构检测、检验合格，取得安全使用证或者安全标志，方可投入使用。检测、检验机构对检测、检验结果负责。”

《中华人民共和国劳动法》的立法宗旨是“为了保护劳动者的合法权益”，该法第五十二条规定：“用人单位必须建立、健全劳动安全卫生制度，严格执行国家劳动安全卫生规程和标准，对劳动者进行劳动安全卫生教育，防止劳动过程中的事故，减少职业危害。”因此，对特种设备焊接作业人员进行培训考试，取得资格证书后上岗操作，也是为了保护作业人员的人身安全。

二、行政法规

1. 概述

行政法规是指国务院根据宪法和法律，按照法定程序制定的有关行使行政权力，履行行政职责的规范性文件的总称。行政法规由国务院总理签署国务院令公布。行政法规的形式包括“条例”“办法”“实施细则”“规定”等。我国现行与非金属压力管道监管有关的行政法规主要有《特种设备安全监察条例》《石油天然气管道保护条例》《城镇燃气管理条例》。

2. 法规要求

《特种设备安全监察条例》于2003年3月11日由中华人民共和国国务院令第373号公布，自2003年6月1日起施行，2009年1月24日国务院对此条例进行了修订。该条例第三条规定：“特种设备的生产（含设计、制造、安装、改造、维修，下同）、使用、检验检测及其监督检查，应当遵守本条例，但本条例另有规定的除外。”这是一部全面规范我国特种设备生产、使用、检验检测及安全监察工作的行政法规。

《特种设备安全监察条例》对各类特种设备的生产（含设计、制造、安装、改造、维修）规定了明确、具体的要求，对不同特种设备的不同生产环节，分别采取对生产单位进行许可，对设计文件进行鉴定，对产品和部件等进行形式试验和能效测试，对制造、安装、改造、重大维修过程进行监督检验等监管方式。对特种设备的使用管理实行登记制度、安全性能定期检验制度，使用单位应当向直辖市或者设区的市特种设备安全监督管理部门登记，建立包括特种设备定期检验和定期自行检查记录、日常维护保养记录、运行故障和事故记录在内的安全技术档案，对有校验周期要求的安全附件及有关附属仪器仪表必须按期校验，对有使用寿命规定的特种设备或部件应按规定予以报废。同时该条例还规定，特种设备的作业人员及其相关管理人员，应当按照国家有关规定经特种设备安全监督管理部门考核合格，取得国家统一格式的特种作业人员证书，方可从事相应的作业或者管理工作。

三、部门规章

1. 概述

部门规章是国务院所属的各部、各委员会等根据法律和国务院的行政法规、决定、命令，在本部门的权限范围内制定和发布的调整本部门范围内行政管理关系的规范性文件，一般称为“规定”“办法”等。部门规章不得与宪法、法律和行政法规相抵触。部门规章应当经部务会议或者委员会会议决定，由部门首长签署命令予以公布。我国特种设备安全监督管理部门制定的与非金属压力管道监管有关的部门规章主要有《特种设备目录》《特种设备作业人员监督管理办法》《特种设备事故报告和调查处理规定》。

2. 作业人员的管理规定

2005年1月10日，原国家质量监督检验检疫总局令第70号公布了《特种设备作业人员监督管理办法》，对特种设备作业人员作业种类与项目等内容作了明确规定。2011年5月3日，原国家质量监督检验检疫总局令第140号对该办法进行了修订，修订后的《特种设备作业人员监督管理办法》自2011年7月1日起施行。该办法第二条第二款规定：“从事特种设备作业的人员应当按照本办法的规定，经考核合格取得特种设备作业人员证，方可从事相应的作业或者管理工作。”2011年6月30日，原国家质量监督检验检疫总局发布2011年第

95号公告，按照《国家质量监督检验检疫总局关于修改〈特种设备作业人员监督管理办法〉的决定》，修订《特种设备作业人员作业种类与项目目录》，自2011年7月1日起施行。修订后的项目目录中规定了特种设备焊接作业包括金属焊接操作和非金属焊接操作，即非金属特种设备的焊接作业也必须持证上岗。

四、安全技术规范

1. 概述

《中华人民共和国特种设备安全法》第八条第一款规定：“特种设备生产、经营、使用、检验、检测应当遵守有关特种设备安全技术规范及相关标准。”该条第二款规定：“特种设备安全技术规范由国务院负责特种设备安全监督管理的部门制定。”因此，特种设备安全技术规范（TSG）具有明确的法律地位，其执行具有强制性。特种设备安全技术规范依据《中华人民共和国特种设备安全法》《特种设备安全监察条例》制定，主要包括特种设备安全性能和能效指标以及相应的生产（包括设计、制造、安装、改造、修理）、经营、使用和检验、检测等活动的强制性基本安全要求、能效要求及其技术和管理措施等内容。特种设备安全技术规范是特种设备法规标准体系的重要组成部分，其作用是把与特种设备有关的法律、法规和规章的原则规定具体化。

特种设备安全技术规范包括针对特种设备生产（包括设计、制造、安装、改造、修理）、经营、使用、检验、检测和监督管理等环节的专项规范，以及针对某类特种设备的所有环节或者针对所有特种设备的某个环节的综合规范。2014年12月26日，原国家质量监督检验检疫总局颁布《特种设备安全技术规范制定程序导则》（TSG 01—2014），明确了特种设备安全技术规范的制定程序、制定原则、命名原则、编号方法、版式要求和内容要求等事项。特种设备安全技术规范的名称可以称为“规程”“规则”“导则”“细则”“技术要求”“大纲”等，但是不得称为“规章”“通知”“通告”或者“公告”。特种设备安全技术规范编号由特种设备安全技术规范标志、种类代号（顺序号）及颁布年份组成，其中特种设备安全技术规范标志用其拼音的简称表示，即由特种设备中的特（Te）、设（She）和规范（Guifan）的拼音首字母（TSG）组成。专项规范和综合规范的编号方法分别如图1-3和图1-4所示。非金属压力管道监管相关的安全技术规范见表1-7。

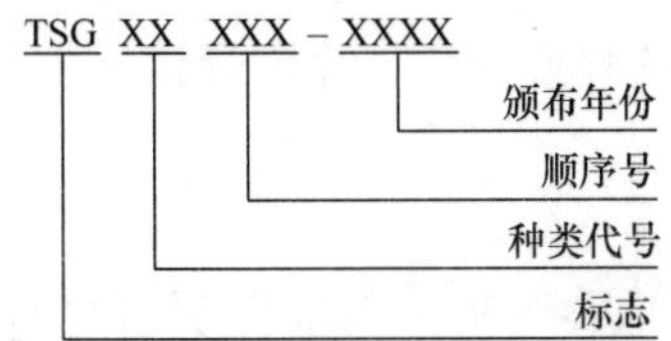

图1-3　专项规范编号方法

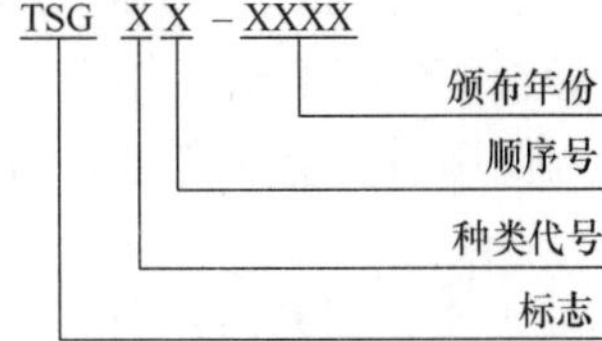

图1-4　综合规范编号方法

表1-7　非金属压力管道监管相关的安全技术规范

序号	TSG编号	名　称
1	TSG 07—2019	特种设备生产和充装单位许可规则
2	TSG 08—2017	特种设备使用管理规则
3	TSG 21—2016	固定式压力容器安全技术监察规程

（续）

序号	TSG 编号	名　称
4	TSG D0001—2009	压力管道安全技术监察规程—工业管道
5	TSG D2002—2006	燃气用聚乙烯管道焊接技术规则
6	TSG D3001—2009	压力管道安装许可规则
7	TSG Z6002—2010	特种设备焊接操作人员考核细则
8	TSG D7001—2013	压力管道元件制造监督检验规程

2. 非金属管道焊接作业人员的考试规定

为了规范燃气用和其他流体输送用聚乙烯管道的焊接技术工作，保证其焊接质量，根据《特种设备安全监察条例》《压力管道安全管理与监察规定》㊀的规定，2006 年 10 月 27 日，特种设备安全技术规范《燃气用聚乙烯管道焊接技术规则》（TSG D2002—2006）由原国家质量监督检验检疫总局批准颁布，自 2007 年 1 月 1 日起施行。该规则提出了燃气用聚乙烯管道焊接技术的基本要求、焊接性能的检验与试验内容和要求，弥补了当时焊工考试规则中燃气聚乙烯管道管焊工考试项目的不足。

2010 年 11 月 4 日，原国家质量监督检验检疫总局批准颁布《特种设备焊接操作人员考核细则》（TSG Z6002—2010），自 2011 年 2 月 1 日起施行。该细则根据《特种设备作业人员监督管理办法》《特种设备作业人员考核规则》，在《锅炉压力容器压力管道焊工考试与管理规则》（国质检锅〔2002〕109 号）基础上进行修订，适用于从事《特种设备安全监察条例》中规定的锅炉、压力容器（含气瓶）、压力管道，以及电梯、起重机械、客运索道、大型游乐设施、场（厂）内专用机动车辆焊接操作人员的考核。该细则规定了应当考核合格并持证上岗的焊接操作人员范围、国家和省级特种设备安全监督管理部门的职责、考试机构的设立和管理、考核程序与要求等事项。该细则的附录 B“特种设备非金属材料焊工考试范围、内容、方法和结果评定”规定了聚乙烯焊工考试的内容、方法、结果与项目代号，适用于特种设备用聚乙烯管道的热熔对接法和电熔连接法的焊工考试，引入了《燃气用聚乙烯管道焊接技术规则》（TSG D2002—2006）的相关内容并做了修订，废止了其中有关焊工的考试组织、考试与管理等相关要求。该细则规范了聚乙烯管道焊工考核的要求，对企业按照《压力管道元件制造监督检验规则（埋弧焊钢管与聚乙烯管）》（TSG D7001—2013）及《压力管道安装许可规则》（TSG D3001—2009）的要求开展相关工作起到保障作用。

规范聚乙烯管道焊工考核工作，有助于规范焊工的焊接行为，保证焊接工作质量，是预防燃气管道投入使用后发生安全事故的重要措施。

第三节　非金属管道焊接施工的技术标准

一、概述

GB/T 20000.1—2014《标准化工作指南：第 1 部分：标准化和相关活动的通用术语》

㊀《压力管道安全管理与监察规定》由原劳动部于 1996 年颁布实施，由原国家质量监督检验检疫总局 2014 年 70 号公告废止。

中标准的定义是为在一定范围内获得最佳秩序，对活动或其结果规定共同的和重复使用的规则、导则或特性的文件。该文件经协商一致制定并经一个公认机构的批准。它以科学、技术和实践经验的综合成果为基础，以促进最佳社会效益为目的。2017 年 11 月 4 日第十二届全国人民代表大会常务委员会第三十次会议修订的《中华人民共和国标准化法》第二条明确规定："本法所称标准（含标准样品），是指农业、工业、服务业以及社会事业等领域需要统一的技术要求。"

与特种设备安全有关的，并经法规、规章或特种设备安全技术规范引用的国家标准和行业标准，构成了我国特种设备法规标准体系的基础。国家标准、行业标准一旦被安全技术规范所引用，就具有与安全技术规范同等的效力，具有强制属性，并成为安全技术规范的组成部分。因此，标准是特种设备安全技术规范的技术基础。

二、标准知识简介

1. 标准的分类

根据《中华人民共和国标准化法》，我国的标准分为国家标准、行业标准、地方标准、团体标准和企业标准五大类。国家标准、行业标准又可分为强制性标准和推荐性标准，强制性标准必须执行，推荐性标准国家鼓励采用。

国家标准是对需要在全国范围内统一的技术要求制定的标准。对保障人身健康和生命财产安全、国家安全、生态环境安全以及满足经济社会管理基本需要的技术要求，应当制定强制性国家标准。强制性国家标准由国务院有关行政部门依据职责提出、组织起草、征求意见和技术审查，国务院标准化行政主管部门负责立项、编号和对外通报。强制性国家标准由国务院批准发布或者授权发布。对满足基础通用、与强制性国家标准配套、对各有关行业起引领作用等需要的技术要求，可以制定推荐性国家标准。推荐性国家标准由国务院标准化行政主管部门制定。

行业标准是对没有推荐性国家标准而又需要在全国某个行业范围内统一的技术要求制定的标准。行业标准由国务院有关行政主管部门制定，报国务院标准化行政主管部门备案。行业标准在相应的国家标准实施后自行废止。

地方标准是为满足地方自然条件、风俗习惯等特殊技术要求制定的标准。地方标准由省、自治区、直辖市人民政府标准化行政主管部门制定，设区的市级人民政府标准化行政主管部门根据本行政区域的特殊需要，经所在地的省、自治区、直辖市人民政府标准化行政主管部门批准，可以制定本行政区域的地方标准。地方标准由省、自治区、直辖市人民政府标准化行政主管部门报国务院标准化行政主管部门备案，由国务院标准化行政主管部门通报国务院有关行政主管部门。

团体标准是学会、协会、商会、联合会、产业技术联盟等社会团体协调相关市场主体共同制定的满足市场和创新需要的标准，由本团体成员约定采用或者按照本团体的规定供社会自愿采用。国务院标准化行政主管部门会同国务院有关行政主管部门对团体标准的制定进行规范、引导和监督。

企业标准是企业根据需要自行制定的标准，或者与其他企业联合制定的标准。

推荐性国家标准、行业标准、地方标准、团体标准、企业标准的技术要求不得低于强制性国家标准的相关技术要求。国家鼓励社会团体、企业制定高于推荐性标准相关技术要求的团体标准、企业标准。《中华人民共和国标准化法》第八条规定："国家积极推动参与国际标准化活动，开展标准化对外合作与交流，参与制定国际标准，结合国情采用国际标准，推进中国标准与国外标准之间的转化运用。"国际标准是指国际标准化组织（ISO）、国际电工委员会（IEC）和国际电信联盟（ITU）制定的标准，以及国际标准化组织确认并公布的其他国际组织制定的标准，目前这些被确认的组织共有39个，如国际计量局（BIPM）、国际原子能机构（IAEA）、国际民航组织（ICAO）、国际互联网工程任务组（IETF）、国际劳工组织（ILO）、联合国教科文组织（UNESCO）、国际卫生组织（WHO）、世界知识产权组织（WIPO）等。

2. 标准的代号

国家标准的代号由大写汉字拼音字母组成，强制性国家标准的代号为GB，推荐性国家标准的代号为GB/T。

行业标准的代号由大写汉字拼音字母组成，目前已正式公布的行业标准代号有几十种。与特种设备相关的常用行业标准种类（代号）有：能源（NB）、轻工（QB）、纺织（FZ）、医药（YY）、黑色冶金（YB）、有色冶金（YS）、石油天然气（SY）、化工（HG）、石油化工（SH）、建材（JC）、机械（JB）、船舶（CB）、核工业（EJ）、铁路运输（TB）、交通（JT）、劳动和劳动安全（LD）、电子（SJ）、电力（DL）、商检（SN）、环境保护（HJ）、城镇建设（CJ）、建筑工业（JG）、公共安全（GA）。

三、非金属管道相关标准

我国非金属管道相关标准涉及面广，主要包括基础标准、材料标准、设计标准、制造标准、产品标准、附件标准、检验试验标准、安装标准和管理标准等。据初步统计，目前共有各类非金属管道及其焊接的相关标准60多个，主要是国家标准和行业标准，也有少量地方标准，其中国家标准30多个，包括设计、材料、试验、焊接、检验等；行业标准20多个，包括材料、施工、焊接工艺及设备、焊接检验等；地方标准比较少，不满10个。以下列出非金属管道及其焊接相关标准的名称和编号。

1. 国家标准

（1）设计标准

1）GB 50028—2006《城镇燃气设计规范》。

2）GB 50316—2000（2008版）《工业金属管道设计规范》。

（2）材料标准

1）GB/T 4219.1—2008《工业用硬聚氯乙烯（PVC-U）管道系统 第1部分：管材》。

2）GB/T 4219.2—2015《工业用硬聚氯乙烯（PVC-U）管道系统 第2部分：管件》。

3）GB/T 19472.1—2019《埋地用聚乙烯（PE）结构壁管道系统 第1部分：聚乙烯双壁波纹管材》。

4）GB/T 19472.2—2017《埋地用聚乙烯（PE）结构壁管道系统 第2部分：聚乙烯缠绕结构壁管材》。

5）GB/T 18475—2001《热塑性塑料压力管材和管件用材料分级和命名 总体使用（设计）系数》。

6）GB 15558.1—2015《燃气用埋地聚乙烯（PE）管道系统 第1部分：管材》。

7）GB 15558.2—2005《燃气用埋地聚乙烯（PE）管道系统 第2部分：管件》。

8）GB 15558.3—2008《燃气用埋地聚乙烯（PE）管道系统 第3部分：阀门》。

9）GB 26255.1—2010《燃气用聚乙烯管道系统的机械管件 第1部分：公称外径不大于63mm的管材用钢塑转换管件》。

10）GB 26255.2—2010《燃气用聚乙烯管道系统的机械管件 第2部分：公称外径大于63mm的管材用钢塑转换管件》。

（3）材料性能试验标准

1）GB/T 6111—2018《流体输送用热塑性塑料管道系统耐内压性能的测定》。

2）GB/T 8804.2—2003《热塑性塑料管材 拉伸性能测定 第2部分：硬聚氯乙烯（PVC-U）、氯化聚氯乙烯（PVC-C）和高抗冲聚氯乙烯（PVC-HI）管材》。

3）GB/T 17391—1998《聚乙烯管材与管件热稳定性试验方法》。

4）GB/T 18251—2019《聚烯烃管材、管件和混配料中颜料或炭黑分散度的测定》。

5）GB/T 18476—2019《流体输送用聚烯烃管材 耐裂纹扩展的测定 慢速裂纹增长的试验方法（切口试验）》。

6）GB/T 19806—2005《塑料管材和管件 聚乙烯电熔组件的挤压剥离试验》。

7）GB/T 19807—2005《塑料管材和管件 聚乙烯管材和电熔管件组合试件的制备》。

8）GB/T 19808—2005《塑料管材和管件 公称外径大于或等于90mm的聚乙烯电熔组件的拉伸剥离试验》。

9）GB/T 19809—2005《塑料管材和管件 聚乙烯（PE）管材/管材或管材/管件热熔对接组件的制备》。

10）GB/T 19810—2005《聚乙烯（PE）管材和管件 热熔对接接头拉伸强度和破坏形式的测定》。

（4）焊接设备标准

1）GB/T 20674.1—2020《塑料管材和管件 聚乙烯系统熔接设备 第1部分：热熔对接》。

2）GB/T 20674.2—2020《塑料管材和管件 聚乙烯系统熔接设备 第2部分：电熔对接》。

3）GB/T 32434—2015《塑料管材和管件 燃气和给水输配系统用聚乙烯（PE）管材及管件的热熔对接程序》。

（5）无损检测标准

1）GB/T 29461—2012《聚乙烯管道电熔接头超声检测》。

2）GB/T 29460—2012《含缺陷聚乙烯管道电熔接头安全评定》。

3）GB/T 33488.1—2017《化工用塑料焊接制承压设备检验方法 第1部分：总则》。

4）GB/T 33488.2—2017《化工用塑料焊接制承压设备检验方法 第2部分：外观检测》。

5）GB/T 33488.3—2017《化工用塑料焊接制承压设备检验方法 第3部分：射线检测》。

6）GB/T 33488.4—2017《化工用塑料焊接制承压设备检验方法 第4部分：超声检测》。

2. 行业标准

（1）材料标准

1）HG/T 4375—2012《改性超高分子量聚乙烯管材衬里专用料》。

2）SH/T 1768—2009《燃气管道系统用聚乙烯（PE）专用料》。
3）SY/T 6656—2013《聚乙烯管线管规范》。
4）SY/T 6947—2013《石油天然气工业 聚乙烯内衬复合油管》。
（2）施工及设计标准
1）SY/T 4110—2019《钢质管道聚乙烯内衬技术规范》。
2）CJJ 33—2005《城镇燃气输配工程施工及验收规范》。
3）CJJ 51—2016《城镇燃气设施运行、维护和抢修安全技术规程》。
4）CJJ 63—2018《聚乙烯燃气管道工程技术标准》。
5）CJJ/T 147—2010《城镇燃气管道非开挖修复更新工程技术规程》。
6）CJJ/T 250—2016《城镇燃气管道穿跨越工程技术规程》。
7）CJJ/T 269—2017《城市综合地下管线信息系统技术规范》。
（3）焊接设备标准
1）HG/T 4751—2014《塑料焊接机具 热风焊枪》。
2）HG/T 5100—2016《塑料焊接机具 热熔焊机》。
3）HG/T 5101—2016《塑料焊接机具 电熔焊机》。
（4）焊接工艺评定标准
1）HG/T 4280—2011《塑料焊接工艺评定》。
2）HG/T 4281—2011《塑料焊接工艺规程》。
3）HG/T 4282—2011《塑料焊接试样 拉伸检测方法》。
4）HG/T 4283—2011《塑料焊接试样 弯曲检测方法》。
（5）无损检测标准
1）JB/T 10662—2013《无损检测 聚乙烯管道焊缝超声检测》。
2）JB/T 12530. 1—2015《塑料焊缝无损检测方法 第 1 部分：通用要求》。
3）JB/T 12530. 2—2015《塑料焊缝无损检测方法 第 2 部分：目视检测》。
4）JB/T 12530. 3—2015《塑料焊缝无损检测方法 第 3 部分：射线检测》。
5）JB/T 12530. 4—2015《塑料焊缝无损检测方法 第 4 部分：超声检测》。

3. 地方标准

1）DG/TJ 08—2012—2007《燃气管道设施标识应用规范》。
2）DGJ 08—10—2004《城市煤气、天然气管道工程技术规程》。
3）DG/TJ 08—2031—2007《城镇燃气管道工程施工质量验收标准》。
4）DB31/ T 1058—2017《燃气用聚乙烯（PE）管道焊接接头相控阵超声检测》。
5）DB41/T 1825—2019《燃气用聚乙烯管道焊接工艺评定》。

非金属管道原材料

目前，市场上使用的非金属管道原材料主要有聚乙烯（PE）和聚氯乙烯（PVC）。聚乙烯管道具有良好的柔韧性、耐蚀性、抗冲击性、低气体渗透率等优点，而且聚乙烯管道连接方便、施工简单、使用寿命长，经济优势明显。聚氯乙烯管道的优点是成本低、强度大，但与聚乙烯管道相比，具有脆性大、易断裂、耐蚀性差、柔韧性差、不能盘卷等缺点，因此采用聚氯乙烯管道的数量已大幅减少。本章主要介绍聚乙烯原材料的基本知识。

第一节　聚乙烯（PE）原料概述

聚乙烯属于热塑性树脂，其性状为白色半透明蜡状，柔韧性好的材料。聚乙烯无臭无毒，密度比水小，具有良好的耐低温性、耐蚀性、耐磨性及电绝缘性，易燃烧且离火后继续燃烧；透水率低，对有机蒸气透过率则较高；常温下不溶于一般溶剂，在70℃以上时可少量溶解于甲苯、三氯乙烯、乙酸戊酯等溶剂。

1. 分子结构

聚乙烯由碳、氢两种元素组成，分子式可用通式$\left[CH_2 - CH_2 \right]_n$表示。乙烯单体($C_2H_4$)也称为结构单元，在特定压力、温度、引发剂或催化剂的共同作用下，原子间的不饱和双键被打开，形成单体活性种，而后成千上万个单体不断加成，形成一个新的大分子链，即聚乙烯，这就是乙烯的聚合反应。由于聚乙烯只由一种单体反应而生成，所以是均聚物。

聚乙烯的高分子结构由三个不同层次组成，分别被称为一级结构和高级结构（包括二级结构和三级结构）。一级结构是指单个大分子内与基本结构单元有关的结构，包括结构单元的键接方式、排列方式、支化、交联及共聚物的结构。由整根分子链在空间的不同形态（即构象）所确定的是二级结构；由大量的高分子链聚集在一起而形成的结构为三级结构，又称聚集态结构或超分子结构。一、二级结构决定了聚乙烯的基本性质，聚集态结构更直接地影响聚乙烯制品的性能。

聚集态结构中最重要的是结晶结构，低分子化合物的结晶结构通常是完善的，而聚乙烯作为大分子聚合物，它长长的分子链同时穿过了结晶区和非结晶区，属于半结晶高聚物。结晶部分所占的质量分数或体积分数，称为结晶度。聚合物结晶的过程是高分子链从无序转变为有序的过程，而分子链结构、温度、外力（如拉伸）、杂质等都会影响结晶度的大小。测定结晶度的方法很多，不同的测定方法会有不同的结果，最常用的方法有密度法、X射线衍射法、红外光谱（IR）法、差热扫描量热法（DSC）。

结晶度的大小对聚乙烯性能造成的影响如下：

1）密度：结晶度越高，分子链的排列越规整越紧密，密度也就越大。

2）力学性能：结晶使高分子链三维有序，堆积紧密，增强了分子链间的作用力，从而使其硬度增大、拉伸及冲击强度提高。

3）产品尺寸稳定性：聚乙烯在成型（如挤出、注塑等）的过程中，成品的预收缩率会随着结晶度的提高而增大，从而使成品在使用过程中的尺寸稳定性增加。

4）渗透性和溶解性：高分子的渗透和溶解是小分子向大分子侵入扩散的过程。高结晶度的聚乙烯分子链紧密堆砌，晶格排列有序，这种紧实的结构使得小分子不易浸入、透过，也不能溶解，所以，结晶度越高，渗透性和溶解性越差。

5）光学性能：聚乙烯属于半结晶聚合物，结晶区和非结晶区共存，可见光照射后，在其内部会发生折射和散射现象，使透光率大大降低，因此结晶度提高会导致透光率降低。

6）耐热性：高分子结晶后，由于晶区链段不能运动，分子间的作用力增大，可以提高抗热破坏的能力，另外结晶是热力学的稳定体系，只有吸收大量的热能才能结晶，因此提高结晶度，可以提高聚乙烯的热变形温度。

2. 聚乙烯的合成

聚乙烯是由乙烯（C_2H_4）在一定的温度、压力、引发剂和催化剂的作用下，通过聚合反应得到的高分子聚合物（基础树脂）。聚乙烯是结晶热塑性树脂，它的化学结构、分子量、聚合度和其他性能很大程度上依赖于使用的聚合方法。

聚乙烯的合成，按其聚合压力的不同，可分为高压聚合法、低压聚合法和中压聚合法。在聚乙烯聚合生产中三种方法都有应用，其产品也略有差异。用三种方法聚合的聚乙烯，它们的结构、密度和性能又各有特点。

（1）高压聚合法　在压力100~300MPa和温度150~300℃下，以氧气或有机过氧化物为引发剂，按自由基机理进行聚合反应。高压聚合法生产的聚乙烯支化度高，长短支链不规整，因而密度在0.910~0.925g/cm^{3}范围内，属于低密度聚乙烯（LDPE）。聚乙烯分子上长短不一的支链影响了大分子链排列的整齐性，从而阻碍了聚乙烯的结晶化，结晶度仅为55%~65%。

低密度聚乙烯（LDPE）的熔点低，较柔软，各项力学性能和耐热性较低，主要用于薄膜的生产。

（2）中压聚合法　在压力2~8MPa和温度130~270℃下，使用过渡金属氧化物作为催化剂，将乙烯溶于有机溶剂中，从而进行溶液聚合反应。中压聚合法生产的聚乙烯大分子结构为线型，其纯度等多方面性能都介于高压法聚乙烯和低压法聚乙烯之间，密度为0.926~0.940g/cm^3，结晶度为70%~80%，属于中密度聚乙烯。中密度聚乙烯具有较好的柔性和低温特性，主要用于压力管、输送管和各种容器的生产。

（3）低压聚合法　在压力0.1~0.5MPa下，用齐格勒－纳塔催化剂（有机金属），H_2为分子量调节剂，在60~70℃的汽油溶剂中进行的配位聚合反应。低压聚合法生产的聚乙烯结晶度高，密度为0.941~0.965g/cm^3，结晶度为80%~95%，属于高密度聚乙烯。高密度聚乙烯分子排列规整，呈线性结构，高结晶度使其具有优良的机械强度、耐热性，较高的刚度和韧性。高密度聚乙烯因其渗透性小、耐蚀性好，主要用于各类压力管、注塑制品等的生产。

燃气用聚乙烯（PE）管道通常采用中密度或高密度聚乙烯制成，其性能主要取决于聚乙烯的合成工艺。

3. 合成工艺对聚乙烯材料性能的影响

(1) 温度　温度可以影响大分子运动的速率，从而影响聚合反应速度。聚合温度高，反应速度快，聚乙烯的分子量随之降低。

(2) 压力　压力能增加长链与单体分子间的碰撞次数，降低反应活化能，因此加压聚合可以降低反应温度，提高反应速率，并能提高聚乙烯的分子量。

在高压下（10.0MPa 以上）所得聚乙烯支链较多，长短不一，适用于吹膜工艺。低压（常压或略高于 0.1MPa）下聚合得到的聚乙烯分子排列整齐，呈线性结构，适用于制作管材。

(3) 反应时间　适当延长聚合反应时间，可以提高单体转化率。但在实际生产中，还需考虑催化剂灰分、装置大小、生产能力等影响因素。

(4) 催化剂　催化剂的作用是促使乙烯单体发生聚合反应，并调节聚乙烯的分子量大小及分布。分子量分布较宽和双峰的高密度聚乙烯是目前市场上的主流产品。

(5) 助剂　助剂的作用是提高聚乙烯的耐老化性能。聚乙烯树脂在惰性气体中加热到 300℃时还能够保持稳定，但在室外自然条件下，由于受到太阳紫外线、热、氧、臭氧、水分、工业有害气体及微生物等外界环境因素的作用而发生分子链断裂，导致老化降解。因此需要在聚乙烯基础树脂中加入各种必要的抗氧剂、光稳定剂等助剂，以提高聚乙烯的耐老化性能。这种加了各种必要的助剂且足够均匀分散的基础树脂，称为混配料。常用助剂的作用如下：

1) 抗氧剂：适量添加酚类、磷类和胺类等抗氧剂可以防止聚乙烯在加工过程中分子链断裂，避免产品受热发生氧分解而失效。

2) 光稳定剂：为了提高聚乙烯的抗光老化能力，需要在原料生产时添加光稳定剂，常用的光稳定剂有炭黑、猝灭剂或受阻胺类光稳定剂。对于聚乙烯，炭黑是最有效的紫外线吸收剂，它可以将紫外线辐射吸收到很薄的表层，从而避免表层以下的材料被氧化。猝灭剂主要是含镍的有机络合物，它能迅速而有效地将吸收能量的激发态聚合物分子猝灭（恢复到平衡态），从而避免引发光化学反应。受阻胺类光稳定剂能够阻止由高能量紫外线辐射产生的自由原子团，保护材料不发生热氧分解。

3) 着色剂：在满足不同产品颜色需求的同时，可以起到一定程度的光稳作用。

4. 聚乙烯混配料的分级

聚乙烯混配料作为燃气专用料，应按照 GB/T 18475—2001《热塑性塑料压力管材和管件用材料分级和命名 总体使用（设计）系数》（即 ISO 12162：1995《热塑性塑料压力管材和管件用材料—分级和命名—总体使用（设计）系数》）中规定的最小要求强度（MRS）进行分级和命名。聚乙烯材料的定级是将最小要求强度（MRS）乘以 10 得到的，具体见表 2-1。

表 2-1　燃气聚乙烯混配料的分级和命名

以 MRS 分级	命名	σ_{LCL}（20℃，50 年，97.5%）/MPa
8.0MPa	PE80	$8.0 \leqslant \sigma_{LCL} < 10.0$
10.0MPa	PE100	$10.0 \leqslant \sigma_{LCL} < 11.2$

注：1. σ_{LCL}（20℃，50 年，97.5%）是指在温度为 20℃、时间为 50 年的内水压下，置信度为 97.5% 的长期静液压强度的置信下限，单位为兆帕（MPa）。

2. 国际上对聚乙烯管的使用寿命要求基本稳定在 50 年，所以现在一般是以 20℃、50 年来定义材料的长期强度。

根据分级定义，PE100 材料是指在预测概率为 97.5% 的条件下，该 PE 材料在 20℃水中承受 10MPa（最小要求强度 MRS 值）的条件下，能保持 50 年不破坏，也就是说该材料在 20℃、50 年寿命、预测概率为 97.5% 的情况下，能够承受的最小静压强度为 10MPa。

根据 MRS 进行材料的分级命名，简洁方便实用，对材料的生产方和采购方来说，更加便于识别、管理和使用。

第二节 聚乙烯混配料的基本性能

聚乙烯原材料的质量性能直接决定了制品的质量性能。聚乙烯原材料的性能包括物理化学性能、力学性能、热性能、电性能、卫生性能等。

由于燃气输配系统对安全性有特殊要求，所以国家标准、国际标准和欧洲标准都要求制造燃气用管材、管件的原材料必须是符合相关标准要求的专用混配料，不允许制品生产商使用“白 + 黑”的方式自行配制“混配料”。燃气专用料的性能主要侧重于物理化学性能、力学性能和热性能，要求具有优良的强度、刚度、韧性和寿命。

燃气用聚乙烯混配料的性能应当符合表 2-2、表 2-3 的要求（依据 GB/T 15558.1—2015《燃气用埋地聚乙烯（PE）管道系统 第 1 部分：管材》）。

表 2-2 聚乙烯（PE）混配料的性能——以颗粒料形式测定

序号	项目	要求①	试验参数		试验方法
1	密度	≥930kg/m³	试验温度	23℃	GB/T 1033.1
2	氧化诱导时间（热稳定性）	>20min	试验温度	200℃	GB/T 19466.6
			试样质量	(15 ± 2) mg	
3	熔体质量流动速率（MFR）	(0.20≤MFR≤1.40) g/10min②⑥，最大偏差不应超过混配料标称值的 ±20%	负荷质量	5kg	GB/T 3682.1
			试验温度	190℃	
4	挥发分含量	≤350mg/kg	—	—	GB/T 15558.1
5	水分含量③	≤300mg/kg（相当于≤0.03%，质量分数）	—	—	SH/T 1770
6	炭黑含量④	2.0% ~2.5%（质量分数）	—	—	GB/T 13021
7	炭黑分散/颜料分散⑤	≤3 级 外观级别：A1，A2，A3 或 B	—	—	GB/T 18251

注：黑色混配料的炭黑的平均（初始）粒径范围为 10 ~25nm。

① 混配料制造商应证明符合这些要求。

② 标称值，由混配料制造商提供。

③ 本要求应用于混配料制造商在制造阶段及使用者在加工阶段对混配料的要求（如果水分含量超过要求限值，使用前需要预先烘干）。以应用为目的，仅当测量的挥发分含量不符合要求时才测量水分含量，仲裁时，应以水分含量的测量结果作为判定依据。

④ 仅适用于黑色混配料。

⑤ 炭黑分散仅适用于黑色混配料，颜料分散仅适用于非黑色混配料。

⑥ 当出现 0.15g/10min≤MFR<0.20g/10min 的材料时，应注意聚乙烯（PE）混配料的熔接兼容性，基于标称值的最大下偏差，最低的 MFR 值不应低于 0.15g/10min。

表 2-3 聚乙烯混配料的性能——以管材形式测定

<table>
<tr><th>序号</th><th colspan="2">性能</th><th>要求</th><th colspan="4">试验参数</th><th>试验方法</th></tr>
<tr><td rowspan="3">1</td><td colspan="2" rowspan="3">耐气体组分</td><td rowspan="3">无破坏，无渗透</td><td colspan="2">试验温度</td><td colspan="2">80℃</td><td rowspan="3">GB/T 6111</td></tr>
<tr><td colspan="2">环应力</td><td colspan="2">2.0MPa</td></tr>
<tr><td colspan="2">试验时间</td><td colspan="2">≥20h</td></tr>
<tr><td rowspan="12">2</td><td colspan="2">耐候性①</td><td></td><td colspan="2">累计太阳能辐射</td><td colspan="2">≥3.5GJ/m²</td><td>GB/T 15558.1</td></tr>
<tr><td colspan="2">电熔接头的剥离强度（dₙ10mm②，SDR11）</td><td colspan="5">试样按照 GB/T 19807 制备，连接条件 1:23℃；脆性破坏的百分比≤33.3%</td><td>GB/T 190808</td></tr>
<tr><td rowspan="6">断裂伸长率</td><td rowspan="2">e≤5mm</td><td rowspan="2">≥350%</td><td colspan="2">试样形状</td><td colspan="2">类型 2</td><td rowspan="6">GB/T 8804.1</td></tr>
<tr><td colspan="2">试样速度</td><td colspan="2">100mm/min</td></tr>
<tr><td rowspan="2">5mm<e≤12mm</td><td rowspan="2">≥350%</td><td colspan="2">试样形状</td><td colspan="2">类型 1</td></tr>
<tr><td colspan="2">试样速度</td><td colspan="2">50mm/min</td></tr>
<tr><td rowspan="2">e>12mm</td><td rowspan="2">≥350%</td><td colspan="2">试样形状</td><td>类型 1</td><td>类型 3</td></tr>
<tr><td colspan="2">试样速度</td><td>25mm/min</td><td>10mm/min</td></tr>
<tr><td colspan="2" rowspan="4">静液压强度（80℃，1000h）</td><td rowspan="4">无破坏，无渗透</td><td rowspan="2">环应力</td><td>PE80</td><td colspan="2">4.0MPa</td><td rowspan="4">GB/T 6111</td></tr>
<tr><td>PE100</td><td colspan="2">5.0MPa</td></tr>
<tr><td colspan="2">试验时间</td><td colspan="2">≥1000h</td></tr>
<tr><td colspan="2">试验温度</td><td colspan="2">80℃</td></tr>
<tr><td>3</td><td colspan="2">耐快速裂纹扩展（RCP）（e≥15mm）</td><td>$P_{c,s4}$≥MOP/2.4−0.072，MPa</td><td colspan="2">试验温度</td><td colspan="2">0℃</td><td>GB/T 19280</td></tr>
<tr><td rowspan="5">4</td><td colspan="2" rowspan="5">耐慢速裂纹增长（dₙ110mm，SDR11）</td><td rowspan="5">无破坏，无渗透</td><td colspan="2">试验温度</td><td colspan="2">80℃</td><td rowspan="5">GB/T 18476</td></tr>
<tr><td rowspan="2">内部试验压力</td><td>PE80</td><td colspan="2">0.80MPa</td></tr>
<tr><td>PE100</td><td colspan="2">0.92MPa</td></tr>
<tr><td colspan="2">试验时间</td><td colspan="2">≥500h</td></tr>
<tr><td colspan="2">试验类型</td><td colspan="2">水-水</td></tr>
</table>

① 仅适用于非黑色混配料。

② d_n 指公称外径。

1. 密度

密度是聚乙烯混配料的重要性能之一，一般按其密度可分为低密度、中密度和高密度三类。混配料的密度越高，其分子链越接近线型结构，分子排列规整而紧密，因为结晶度高，硬度、刚度增加，力学性能和耐热性提高，相应的韧性和抗应力开裂性能有所下降。

2. 熔体质量流动速率（MFR）

熔体质量流动速率（MFR）是指在规定的温度、负荷和活塞位置条件下，熔融树脂通过规定长度和内径的口模的挤出速率，即规定时间内挤出的质量，单位为 g/10min。

MFR 衡量的是聚乙烯分子的平均尺寸和流动性大小，它对产品性能的影响如图 2-1 所示。由图 2-1 可见，随着 MFR 的提高，制品的外观（光泽度）会得到改善，但是耐热性、抗冲击强度和耐应力开裂会降低。所以在开发或选用一种原材料时要综合考虑所有参数，达到满足用途的最佳性能。聚乙烯的加工过程与其熔体的流变行为密切相关，同时 MFR 也是制定焊接工艺的重要依据。聚乙烯原材料加工后，MFR将发生变化，原料生产工艺的正常波动和微小调整而导致的MFR波动一般不会超出±20%，所以标准要求，管材与原材料的MFR变化率要小于20%，这是为了确保加工过程能够将原材料的基础性能较好地转移到产品中，对不同材料牌号的管材、管件间的互熔焊接至关重要。

3. 氧化诱导时间（OIT）

氧化诱导时间（OIT）是测定材料在高温（200℃或210℃）氧气条件下开始发生自动催化氧化反应的时间，是衡量材料耐氧化分解能力的指标。聚乙烯在成形加工、储存、焊接和使用过程中，都会受到温度、光、氧的作用，因此氧化诱导时间是考量产品使用寿命的重要指标之一。氧化诱导时间越长，耐热降解能力就越强，产品的使用寿命就越长。根据GB/T 15558.1—2015要求，在200℃下通过差示扫描量热法（DSC）测定氧化诱导时间应大于20min。聚乙烯氧化诱导时间曲线如图2-2所示。

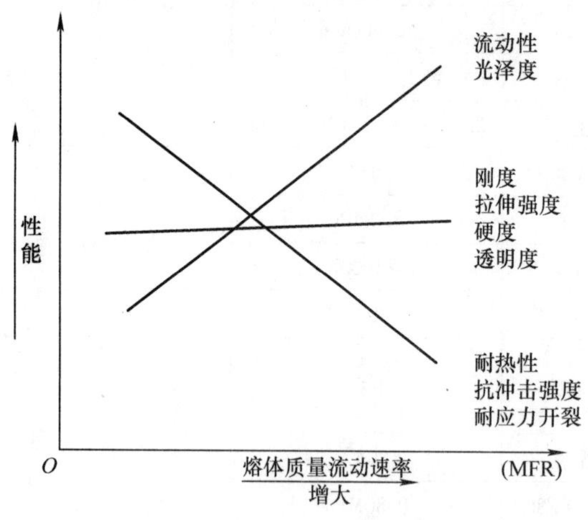

图2-1　熔体质量流动速率对产品性能的影响

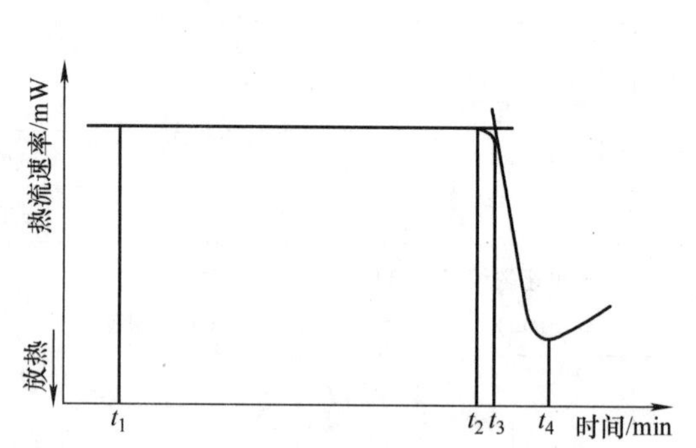

图2-2　聚乙烯氧化诱导时间曲线示意图（切线分析方法）

t_1—氧气切换点（时间零点）　t_2—氧化起始点

t_3—切线法测的交点（氧化诱导时间）　t_4—氧化出峰时间

质量优良的原材料，氧化诱导时间在200℃时通常大于80min，即使在210℃，氧化诱导时间也在30min以上。而一些劣质原料的氧化诱导时间只有20～30min，甚至更短。

4. 挥发分含量

聚乙烯混配料在聚合时加入的乙烯添加剂含有少量的挥发性物质，这些物质在聚乙烯进行成形加工时会有流失，为保证产品质量，GB/T 15558.1—2015规定聚乙烯混配料的挥发分含量应不大于350mg/kg。

挥发分的测试是将25g左右的原料放入（105±2）℃的不通风干燥箱中存放1h后取出，根据质量损失计算挥发分含量。通常聚乙烯原材料在生产过程中都含有少量的水分，在运输和储存过程中也会吸收水分，因此在测试挥发分含量的结果中也包含了一部分水分含量，所以标准规定，当挥发分含量不符合要求时，应以水分含量的测量结果作为判定依据。

5. 水分含量

聚乙烯树脂本身无极性，是非吸水性材料，通常水分含量很低，但是聚乙烯混配料中受添加剂（如炭黑）的影响，在储存和运输过程中会吸收一些水分。过高的水分不但会导致管材内外表面粗糙，而且可能引起熔体中出现气泡，这些缺陷可能会使管材提前发生脆性破坏，因此在 GB/T 15558.1—2015 中规定聚乙烯混配料的水分含量应不大于 300mg/kg（质量分数为 0.03%）。对于水分含量超标的原材料，在使用前要进行干燥预处理。

GB/T 15558.1—2015 中规定水分含量的测试方法采用 SH/T 1770—2010《塑料 聚乙烯水分含量的测定》（ISO 15512：2008 方法 B），试样称量后放入加热炉内，试样中的水分在高温下蒸发，用惰性气体（通常是干燥氮气）将水蒸气吹送至滴定池内，用卡尔·费休库仑法滴定水分。目前测试方法有瓶式加热法（见图 2-3）和管式加热法（见图 2-4）两种。卡尔·费休试剂中含有碘和二氧化硫，试样中的水与之反应生成三氧化硫和氢碘酸，而库仑技术是由碘化物电解产生碘。根据法拉第原理，产生碘的物质的量与消耗的电量成正比，即 1mg 水消耗 10.71C 电量，从而通过消耗的总电量计算出水分含量。此方法测定的水分含量可不高于 0.01%，适用于产品中微量水的测定。

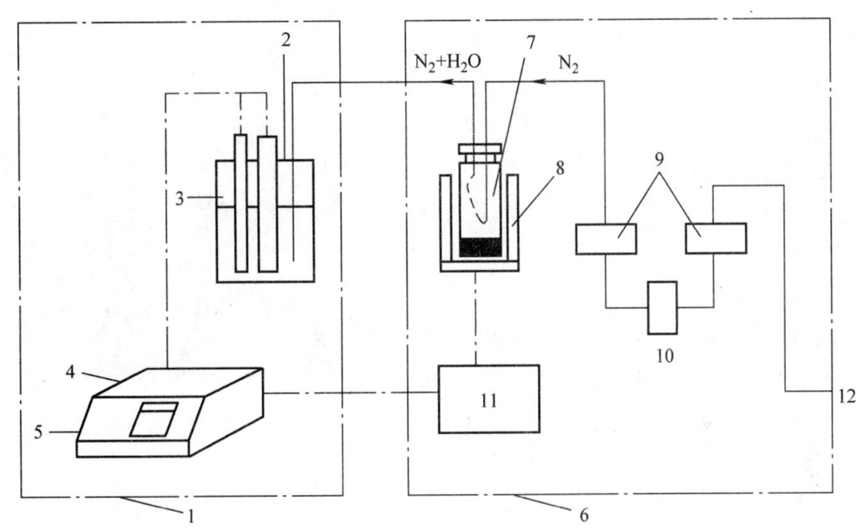

图 2-3　瓶式加热法

1—卡尔·费休库仑滴定仪　2—废气　3—滴定池　4—滴定控制单元　5—电源　6—水蒸发器　7—样品瓶　8—加热炉　9—气体干燥管（填充干燥剂）　10—气体流量计　11—温度控制单元　12—氮气

6. 炭黑含量

炭黑作为应用广泛的着色剂和抗紫外线剂，适量添加在聚乙烯树脂中可以提高聚乙烯产品的抗紫外线辐射能力，增强其耐候性。但是炭黑加入过多，会导致产品的机械强度明显下降，加入不足又无法保证产品的使用寿命，因此在 GB/T 15558.1—2015 中规定了炭黑含量应控制在 2.0%～2.5%（质量分数）范围内。

炭黑含量的测定方法按照 GB/T 13021—1991《聚乙烯管材和管件炭黑含量的测定（热失重法）》进行。该方法是将 1g 左右的试样在氮气流的保护下在（550±50）℃的管式马弗炉中进行热解约 45min，让聚乙烯完全裂解，然后再在（900±50）℃的高温下进行煅烧直至炭黑全部消失。根据热解和煅烧前后的质量差计算炭黑含量。图 2-5 所示为炭黑含量测试用马弗炉装置。

部分劣质材料在 550℃热解后就没有炭黑了，这说明材料中没有加入抗紫外线的炭黑，

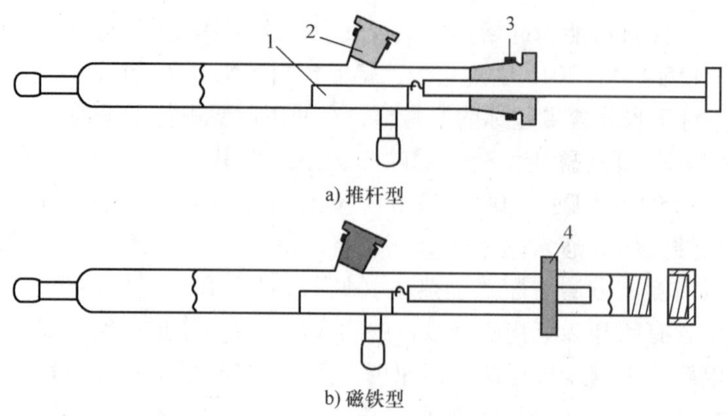

a) 推杆型

b) 磁铁型

图 2-4　管式加热法

1—样品舟　2—样品入口　3—样品舟入口　4—磁铁

而是用黑色色粉代替，根本没有抗老化的作用。有的材料在900℃煅烧后灰分很高，说明原料中加入的无机填料过多，这会影响管材的其他性能。

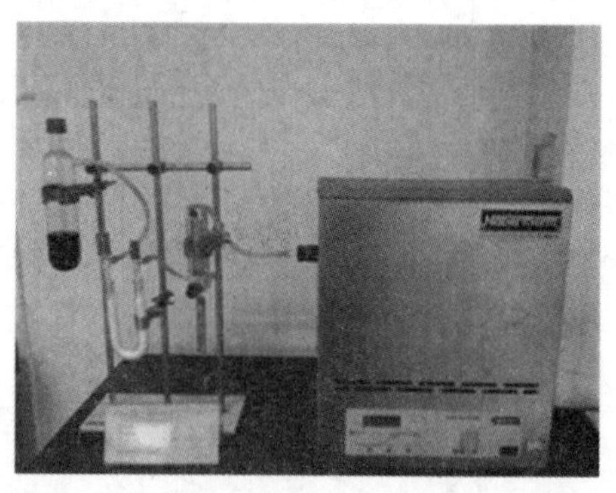

图 2-5　炭黑含量测试用马弗炉装置

7. 炭黑分散/颜料分散

炭黑/颜料的粒径、结构、表面官能团和分散度对制品的性能有很大影响。炭黑/颜料的粒径是重要的性能，粒径越小其比表面积越大，其黑度、着色力、导电性、补强性和抗紫外线性均有所提高，但其分散性降低，黏度增加。另外炭黑的比表面积大，吸水量大，会影响制品的吸水性等。炭黑/颜料分散不均匀会导致应力集中，严重影响成品的物理性能和力学性能，因此在 GB/T 15558.1—2015 中规定炭黑/颜料的分散度≤3 级。

炭黑/颜料分散的测定按照 GB/T 18251—2019《聚烯烃管材、管件和混配料中颜料或炭黑分散的测定方法》的规定进行。将制好的样品放在 100 倍的显微镜下进行观察。如图 2-6 所示，观测炭黑分散用显微镜，测量记录每个粒子和粒团的尺寸，分散表观等级需与图样比较确定，分散尺寸等级由 6 个试样的平均值确定。

图 2-6　观测炭黑分散用显微镜

满足燃气专用料的最低等级是 A3 级，如图 2-7 所示。图 2-8、图 2-9 和图 2-10 所示的炭黑分散等级分别为 B、C、D，都不能用作燃气专用料。图 2-11 所示是分散良好的预混配料案例，图 2-12 所示是炭黑分散不合格的白 + 黑料案例。

8. 耐气体组分

纯天然气对聚乙烯管道质量没有影响，但是当输送的天然气中含有有机臭剂、燃气调节剂、高分子量的烃时，这些成分就可能渗入管壁，造成材料老化、韧性降低，影响管路寿命，因此对燃气专用料提出了耐气体组分的性能要求。

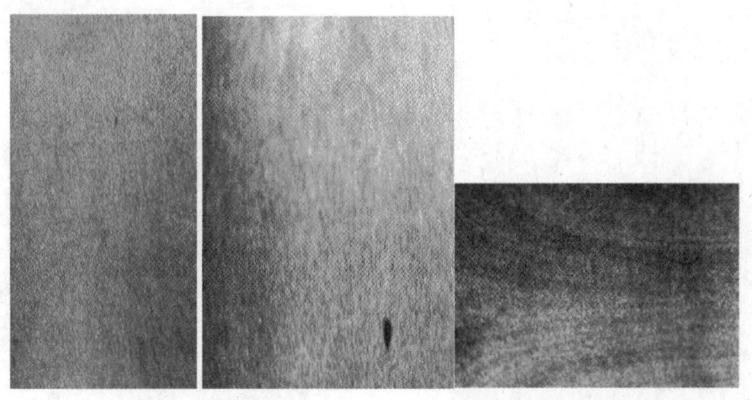

图 2-7　分散表观等级为 A1、A2、A3 的显微图片

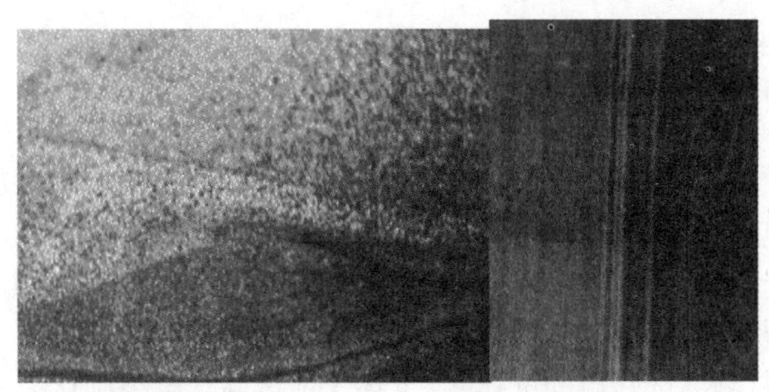

图 2-8　分散表观等级为 B 的显微图片

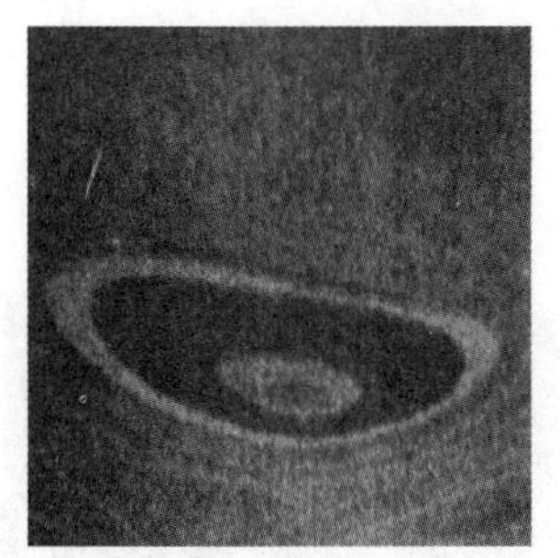

图 2-9　分散表观等级为 C 的显微图片

图 2-10　分散表观等级为 D 的显微图片

耐气体组分试验采用公称外径为 32mm、SDR11 的管材试样，在管材内充满冷凝液（纯度为 99% 的正癸烷和 1，3，5－三甲基苯质量比 1∶1 混合），在（23±2)℃的空气环境中放置 1500h 后，再进行 80℃、环应力为 2.0MPa 的静液压试验 20h 以上，要求不出现破坏、渗透。

此试验是模拟燃气管道中有燃气的冷凝液沉积，产生气液共存现象时，管道承受挥发性物质脂肪烃和芳香烃的气液混合作用时，检测其机械强度和使用寿命是否会受到影响。

图 2-11　分散良好的预混配料案例

图 2-12　炭黑分散不合格的白 + 黑料

9. 耐候性

耐候性是聚乙烯材料暴露在自然条件下，即在紫外线、温度、氧气及臭氧的作用下质量的稳定性。耐候性试样使用 d_n32mm、SDR11 及 d_n110mm、SDR11，长为 1m 的管材，放在满足标准要求的位置上接收太阳辐射，累计接收太阳能辐射达到 3.5GJ/m^2后，再进行电熔结构剥离强度、断裂伸长率和静液压试验（电熔焊口剥离强度试验如图 2-13 所示，图 2-14 和图 2-15 是电熔焊口剥离试验后的试样）。上述 3 项试验均合格则认为此批原材料满足耐候性要求。GB/T 15558.1—2015 要求仅对非黑色混配料的管材进行耐候性测试。

图 2-13　电熔焊口剥离强度试验

图 2-14　电熔焊口剥离试验后的试样（管材破坏）

10. 耐快速裂纹扩展（RCP）

快速裂纹扩展是由偶然的冲击载荷引发瞬间发生裂纹扩展的现象。通常，聚乙烯材料的

图 2-15　电熔焊口剥离试验后的试样（熔合面破坏）

高分子链具有一定的内旋转自由度，使得聚乙烯材料具有良好的韧性。但是当施加外力的速度、外界温度、材料状态（如有原始裂纹、切口）达到一定临界值时，聚乙烯材料会在发生韧性变形之前就出现脆性破坏，这种脆性破坏速度非常快，导致管材瞬间开裂，形成了快速裂纹扩展。

GB/T 15558. 1—2015 中规定，采用 GB/T 19280—2003《流体输送用热塑性塑料管材耐快速裂纹扩展（RCP）的测定　小尺寸稳态试验（S4 试验）》规定的方法测定聚乙烯材料的耐快速裂纹扩展性能。测试原理是截取规定长度的热塑性塑料管材试样，保持在规定的试验温度下，管内充满流体并施加规定的试验压力，在接近管材的一端实施一次冲击，以引发一个快速扩展的纵向裂纹，图 2-16 所示为 RCP 试验装置示意图和图 2-17 所示为 RCP 试验装置。随后检测管材试样以确定是裂纹终止还是裂纹扩展。通过一系列不同压力但温度恒定的这种试验，就可以确定 RCP 的临界压力或临界应力。

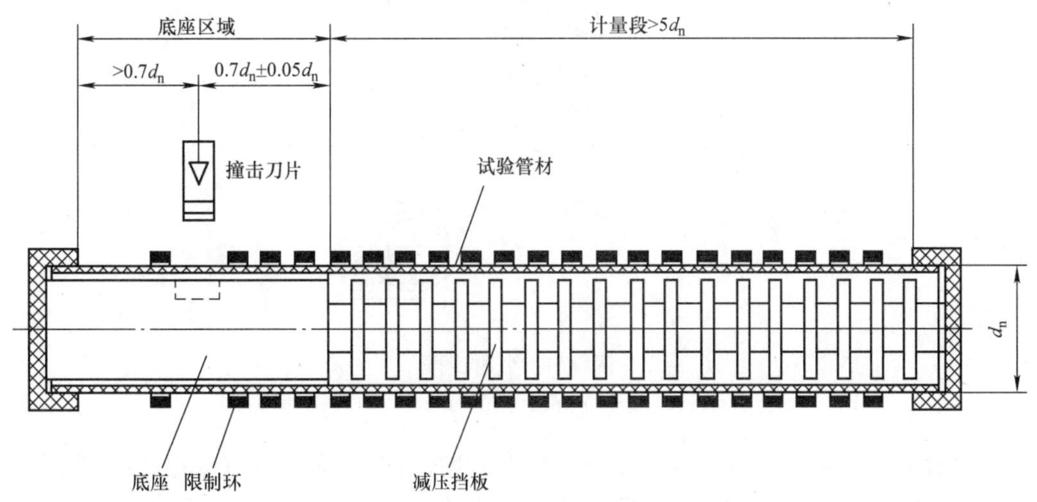

图 2-16　RCP 试验装置示意图

试验证明，温度越低，管径和壁厚越大，工作压力越高，管道快速裂纹扩展的可能性就越大。管材蠕变产生的裂纹、接头焊接引起的缺陷、铺设过程中的机械损伤、加工管材时产生的残余应力等因素都可能引起快速裂纹扩展。RCP 试验结果显示了触发管材发生快速开裂的最小压力和最低温度，这对于管材的实际应用具有重大的指导意义。

图 2-17　RCP 试验装置

11. 耐慢速裂纹增长

耐慢速裂纹增长是反映管材表面出现划痕时，在长期应力作用下抵抗划痕缓慢增长的能力。聚乙烯管材在生产、储存、运输、安装过程中造成的表面划痕都有可能成为裂纹源，在长期应力作用下，裂纹源缓慢增长，最终使材料发生脆性破坏。因此，耐慢速裂纹增长的性能指标在很大程度上决定着管道系统安全运行的寿命。

目前，验证聚乙烯管材耐慢速裂纹增长的试验方法有切口试验、锥体试验、全切口蠕变试验、点载荷试验等。GB/T 15558.1—2015 规定，对壁厚大于 5mm 的管材采用 GB/T 18476—2019《流体输送用聚烯烃管材 耐裂纹扩展的测定 慢速裂纹增长的试验方法（切口试验）》进行测试。

该试验是将管材试样沿圆周四等分，沿径向铣出 4 个规定长度和深度的 V 形切口，切口的剩余壁厚是试样公称壁厚的 0.78 ~ 0.82 倍，如图 2-18 所示，然后按照标准规定的环应力进行静液压测试，500h 后未出现渗漏或破坏即认为通过。铣完切口的试样如图 2-19 所示，静液压试验完成后未出现渗漏或破坏的合格样品如图 2-20 所示，韧性破坏的试验样品如图 2-21 所示。

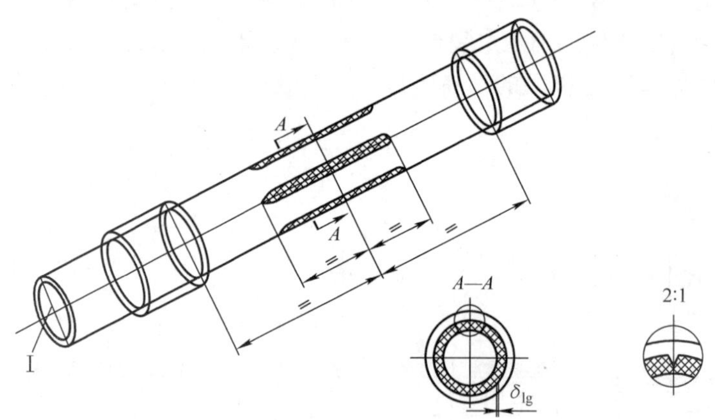

图 2-18　管材试样

I —密封接头　δ_{lg}—切口剩余壁厚：公称壁厚的 78% ~82%

通过测试的原料表明其具有优良的耐慢速裂纹增长能力，但并不意味着对施工划伤要求放松，而是出于对不可避免的施工过程中管材损伤的预先考虑，是对管道系统安全性和寿命的有效保障。

对于壁厚≤5mm 的管材根据 GB/T 19279—2003《聚乙烯管材　耐慢速裂纹增长锥体试验方法》进行试验。具体方法是从管材上切取规定长度的管段，在试样一端沿径向切一个贯穿管壁、轴向长度为 10mm 的切口，如图 2-22 所示。在切口端插入一个规定直径的心轴以保持恒定应变，将其浸入（80±1）℃的表面活性溶液中，如图2-23所示，每24h取出试样测量切口长度，直到裂纹不发生增长为止，绘制裂纹长度与时间的曲线，计算裂纹增长速度。GB/T 15558.1—2015中规定裂纹增长速度≤10mm/24h。图2-24所示是不同材料试验后的结果。

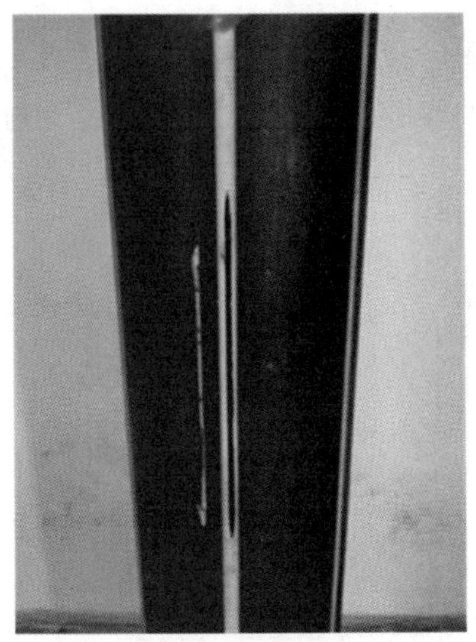

图2-19 铣完切口的试样

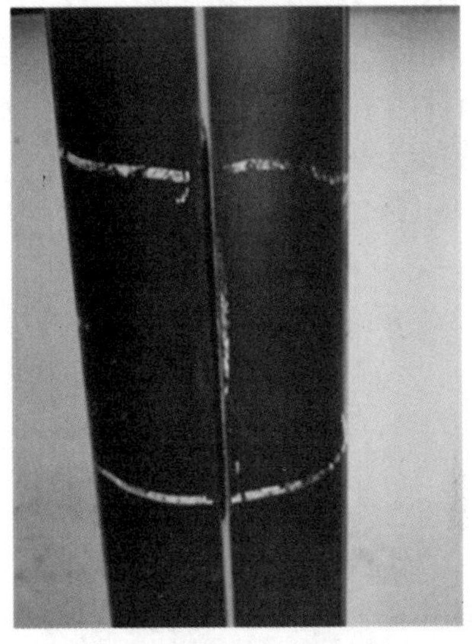

图2-20 试验完成后的试样切口（未出现渗漏或破坏的合格样品）

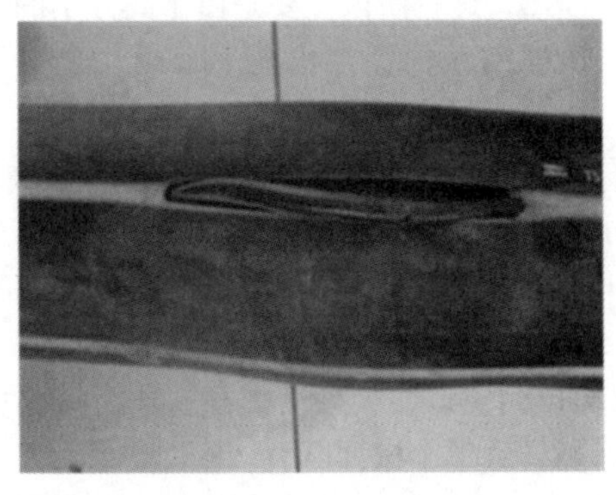

图2-21 韧性破坏的切口试样

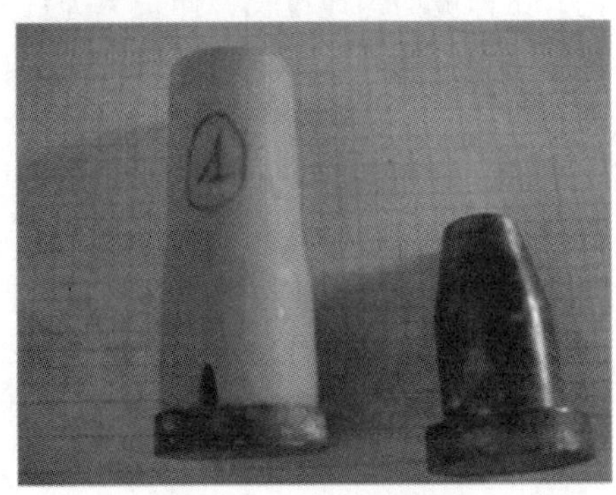

图2-22 10mm的切口

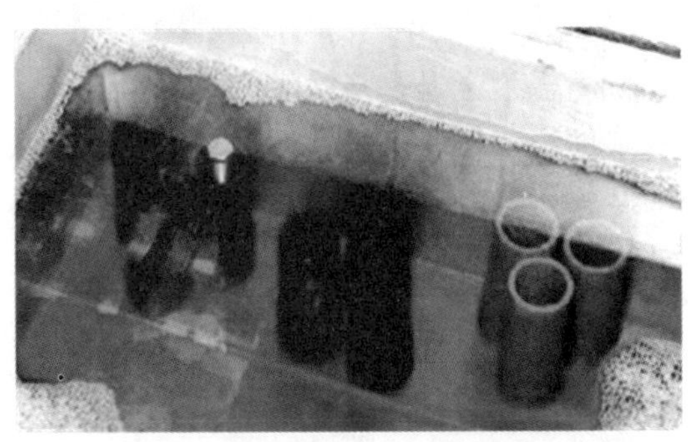

图2-23 浸泡在表面活性溶液中

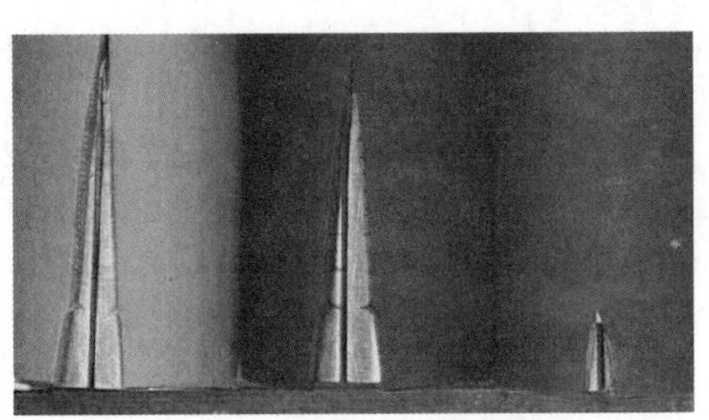

图2-24 不同材料试验后的结果

第三节 其他性能

1. 抗拉强度和断裂伸长率

在一定温度下，对材料进行拉伸，当材料被拉伸至断裂时所达到的最大强度称为抗拉强度。在材料拉伸应力达到最高后，拉伸需要的应力将缓慢下降，直至材料断裂，材料断裂时的伸长率称为断裂伸长率。聚乙烯在外力的拉伸下，由于分子间及分子链段的运动会发生一定的伸长，整个拉伸过程分为三个阶段，如图 2-25 所示。

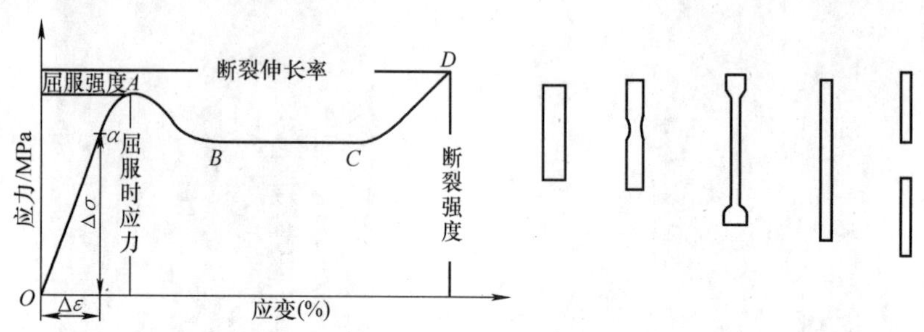

图 2-25　聚乙烯拉伸过程应力－应变曲线及试样外形变化示意图

（1）弹性段（*OA*）　拉伸初始阶段，应力快速增大，而伸长量很小，应力与应变成正比，试样被均匀地拉长，伸长率为百分之几到百分之十几，这一阶段主要是由于高分子的键长键角发生变化引起的。到达 *A* 点（屈服点）后，试样的截面突然出现一个或几个“细颈”。

（2）屈服段（*AB* + *BC*）　出现屈服后，应力开始下降，在持续外力的作用下，高分子链开始伸展，这时试样的细颈与非细颈部分的截面分别维持不变，而细颈部分不断扩展，直到整个制样变细为止。这个阶段应力基本保持不变，应变不断增大，直到试样全部变细或者试样出现裂纹为止。

（3）应变硬化（*CD*）　继续拉伸时，分子链取向排列更改，使硬度提高，从而需要更大的力才能发生形变。当应力达到 *D* 点时，分子链断裂导致整个试样断裂。

材料在屈服点 *A* 时的应力称为屈服强度，材料拉断时（*D* 点）承受的应力称为断裂强度或抗拉强度，此时的伸长率称为断裂伸长率。拉伸强度和断裂伸长率是管材强度和韧性好坏的表现之一。

聚乙烯材料的拉伸性能对温度变化比较敏感，随着温度上升，强度降低，而伸长率增加。GB/T 15558.1—2015 规定，聚乙烯管材的拉伸强度和断裂伸长率应在 23℃ 条件下进行状态调节和测试，断裂伸长率应≥350%。常用拉伸试验机如图 2-26 所示，试样拉伸前后的对比如图 2-27 所示。

聚乙烯良好的韧性，使管道具有优异的抗不均匀沉降及抗振性，这对保证聚乙烯管道系统的安全性具有重大意义。

聚乙烯管材自然弯曲半径最小可以到管径的 25 倍，使得管材可以进行盘卷，以长盘管的形式供货，减少接头，同时能较好地满足管道在安装施工中依靠自然弯曲避开障碍物的需要。

图 2-26　常用拉伸试验机

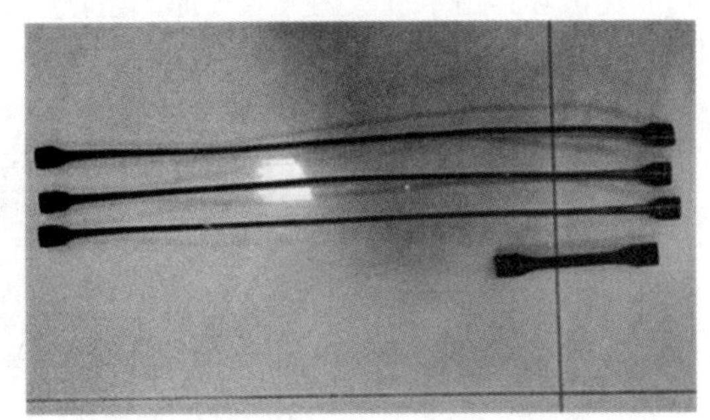

图 2-27　PE 管材试样拉伸前后对比

2. 长期静液压强度

长期静液压强度是指连续施加在聚乙烯管材管壁上 50 年引起管材破坏的环向应力，该值是工程设计的基础依据。

由于聚乙烯的蠕变和应力松弛特性，聚乙烯管材的强度与时间成函数关系，因此在实际应用时，需要知道强度与时间的定量关系，也就是长期静液压强度。

（1）聚乙烯管材破坏的三种模式　影响聚乙烯管道使用寿命的因素有机械载荷、应力开裂和高温氧化导致的分解。图 2-28 展示了 PE 管材静液压行为破坏的三种模式。聚乙烯管材破坏的三种模式具体如下：

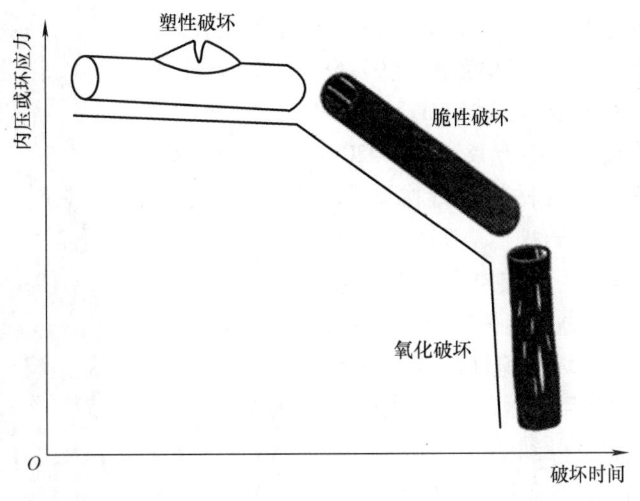

图 2-28　PE 管材静液压行为破坏的三种模式

1）塑性破坏（韧性破坏）：破坏发生时出现较明显的凸出变形，是聚乙烯材料黏弹性引发蠕变的最终结果。在实际应用中，运用韧性破坏线来计算材料的最大应力负载，如图 2-29所示。

2）脆性破坏：破坏发生时几乎没有变形，它是受内压由慢速裂纹增长造成的脆性破坏。韧脆转换的拐点是耐慢速开裂的极值点，此拐点出现的时间是预测材料寿命的重要依据，如图 2-30 所示。

3）氧化破坏：由于抗氧剂失效等原因造成的材料降解等化学破坏，两个以上的破坏点同时出现，如图 2-31 所示。

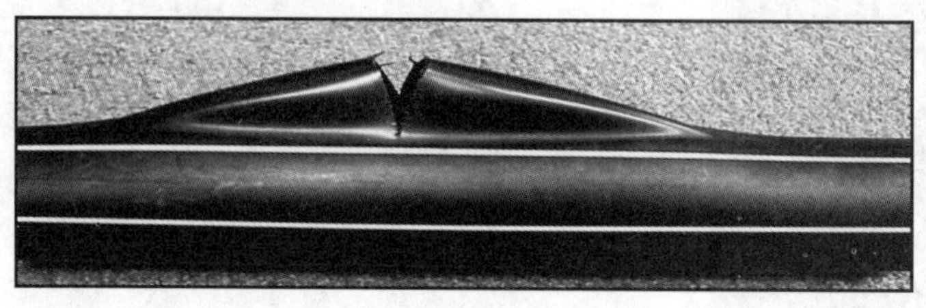

图 2-29　塑性破坏（韧性破坏）

图 2-30　脆性破坏

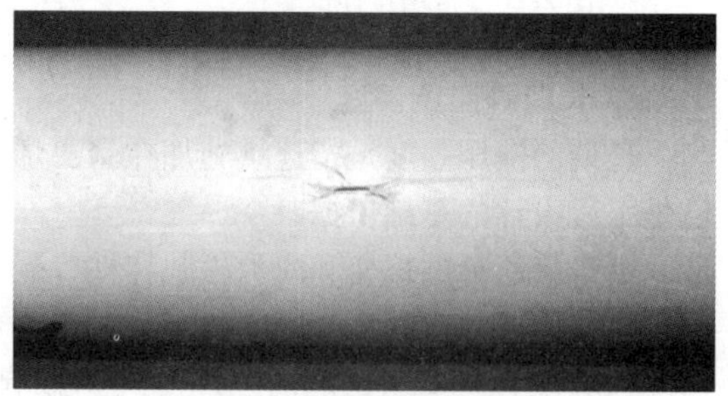

图 2-31　氧化破坏

（2）长期静液压试验（见图 2-32）　目前，国际上对聚乙烯的使用寿命要求为 50 年，所以长期静液压强度表示聚乙烯管材在 20℃下应用 50 年，概率预测为 97.5% 的最小环向应力（最小要求强度 MRS），单位为 MPa。

图 2-32　长期静液压试验

长期静液压试验按照 GB/T 18252—2020《塑料管道系统　用外推法确定热塑性塑料材料以管材形式的长期静液压强度》（即 ISO 9080）标准方法，一般选用 $d_n25 \sim d_n63$mm 的管材，在不同温度下，以水为介质向管材内部施压，进行最长时间为 1 年左右（1 万 h）的长期失效试验，观察管材破坏的类型和时间，以判定韧性破坏向脆性破坏的转换点（拐点）。然后根据时温等效原理，利用高温、短时间内作出的环应力与时间曲线的结果，用外推法得到 20℃、50 年、97.5% 置信下限的长期静液压强度（σ_{LPL}）和最小要求强度（MRS），得到的 MRS 值成为 PE 专用料定级的依据。图 2-33 所示为某牌号原材料的定级曲线。

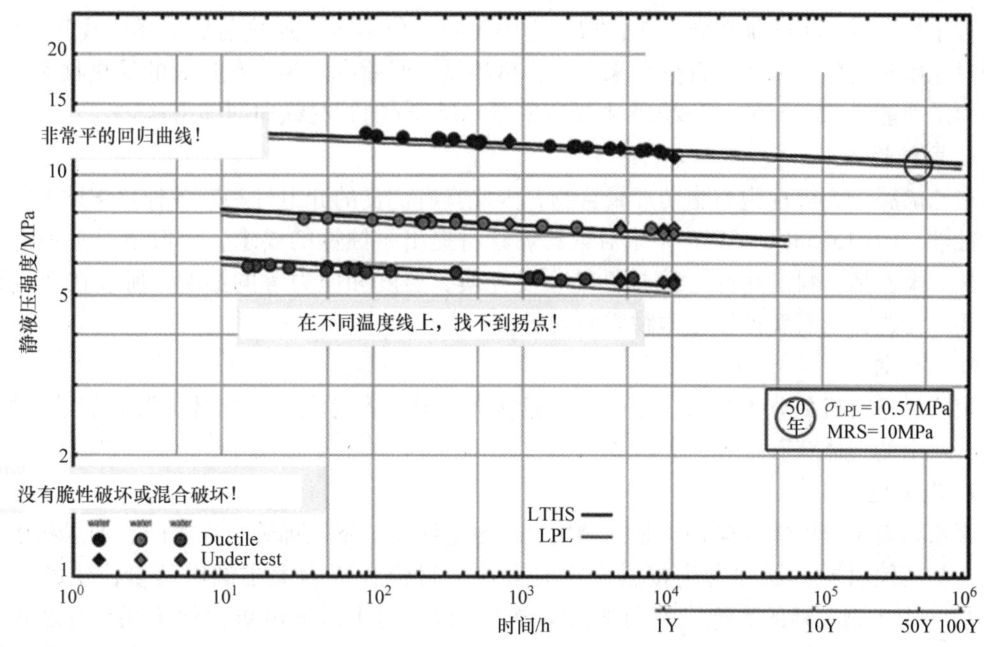

图 2-33　某牌号原材料的定级曲线

静液压试验是检验聚乙烯管材、管件力学性能的基本方法，对于成品的检验不可能再做 1 万 h 试验，所以按照 GB 15558.1—2015 的要求，采用提高试验温度和环应力、缩短试验时间的方法来快速检验成品性能。

3. 压缩复原

聚乙烯管材具有优良的韧性，可以使用夹扁工具将聚乙烯管道系统气流截断，便于进行维护和修复作业。实际应用中可以对运行压力 0.1MPa 的管道采用夹扁机具实施阻气作业，虽然夹扁不能完全切断气流（特别是对于直径大于 63mm 的管道），但可以基本断气，大幅降低后续作业的风险。

图 2-34　对管材进行压缩

为保证聚乙烯管材的使用寿命，GB 15558.1—2015 中规定管材在压缩复原后仍要满足静液压强度的要求，具体试验方法是：在 0℃ 条件下，通过两个平行的圆杆对试样进行压缩，压缩到试样两末端的距离相等为止，并且两平行的圆杆应与管材的轴线垂直，如图 2-34 所示。保持一段时间后立即释放，然后对管材进行（20℃，100h 和 80℃，1000h）静液压强度试验，管材未出现破坏、泄漏的情况即为合格。

4. 纵向回缩率

聚乙烯对温度比较敏感，收缩率较大，聚乙烯管材在挤出过程中经过温度变化后，管材内部会存在一定的残余应力，经过分子链的结晶取向和释放应力后，管材轴向和径向尺寸均会发生变化。

按照 GB/T 6671—2001《热塑性塑料管材纵向回缩率的测定》要求，将规定长度的试样，置于规定温度下的加热介质中保持一定的时间，分别测量加热前后试样标线间的距离，以相对原始长度的长度变化百分率来表示管材的纵向回缩率。为避免过大的受热收缩影响产品的力学性能，GB 15558. 1—2015 中规定壁厚≤16mm 的管材纵向回缩率≤3%。

5. 耐蚀性

聚乙烯属于无极性饱和脂肪烃聚合物，因此具有优良的介电性和对各种化学试剂的耐化学腐蚀性。GB 15558. 1—2015 中未对聚乙烯管材提出耐蚀性的要求，一般情况下不需要考虑，然而聚乙烯材料的耐化学腐蚀性能会受介质、温度和压力等的影响，所以在敷设管道时，要尽量避开具有腐蚀性化学物质的场所。

6. 可燃性

聚乙烯是有机高分子材料，在火焰中能燃烧，但不容易点燃，离开火源后能继续燃烧，燃烧分解出的气体有石蜡味，无毒。

7. 电学性能

聚乙烯属于非极性高聚物，是一种优良的电绝缘体。聚乙烯管材在生产、加工和使用过程中，与其他材料、器件发生接触摩擦时会使管材带有灰尘大小的电荷量，变成带电体（静电），由于聚乙烯的高绝缘性而难以漏导，所以管材上的静电可以保持几个月之久。管材由于静电吸附的灰尘会影响焊口的焊接质量，为消除静电，可将抗静电剂添加到聚乙烯原料中，或者在管材焊接前使用一些表面活性剂擦拭焊接面，使管材表面迅速放电，防止静电吸附灰尘。

聚乙烯管道的管材、管件与阀门

管网建设过程中，管材、管件、阀门等管道元件的使用是必不可少的，每一个元件的质量都决定着管网的整体安全水平。只有了解管道元件的技术性能以及验收要求，才能选取到与设计管网要求相匹配的产品，并完成管网的安装、维护和抢修工作。此外，管道元件的制造工艺、设计结构等相关知识，与管道元件的性能息息相关，了解这些知识，对保证管网建设的质量同样具有重要意义。

聚乙烯管道元件主要包括管材、管件、阀门、钢塑转换接头等，管道元件是使用聚乙烯材料经过挤出、注塑、机械加工等工艺制造完成的。在选用时，必须根据用户所在行业、地区的具体技术标准要求选取。我国聚乙烯燃气管道相关标准见表3-1，分别规定了不同种类聚乙烯产品的术语、定义、材料、要求、试验方法、检验规则、标志和包装、运输、储存，是生产企业和用户对产品验收的依据，也是保证产品质量的基础。

表3-1　聚乙烯燃气管道相关标准

序号	标准名称	标准编号	实施日期
1	燃气用埋地聚乙烯（PE）管道系统 第1部分：管材	GB 15558.1—2015	2017-01-01
2	燃气用埋地聚乙烯（PE）管道系统 第2部分：管件	GB 15558.2—2005	2005-12-01
3	燃气用埋地聚乙烯（PE）管道系统 第3部分：阀门	GB 15558.3—2008	2010-01-01
4	燃气用聚乙烯管道系统的机械管件 第1部分：公称外径不大于63mm的管材用钢塑转换管件	GB 26255.1—2010	2011-06-01
5	燃气用聚乙烯管道系统的机械管件 第2部分：公称外径大于63mm的管材用钢塑转换管件	GB 26255.2—2010	2011-06-01

第一节　管　材

1. 聚乙烯管材的生产

聚乙烯管材采用挤出成型工艺生产，将聚乙烯混配料烘干后，通过挤出机的料斗送入到加热的机头中，在一定温度下熔融塑化，通过螺杆的推进作用，沿机筒向前经过模口挤出，形成管坯。同时，挤出生产线末端设置有牵引机，通过引管将管坯牵引至定型和冷却装置，而后根据需要的长度进行切断，即得到所需要的管材制品。

聚乙烯管材的挤出生产具有过程连续、效率高、规格种类多的特点，管材长度可按需要而定，经过更换相应的配件就能加工不同规格的产品。图3-1所示为聚乙烯管材的挤出生产线。

聚乙烯管材的挤出生产有着严格的生产流程，特别是燃气、自来水等重要管材的生产，都必须根据挤出设备、原材料情况设置相应的生产步骤和工艺参数（干燥时间、挤出温度、挤出速度、冷却水温等），并严格按照工艺进行生产。例如，在聚乙烯燃气管材的挤出过程中，如果随意缩短原材料的干燥时间甚至省去原料准备工序中的干燥操作，或者大幅度提高挤出速度和冷却速度，都会降低产品性能，增加聚乙烯燃气输配系统的安全隐患，所以生产企业必须按照挤出工艺每一道工序的操作规范进行生产。

图 3-1　聚乙烯管材的挤出生产线

2. 管道类型

聚乙烯管材按照结构划分，可分为单层实壁管材、具有防护层的实壁管材（以下简称包覆管）和多层管道。单层实壁管材是一次性挤出成型的管材，是传统的聚乙烯管材类型，管壁直接承受管道内部压力及环境应力。而包覆管则是近年来国内新开发的一种产品，是在传统单层实壁管材挤出完成后，使用专用挤出机在管道外部挤出一层保护层，包覆管外观及结构如图 3-2 所示。内部的工作管道用于承受工作压力，保护层用于抵抗在运输、存储、拖拉等过程中可能受到的硌伤、划伤等外力破坏。包覆管的保护层通常为硬度更高的聚丙烯（PP）材料，具有一定厚度要求，除了防止划伤外，还具有隔离紫外线氧化破坏和阻碍白蚁啃咬的作用。多层聚乙烯管主要用于一些特殊的工业环境，我国市政行业尚未使用。

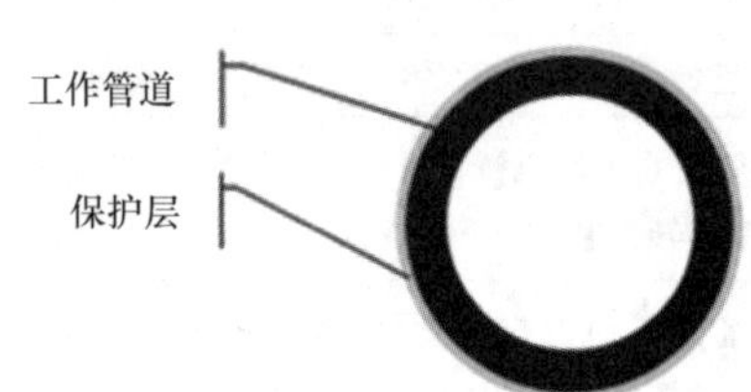

图 3-2　包覆管外观及结构

根据包装形式划分，聚乙烯管材包括直管、盘卷管和工厂预制折叠管。其中，盘卷管多用于外径在 110mm 以下规格的管材，可以实现单根最长 200m 包装，与直管相比可以减少接口、降低管件消耗，铺设速度更快也更安全。但是盘管盘卷时，弯曲产生的应力容易使管道截面变为椭圆形，如果盘卷的弯曲半径过小，甚至会造成管道损伤。为此，在生产盘管时，通常要求每盘的最小内径不能小于 18 倍的管道外径。此外，在盘管打开包装时，可能出现快速弹开的情况，需要特别注意安全防护。工厂预制折叠管主要用于非开挖铺设，生产时将直管在一定温度下使用压缩工具压制成 U 形或 C 形。图 3-3 所示工厂预制成型折叠管是使用盘卷器制成的。工厂预制折叠管可将管道的外径缩小到 90% 以下，可以减小非开挖穿越施工的摩擦力，轻松地从旧管道或钻孔中穿过。穿越完成后，使用具有一定压力的热蒸汽，使管道复圆并贴合在旧管道上，完成老旧管道的修复。

此外，聚乙烯管道根据原材料等级还可以分为 PE80 管、PE100 管、PE100 – RC 管，并

且随着原材料的开发，新管材不断推陈出新，其承压能力、抵抗环境应力能力不断提高，低等级管材也逐渐被更新淘汰。

3. 外观及标识

聚乙烯管材用于燃气时，颜色通常使用醒目的黄色或黑色加黄条（表示管材使用PE80级原材料生产）、橙色或黑色加橙条（表示管材使用PE100级原材料生产），也可使用黑色（PE80或者PE100）。燃气管道的色条是区分管材内流体的重要标识，色条在管材生产的同时沿着管材方向共同挤出，且要求数量至少三条，均匀分布在管道上，这样可以确保使用者能够从任何角度清楚地看到。

图3-3　工厂预制成型折叠管

除颜色要求外，燃气管材上还必须打印明显的其他标识，其颜色要区别于管材的颜色，便于识别。其他标识的内容包括生产商、原材料等，要能够显示管材质量和使用的相关信息，表3-2中是燃气用聚乙烯管材标识必须打印的内容。这些信息对管材的质量追溯起着关键作用。

表3-2　燃气用聚乙烯管材标识内容

内容	标识或符号
制造许可证编号	“TS”
制造商和商标	名称和符号
内部流体	“燃气”或“GAS”字样
公称外径×壁厚	$d_n \times e_n$
标准尺寸比	SDR
材料	PE80或PE100
混配料牌号	
生产批号	
回用料（如有使用）	R
生产时间、年份和地点（提供可追溯性）	生产时间；如果制造商在不同地点生产，应标明生产地点的名称或代码
GB 15558系列标准的相关部分	GB 15558.1

标识打印间距应不超过1m，且不能对管材质量造成影响。在正常储存、气候老化、加工及合理安装、使用后，标志应仍然清晰，并一直保持到管材的整个寿命结束。

包覆管在打印标识时，工作管及保护层表面除了要具有以上标识内容外，还要在保护层上注明管道为包覆管道，并提示“焊接前请剥离外层”，如图3-4所示。

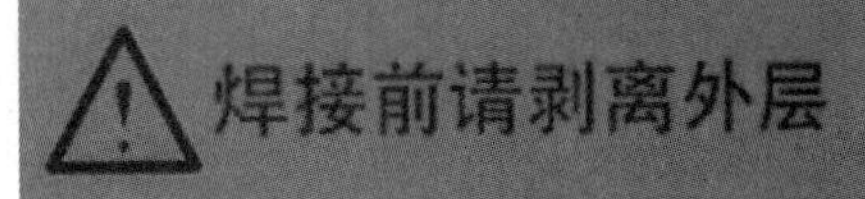

图3-4　包覆管保护层应注明内容

4. 几何尺寸

聚乙烯管材的几何尺寸标识由外径、壁厚、不圆度三部分组成。管道规格包括管材公称外径和壁厚，管材公称外径和公称壁厚分别用 d_n 和 e_n 表示，单位为毫米。常用的管材规格见表 3-3。平均外径 d_{em} 为管材的实际测量值，$d_{em,min}$ 为管材外径的最小值，$d_{em,max}$ 为管材外径的最大值，e_{min} 为管材的最小壁厚（等于管材的公称壁厚 e_n）。管材在同一横截面处测量的最大外径与最小外径的差值叫作不圆度，单位为 mm，用来表示管材允许发生的最大椭圆情况。由于聚乙烯管材在存放、运输、使用过程中受到温度、压力的影响，都不可避免地发生变形，所以直管的不圆度需要在管材生产完成后立即测量，其后的测量值仅可作为产品使用时的参考，不作为验收依据。而盘管在盘卷过程中会发生显著的椭圆，需要由生产和使用双方通过协商的方法确定不圆度的要求值。

表 3-3　常用管材规格

公称外径 d_n/mm	平均外径 d_{em}/mm		壁厚 e_n/mm		直管的最大不圆度/mm	最小壁厚 e_{min}/mm			
	$d_{em,min}$	SDR11	SDR17	$d_{em,max}$		SDR11	SDR17	SDR21	SDR26
16	16.0	3.0	—	16.3	1.2	3.0	—	—	—
20	20.0	3.0	—	20.3	1.2	3.0	—	—	—
25	25.0	3.0	—	25.3	1.2	3.0	—	—	—
32	32.0	3.0	3.0	32.3	1.3	3.0	3.0	—	—
40	40.0	3.7	3.0	40.4	1.4	3.7	3.0	—	—
50	50.0	4.6	3.0	50.4	1.4	4.6	3.0	3.0	—
63	63.0	5.8	3.0	63.4	1.5	5.8	3.8	3.0	—
90	90.0	8.2	5.4	90.6	1.8	8.2	5.4	4.3	3.0
110	110.0	10.0	6.0	110.7	2.2	10.0	6.6	5.3	4.2
160	160.0	14.6	9.5	161.0	3.2	14.6	9.5	7.7	6.2
200	200.0	18.2	11.9	201.2	4.0	18.2	11.9	9.6	7.7
250	250.0	22.7	14.8	251.5	5.0	22.7	14.8	11.9	9.6
315	315.0	28.6	18.7	316.9	11.1	28.6	18.7	15.0	12.1
355	355.0	32.25	21.1	357.2	12.5	32.2	21.1	16.8	13.6
400	400.0	36.4	23.7	402.4	14.0	36.4	23.7	19.1	15.3
450	450.0	40.9	26.7	452.7	15.6	40.9	26.7	21.5	17.2
500	500.0	45.5	29.7	503.0	17.5	45.5	29.7	23.9	19.1
560	560.0	50.9	33.2	563.4	19.6	50.9	33.2	26.7	21.4
630	630.0	57.3	37.4	633.8	22.1	57.3	37.4	30.0	24.1

表 3-3 中列出了常用的管材规格，也是我国燃气用聚乙烯管材公称外径允许使用的范围，即 16～630mm。目前国内在用的最大口径聚乙烯燃气管道是公称外径为 560mm 用于输送焦炉煤气的管材。近年来，在给水排水等行业的应用中，更大口径的聚乙烯管材也已经得到了应用，最大口径可达到 1200mm 以上。

5. SDR 值

SDR（Standard Dimension Ratio）是指管材的标准尺寸比，代表管材外径与壁厚的比值，即

$$SDR = \frac{d_n}{e_n}$$

SDR 是管道设计时常用的一个重要参数，数值越大表示管材的壁厚相对越小，其承压能力也越低。

GB 15558.1—2015 标准中推荐的标准尺寸比系列主要有：SDR11、SDR17、SDR21、SDR26，其中 SDR11、SDR17 为常规系列，多用于开挖直埋及非开挖穿越施工，SDR21 和 SDR26 的管材则用于非开挖管道修复工程等特殊项目。该标准发布前所使用的 SDR17.6，不再作为常规标准尺寸比，在进行管道维护时，操作者应予以确认，避免造成不必要的麻烦。

6. 管材的性能

管材在使用前以及使用过程中，必须按照标准进行相关的物理性能和力学性能检验，包括定型检验、出厂检验和型式检验。定型检验是新研制出来的产品或技术在开始使用前或原材料发生变动的时候，必须对产品进行的全面检验，以此来确定其是否达到使用要求，包括外观和颜色、几何尺寸、力学性能和物理性能等。产品投产后，每个批次产品在出厂前必须按照标准规定的项目，对一些生产过程中可能发生变化的性能进行检验，保证产品性能在控制范围内，才可以投放市场，即出厂检验。型式检验是在产品生产一定时期后，从每个尺寸范围内选取任一规格进行全面检验，评定产品质量是否稳定，保证一些非出厂检验的性能指标仍然符合要求，其时间一般为每两年进行一次。

GB 15558.1—2015 中对聚乙烯管材各项性能和检验方法进行了细致规定，是判断管材和生产企业质量控制情况的主要依据，管材的力学性能要符合表 3-4 的要求，管材的物理性能要符合表 3-5 的要求。

表 3-4　管材的力学性能要求

序号	项目	要求	试验参数			试验方法
1	静液压强度（20℃，100h）	无破坏，无渗漏	环应力	PE80	9.0MPa	GB/T 6111
				PE100	12.0MPa	
			试验时间		≥100h	
			试验温度		20℃	
2	静液压强度（80℃，165h）	无破坏，无渗漏	环应力	PE80	4.5MPa	
				PE100	5.4MPa	
			试验时间		≥165h	
			试验温度		80℃	
3	静液压强度（80℃，1000h）	无破坏，无渗漏	环应力	PE80	4.0MPa	
				PE100	5.0MPa	
			试验时间		≥1000h	
			试验温度		80℃	

（续）

<table>
<tr><th>试验方法</th><th>项目</th><th>要求</th><th colspan="4">试验参数</th><th></th></tr>
<tr><td rowspan="6">4</td><td rowspan="2">断裂伸长率
$e \leqslant 5$mm</td><td rowspan="2">≥350%</td><td colspan="2">试样形状</td><td colspan="2">类型 2</td><td rowspan="6">GB/T 8804. 3</td></tr>
<tr><td colspan="2">试验速度</td><td colspan="2">100mm/min</td></tr>
<tr><td rowspan="2">断裂伸长率
5mm < $e \leqslant$ 12mm</td><td rowspan="2">≥350%</td><td colspan="2">试样形状</td><td colspan="2">类型 1</td></tr>
<tr><td colspan="2">试验速度</td><td colspan="2">50mm/min</td></tr>
<tr><td rowspan="2">断裂伸长率
e > 12mm</td><td rowspan="2">≥350%</td><td colspan="2">试样形状</td><td>类型 1</td><td>类型 3</td></tr>
<tr><td colspan="2">试验速度</td><td>25mm/min</td><td>10mm/min</td></tr>
<tr><td rowspan="6">5</td><td>耐慢速裂纹增长
$e \leqslant 5$mm（锥体试验）</td><td>< 10mm/24h</td><td colspan="2">—</td><td colspan="2">—</td><td>GB/T 19279</td></tr>
<tr><td rowspan="5">耐慢速裂纹增长
e > 5mm（切口试验）</td><td rowspan="5">无破坏，无渗漏</td><td colspan="2">试验温度</td><td colspan="2">80℃</td><td rowspan="5">GB/T 18476</td></tr>
<tr><td rowspan="2">内部试验压力</td><td>PE80，SDR11</td><td colspan="2">0. 80MPa</td></tr>
<tr><td>PE100，SDR11</td><td colspan="2">0. 92MPa</td></tr>
<tr><td colspan="2">试验时间</td><td colspan="2">≥500h</td></tr>
<tr><td colspan="2">试验类型</td><td colspan="2">水 - 水</td></tr>
<tr><td>6</td><td>耐快速裂纹扩展
（RCP）</td><td>$P_{C,S4} \geqslant$ MOP/
2. 4 - 0. 072，MPa</td><td colspan="2">试验温度</td><td colspan="2">0℃</td><td>GB/T 19280</td></tr>
<tr><td>7</td><td>压缩复原</td><td>无破坏，无渗漏</td><td colspan="2">—</td><td colspan="2">—</td><td>GB 15558. 1</td></tr>
</table>

表 3-5 管材的物理性能要求

<table>
<tr><th>序号</th><th>性能</th><th>要求</th><th colspan="2">试验参数</th><th>试验方法</th></tr>
<tr><td rowspan="2">1</td><td rowspan="2">氧化诱导时间
（热稳定性）</td><td rowspan="2">> 20min</td><td>试验温度</td><td>200℃</td><td rowspan="2">GB/T 19466. 6</td></tr>
<tr><td>试样质量</td><td>（15 ± 2） mg</td></tr>
<tr><td rowspan="2">2</td><td rowspan="2">熔体质量流动速率
（MFR）（g/10min）</td><td rowspan="2">加工前后 MFR
变化 < 20%</td><td>负荷质量</td><td>5kg</td><td rowspan="2">GB/T 3682. 1
A 法</td></tr>
<tr><td>试验温度</td><td>190℃</td></tr>
<tr><td rowspan="3">3</td><td rowspan="3">纵向回缩率
（壁厚≤16mm）</td><td rowspan="3">≤3%，表面无破坏</td><td>试验温度</td><td>110℃</td><td rowspan="3">GB/T 6671</td></tr>
<tr><td>试样长度</td><td>200mm</td></tr>
<tr><td>烘箱内旋转时间</td><td>1h</td></tr>
</table>

管材在进行出厂检验时，需要检测的项目包括外观和颜色、几何尺寸、静液压强度（80℃/165h）、断裂伸长率、氧化诱导时间（热稳定性）和熔体质量流动速率。

7. PE100 RC 管材的性能要求

PE100 RC 管材即使用高耐慢速裂纹增长性能 PE100 混配料（PE100 RC 料）生产的管材，这种管材可以用于一些特殊敷设环境或者非开挖施工领域，回填时不使用沙床，可降低施工成本，同时可以在有一定划伤的情况下使用 100 年。

对于 PE100 RC 管材，除了满足 GB 15558. 1 的要求外，还要满足额外的力学性能要求，其性能试验类型、要求及试验参数见表 3-6。

8. 包覆管性能额外要求

包覆管保护层在焊接过程中需要进行剥离，为了保证保护效果和操作方便，在储存和安

装前，保护层不能与内部的工作管材分开，而在准备热熔对接和电熔连接时，使用简单的工具手动即可轻松去除保护层。

表 3-6　PE100 RC 管材性能要求

序号	性能	要求	试验参数	试验方法
1	耐慢速裂纹增长（切口试验）（SDR11，$e_n>5$mm）	≥8760h	80℃，0.92MPa（试验压力）	GB/T 18476
2	耐慢速裂纹增长（锥体试验）（$e_n \leqslant 5$mm）	≤1mm/48h	80℃	GB/T 19279
3	耐慢速裂纹增长 双切口蠕变试验（2NCT）①②	>3300h	80℃，40MPa，2%的表面活性剂	ISO 16770

① 双切口在管材径向对称的管壁上切取。

② 加速试验（ACT）可代替双切口蠕变试验（2NCT），试验时间要求为大于160h，具体参见 DIN/PAS 1075。

包覆管保护层材料的性能还需要满足表 3-7、表 3-8 中的要求。

表 3-7　包覆管聚丙烯（PP）防护层材料的性能要求

序号	项目	单位	要求	试验参数	试验方法
1	熔体质量流动速率 MFR	g/10min	<1.5	负荷质量：2.16kg 试验温度：230℃	GB/T 3682.1
2	氧化诱导时间	min	>20	试验温度：200℃	GB/T 19466.6
3	弯曲模量	MPa	≥1300	—	GB/T 9341

注：黑色混配料的炭黑平均（初始）粒径范围为 10～25nm。

表 3-8　PP 防护层的最小厚度和硬度

序号	PE 管材公称外径 d_n/mm	PP 防护层最小厚度 $E^{①}$/mm		防护层壁厚偏差/mm	防护层的硬度②（邵氏硬度 D）
1	$16 \leqslant d_n \leqslant 75$	$e_n\times10\%$，且不小于 0.5		+0.3	不低于 63
2	$90 \leqslant d_n \leqslant 225$	$e_n\times10\%$，且不小于 1.0		+0.5	
3	$250 \leqslant d_n \leqslant 560$	d_n250	1.3	+0.9	
		d_n280	1.3	+0.9	
		d_n315	1.5	+0.9	
		d_n355	1.5	+1.0	
		d_n400	1.7	+1.0	
		d_n450	2.0	+1.0	
		d_n500	2.0	+1.0	
		d_n560	2.2	+1.0	
4	$630 \leqslant d_n$	2.5		+1.0	

① 根据防护层的功能及 PE 管材耐慢速裂纹增长性能要求，最小厚度按 $e_n\times10\%$ 计算，同时还要考虑防护层的易剥离性，以便于焊接。

② 使用 D 型邵氏硬度计压入时的保护膜硬度，检测方法按照 GB/T 531.1—2008 的规定进行。

第二节 管 件

根据所采用连接方式的不同，聚乙烯管件主要分为电熔管件、热熔对接管件、法兰连接管件和机械管件。在我国燃气输配行业中，热熔承插焊接已经禁止使用，热熔承插管件也不再用于燃气管道。

根据生产工艺不同，聚乙烯管件又分为注塑管件和焊制管件。注塑管件由注塑机注射成型，焊制管件则由生产厂家使用聚乙烯管道在工厂内通过专用焊机热熔对接而成，大多为口径较大、使用量较少、生产成本高的弯头、三通等。焊制管件随着注塑技术的发展，近年来逐渐被注塑管件所替代。

GB 15558. 2—2005《燃气用埋地聚乙烯（PE）管道系统 第2部分：管件》对管件的外观、技术性能、包装、储运进行了详细规定，可以作为管件生产、检验和选用的依据。

1. 管件标识

同管材一样，在管件或者其外包装上，除必须具有和产品寿命相同的清晰牢固的标识外，焊接操作的相关信息也应该进行标注，便于使用时快速准确地读取。

国际标准化组织ISO对管件产品追溯制定了相关的技术标准ISO 12176－4，将产品生产厂家及产品相关信息在网站上进行公布，以便于用户查询。在我国一些大型企业中，追溯码也已经被采用，可以为用户在选用可靠的产品、质量保证上提供一定帮助，某厂家的电熔管件标识如图3-5所示。

图3-5 某厂家电熔管件标识

管件标识应包括制造商名称、商标、规格、材料级别等，GB/T 15558. 2对管件最少要求的标识内容进行了规定，见表3-9。

表3-9 管件最少要求的标识

项目	标识
制造商的名字和/或商标①	名称或符号
与管件连接的管材的公称外径 d_n	例如：110
材料和级别	例如：PE 80
适用管材系列	SDR（例如：SDR11 和/或 SDR 17.6）或 SDR 熔接范围
制造商的信息①	——制造日期（用数字或代码表示的年和月） ——若在多处生产，生产地点的名称或代码
GB 15558 系列标准的相关部分②	GB 15558. 2
输送流体②	“燃气”或“GAS”

① 提供可追溯性。

② 这个信息可以打印在管件所附标签上或独立包装管件的袋子上。

2. 电熔管件

电熔管件全称为电熔承插管件，是在注塑的管件毛坯内壁上，按照一定设计埋入电热丝，在焊接施工时通过电热丝为焊接提供热量。电熔管件分为电熔承口管件、电熔鞍形管件。我们经常使用的电熔套筒、电熔三通、电熔弯头、电熔变径属于电熔承口管件，电熔鞍形管件则有电熔鞍形三通、鞍形修补、鞍形直通等。常用的一些电熔管件如图 3-6 所示。

电熔管件上除了必要标识外，生产厂家会将管件的焊接信息及产品追溯信息通过条形码的形式标注在管件外部或包装袋上，如图 3-7 所示，便于焊机进行自动读取以及存储。焊接条形码按照 ISO 10839 的统一规定制作，保证焊接的相互兼容性，信息包括管件类型、规格、吸热时间、冷却时间。产品追溯码依照 ISO 12176－4 中的要求，包括存储管件生产的相关详细信息，如生产商或供应商名称、管道类型、管道公称直径、生产批号、产地、SDR 值、混配料牌号、回收料情况、PE 等级、MFR 值等，信息通过条形码或者二维码形式保存，使用焊机扫描枪进行读取。

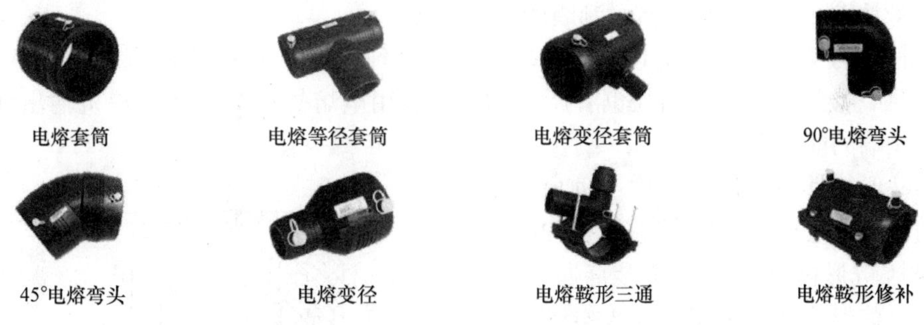

图 3-6　电熔管件

图 3-7　电熔管件焊接条形码及追溯码

电熔管件上通常设置有电热丝、接线端和观察孔等部件，有些管件还设有紧固螺钉。图 3-8所示为电熔套筒的外观和结构。

电热丝是电熔管件提供焊接热量的主要部件，分为内埋式和外露式两种，其中内埋式电熔管件的电热丝埋在管件内壁一定深度，可以避免电热丝在安装过程中被插口管件损坏，也避免了电热丝直接与空气接触发生氧化引起生锈，并且电热丝不在熔合面上，可以获得更大的熔合面积。但是，内埋式电熔管件加工精度要求高，电热丝埋入深度控制要求严格，深度过大则无法保证焊接热量，对生产技术要求非常高。

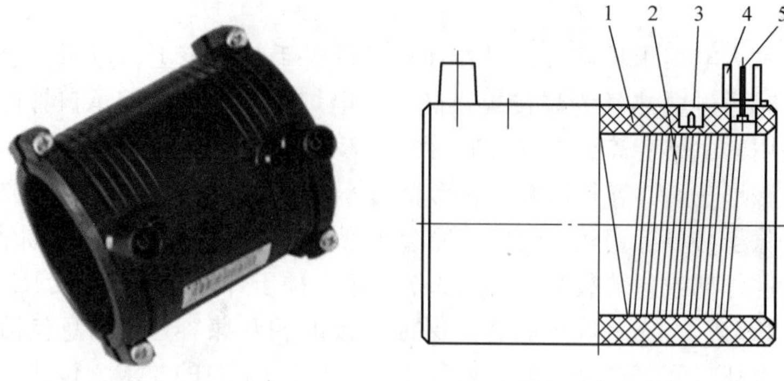

图 3-8　电熔套筒的外观和结构

1—管件体　2—电阻丝　3—观察孔　4—接线端　5—接线柱

观察孔的作用是用来查看焊接状态，避免重复焊接操作，同时，顶出的观察孔也表示管件通电后正常发热，也是焊口质量判断的一个必要条件。

电熔管件的接线端在 GB 15558.2 中规定了两种规格，其接线柱直径分为 4.0mm 和 4.7mm 两种，接线端外径、内径也有所不同，在选用电熔焊机时要考虑焊机输出插头与电熔管件接线端的配合问题。

电熔鞍形管件是电熔管件中一种比较特殊的管件，主要用于管道的维护和抢修，包括鞍形修补、电熔鞍形直通、固定式电熔鞍形三通、可调节角度电熔鞍形三通。电熔鞍形三通内置有开孔刀，可以使用开孔钥匙在已经通气的管道上开通一个 63mm 或更小规格的支路，避免管道停气影响下游用户使用。电熔鞍形三通结构如图 3-9 所示。电熔鞍形直通内未设置开孔刀，需要使用专用开孔工具进行配合，开出更大规格的支路。鞍形修补则用来快速修复管道上发生的破损。

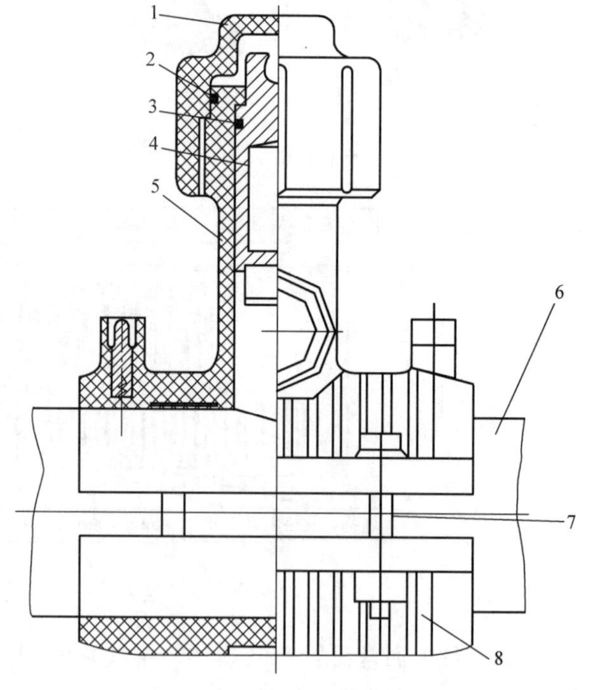

图 3-9　电熔鞍形三通结构

1—密封盖　2—密封圈　3—二级密封圈　4—钻孔刀　5—鞍形主体　6—主管道　7—螺栓　8—底座

3. 注塑管件

注塑管件的标准名称为热熔对接及电熔连接的插口管件，是与电熔承口管件相对应的管道元件。顾名思义，注塑管件可以与电熔管件进行电熔焊接，也可以与其他注塑管件、管材进行热熔对接焊接。

注塑管件是使用特定形状的模具注塑生产出相应形状的产品，也可以通过注塑出一定毛坯后，再使用车床加工而成。注塑管件具有尺寸精度高、生产质量稳定、便于控制的特点。常见的注塑管件如图 3-10 所示。

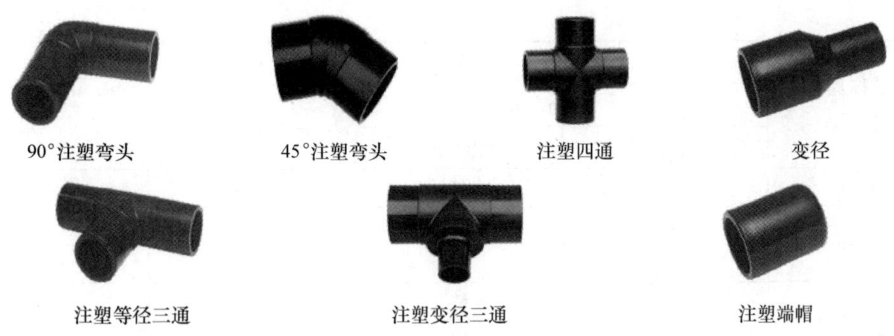

图 3-10　常见的注塑管件

4. 管件尺寸和公差

电熔管件在焊接时，主要为承插和鞍形两种形式，承插和鞍形管件的主要尺寸如图 3-11所示。

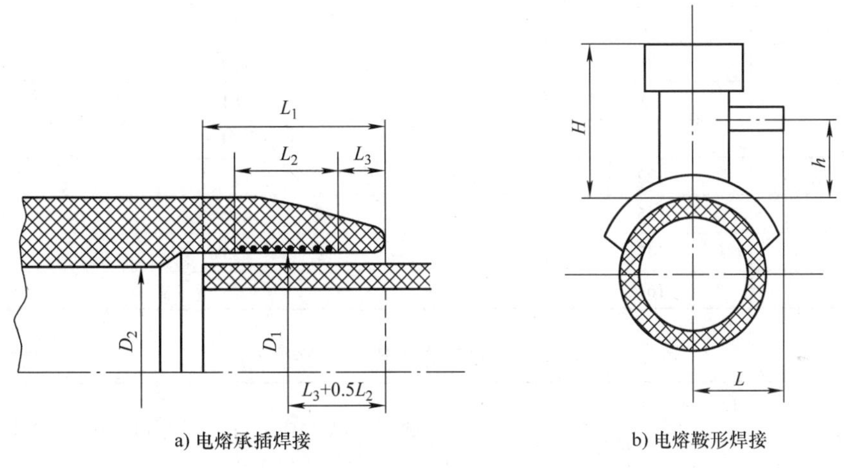

图 3-11　承插和鞍形管件的主要尺寸

为了保证管件的正常安装和焊接后的质量，插口和插口的尺寸公差配合决定了焊接操作安装是否顺畅和焊口质量是否可靠，只有保证承口、插口管件的尺寸和公差配合才能获得合格的焊口。承插和鞍形管件的主要尺寸要求和公差见表 3-10 和表 3-11。

表 3-10　承插管件主要尺寸要求和公差　（单位：mm）

管件的公称直径 d_n	插入深度 L_1			熔区最小长度 L_{2min}
	min		max	
	电流调节	电压调节		
16	20	25	41	10
20	20	25	41	10
25	20	25	41	10
32	20	25	44	10
40	20	25	49	10
50	20	28	55	10
63	23	31	63	11

（续）

管件的公称直径 d_n	插入深度 L_1			熔区最小长度 L_{2min}
	min		max	
	电流调节	电压调节		
75	25	35	70	12
90	28	40	79	13
110	32	53	82	15
125	35	58	87	16
140	38	62	92	18
160	42	68	98	20
180	46	74	105	21
200	50	80	112	23
225	55	88	120	26
250	73	95	129	33
280	81	104	139	35
315	89	115	150	39
355	99	127	164	42
400	110	140	179	47
450	122	155	195	51
500	135	170	212	56
560	147	188	235	61
630	161	209	255	67

表 3-11　鞍形管件尺寸和公差　　（单位：mm）

公称直径 d_n	管件的平均外径			不圆度（max）	最小通径 D_{3min}	最小回切长度 L_{1min}	管状部分的最小长度①L_{2min}
	D_{1min}	D_{1max}					
		等级 A②	等级 B②				
16	16	—	16.3	0.3	9	25	41
20	20	—	20.3	0.3	13	25	41
25	25	—	25.3	0.4	18	25	41
32	32	—	32.3	0.5	25	25	44
40	40	—	40.4	0.6	31	25	49
50	50	—	50.4	0.8	39	25	55
63	63	—	63.4	0.9	49	25	63
75	75	—	75.5	1.2	59	25	70
90	90	—	90.6	1.4	71	28	79
110	110	—	110.7	1.7	87	32	82
125	125	—	125.8	1.9	99	35	87
140	140	—	140.9	2.1	111	38	92
160	160	—	161.0	2.4	127	42	98
180	180	—	181.1	2.7	143	46	105
200	200	—	201.2	3.0	159	50	112

（续）

公称直径 d_n	管件的平均外径			不圆度（max）	最小通径 D_{3min}	最小回切长度 L_{1min}	管状部分的最小长度①L_{2min}
	D_{1min}	D_{1max}					
		等级 A②	等级 B②				
225	225	—	226.4	3.4	179	55	120
250	250	—	251.5	3.8	199	60	129
280	280	282.6	281.7	4.2	223	75	139
315	315	317.9	316.9	4.8	251	75	150
355	355	358.2	357.2	5.4	283	75	164
400	400	403.6	402.4	6.0	319	75	179
450	450	454.1	452.7	6.8	359	100	195
500	500	504.5	503.0	7.5	399	100	212
560	560	565.0	563.4	8.4	447	100	235
630	630	635.7	633.8	9.5	503	100	255

① 插口管件交货时可以带有一段工厂组装的短的管段或合适的电熔管件。

② 公差等级符合 ISO 11922—1：1997。

5. 管件的性能

聚乙烯管件的性能应保持与选用的管材性能一致或者高于管材的性能，聚乙烯管件的性能包括静液压强度、抗拉强度、冲击性能、氧化诱导时间和熔体质量流动速率等，其力学性能应符合表 3-12 的试验要求，物理性能应符合表 3-13 的试验要求。

表 3-12　管件的力学性能

序号	项目	要求	试验条件			试验方法
1	20℃静液压强度	无破坏、无渗漏	密封接头		a 型	GB/T 6111—2003 本部分的 10.5
			方向		任意	
			调节时间		1h	
			试验时间		≥100h	
			环应力	PE80 管材	10.0MPa	
				PE100 管材	12.4MPa	
			试验温度		20℃	
2	80℃静液压强度	无破坏、无渗漏	密封接头		a 型	GB/T 6111—2003 本部分的 10.5
			方向		任意	
			调节时间		12h	
			试验时间		≥165h	
			环应力	PE80 管材	4.5MPa	
				PE100 管材	5.4MPa	
			试验温度		80℃	

（续）

序号	性能	要求	试验条件			试验方法
3	80℃静液压强度	无破坏、无渗漏	密封接头		a 型	GB/T 6111—2003 本部分的 10.5
			方向		任意	
			调节时间		12h	
			试验时间		≥1000h	
			环应力	PE80 管材	4.0MPa	
				PE100 管材	5.0MPa	
			试验温度		80℃	
4	对接熔接抗拉强度	试验到破坏为止 韧性：通过 脆性：未通过	试验温度		(23 ±2)℃	GB/T 19810—2005
5	电熔管件的熔接强度	剥离脆性破坏百分比≤33.3%	试验温度		23℃	GB/T 19808—2005 GB/T 19806—2005
6	冲击性能	无破坏、无渗漏	试验温度		℃	GB/T 19712—2005
			下落高度		2m	
			落锤质量		2.5kg	
7	压力降	在制造商标称的流量下 $d_n \leqslant 63$mm：$\Delta p \leqslant 0.05\times10^{-3}$MPa $d_n > 63$mm：$\Delta p \leqslant 0.05\times10^{-3}$MPa	空气流量		制造商标称	GB 15558.2—2005
			试验介质		空气	
			试验压力		2.5×10^{-3}MPa	

表 3-13　管件的物理性能

序号	项目	单位	性能要求	试验参数	试验方法
1	氧化诱导时间	min	>20	200℃	GB/T 17391—1998
2	熔体质量流动速率（MFR）	g/10min	管件的 MFR 变化不应超过制造管件所用混配料的 MFR 的 ±20%	190℃/5kg，（条件 T）	GB/T 3682.1—2018

6. 管件的检验

管件的检验包括出厂检验和型式检验。

管件的出厂检验项目包括颜色、外观、电熔管件的电性能、几何尺寸、力学性能中的静液压强度（80℃、165h）以及物理性能中的氧化诱导时间。对于电熔管件电性能中的电阻要求，应逐个检验。

型式检验的项目包括一般要求、几何尺寸、力学性能、物理性能的全部技术要求。已经定型生产的管件，应进行型式检验。

第三节　阀　门

1. 聚乙烯阀门的特点

我国的聚乙烯阀门最早依赖于进口，直到20世纪90年代末期，才开始研制、生产自己的PE球阀。虽然起步较晚，但发展迅速，目前我国已能生产公称外径为32～630mm的标准阀门和单、双放散阀门，其中公称外径为630mm的阀门为目前世界口径最大的全通径阀门，如图3-12所示，处于世界领先地位。

图3-12　我国自主生产的630mm阀门

与金属阀门相比，聚乙烯阀门具有很多优点，无论是安全性、韧性和寿命，还是价格，PE阀门都有一定优势，这些优点使得聚乙烯阀门在我国的使用量逐年增长，广泛应用于我国聚乙烯燃气和给水管网中，并实现了向澳大利亚、美国、欧洲出口。聚乙烯阀门与金属阀门的对比见表3-14。

表3-14　聚乙烯阀门与金属阀门的对比

金属阀门	聚乙烯阀门
需要钢塑转换接头、法兰、螺栓、螺母、垫片等，系统接口增多，安全度降低	直接热熔或电熔连接，不需要安装伸缩器，系统接口减少，安全度提高
易受化学、电化学腐蚀，需要做防腐处理和日常维护，使用寿命短	耐化学、电化学腐蚀，不需做防腐层，不需要日常维护，可与PE管网同寿命
韧性差，地面沉降容易拉坏埋地燃气管网	韧性好，对地面沉降适应能力非常强，具有抗震性能和良好的抗慢速裂纹增长（SCG）和快速裂纹扩展（RCP）能力
需设置阀门井，质量重，安装劳动强度大	可直埋，重量轻，安装方便、快捷
价格高	价格低
阀门的操作对聚乙烯管施加很大的应力，长期作用会减少连接处聚乙烯管的使用寿命	因聚乙烯阀门直埋地下，阀门所施加的力均匀传递给了土壤，对聚乙烯管寿命无影响
扭矩大，开关速度慢	扭矩小，开关速度快

聚乙烯阀门在地震区及地质比较松软的地区有更突出的表现，其防沉降性能明显优于金属阀门。2008年四川地区发生地震后，经过巡查发现，震区使用的聚乙烯阀门全部完好，没有一个发生泄漏。

2. 分类和结构

聚乙烯阀门按球体结构可分为浮动球阀门、固定球阀门、齿轮传动阀门。在使用过程中，当阀门处于关闭状态时，阀芯会引起密封圈压缩，以及阀芯偏斜，增加扭矩，所以浮动球阀门主要应用于压力较小的公称直径200mm以下的小规格管道，而对于公称直径200mm以上的管道，定位球阀门及齿轮传动球阀更为合适。

另外，聚乙烯阀门按阀门的流通情况可分为全通径阀门和非通径阀门，按阀门的放散管数量可分为普通阀门、单放散阀门、双放散阀门，这三类阀门可以根据使用者要求和具体应用情况进行选择，如图3-13所示。

图3-13　聚乙烯阀门的种类

聚乙烯阀门属于一种特殊的管道元件，也是生产工艺最为复杂的产品，其部件一般由阀体、阀芯、扭转轴、密封件、扳手帽、放散及配套底托、阀门井、井盖、开关钥匙等组成，图3-14所示是固定阀芯式双放散阀门结构，主要包括护套、放散管、阀体、操作帽、操作杆、阀芯和固定销等。

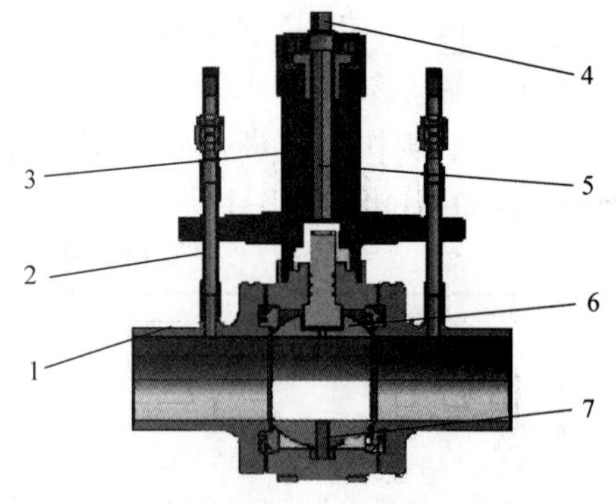

图3-14　固定阀芯式双放散阀门结构
1—阀体　2—放散管　3—护套　4—操作帽
5—操作杆　6—阀芯　7—固定销

聚乙烯阀门需要经过注塑、焊接、组装等多道工序才能完成，代表了聚乙烯管道元件生产的最高技术水平。

3. 标志

聚乙烯阀门通常为黑色或黄色，在阀门主体或标签上附有标志，这些标志必须避开安装焊接区域，不能影响正常使用。

标志注明了阀门的相关生产和使用信息，其中至少要包括以下永久标志：

1）制造商的名称和商标。

2）PE（混配料）材料级别和/或牌号。

3）公称外径 d_n。

4）SDR系列及MOP值。

5）对于阀门和其部件的可追溯性编码。

6）生产日期或批号。

为保证用户的正常使用，阀门的所有标志要求在正常的储存、搬运、操作与安装后应仍然能够保持字迹清晰。标志不应位于阀门的最小插口长度范围内。

4. 阀门的力学性能

聚乙烯阀门是由多个部件组装而成的组合元件，其性能受到各部件性能和组装、焊接方法及环境的影响，所以阀门应在组装完成后，对组合试样进行综合测试，其力学性能以及测试方法和参数见表3-15。为保证阀门操作安全，阀门应使用辅助工具才可进行开启或关闭，

避免用手简单操作阀门，因此其操作帽在正常操作时，必须保证不被损坏，阀门操作杆和开关之间的抗扭强度至少应达到表 3-15 中测量的最大操作扭矩值的 1.5 倍（在 0.6MPa 压力下测得）。

表 3-15　聚乙烯阀门力学性能

<table>
<tr><th>序号</th><th>项目</th><th>要求</th><th colspan="3">试验参数</th><th>试验方法</th></tr>
<tr><td rowspan="9">1</td><td rowspan="3">20℃静液压强度(20℃，100h)（壳体试验）</td><td rowspan="3">无破坏，无渗漏</td><td rowspan="2">环应力</td><td>PE80 管材</td><td>10.0MPa</td><td rowspan="9">GB/T 6111—2003</td></tr>
<tr><td>PE100 管材</td><td>12.4MPa</td></tr>
<tr><td colspan="2">试验时间</td><td>≥100h</td></tr>
<tr><td rowspan="3">80℃静液压强度(80℃，165h)（壳体试验）</td><td rowspan="3">无破坏，无渗漏</td><td rowspan="2">环应力</td><td>PE80 管材</td><td>4.5MPa</td></tr>
<tr><td>PE100 管材</td><td>5.4MPa</td></tr>
<tr><td colspan="2">试验时间</td><td>≥165h</td></tr>
<tr><td rowspan="3">80℃静液压强度(80℃，1000h)（壳体试验）</td><td rowspan="3">无破坏，无渗漏</td><td rowspan="2">环应力</td><td>PE80 管材</td><td>4.0MPa</td></tr>
<tr><td>PE100 管材</td><td>5.0MPa</td></tr>
<tr><td colspan="2">试验时间</td><td>≥1000h</td></tr>
<tr><td rowspan="6">2</td><td rowspan="6">密封性能试验（阀座及上密封试验）</td><td rowspan="6">无破坏，无渗漏</td><td rowspan="3">阀座</td><td>试验温度</td><td>23℃</td><td rowspan="6">GB/T 13927—1992</td></tr>
<tr><td>试验压力</td><td>2.5×10^{-3}MPa</td></tr>
<tr><td>试验时间</td><td>24h</td></tr>
<tr><td rowspan="3">上密封</td><td>试验温度</td><td>23℃</td></tr>
<tr><td>试验压力</td><td>0.6MPa</td></tr>
<tr><td>试验持续时间</td><td>30s</td></tr>
<tr><td rowspan="3">3</td><td rowspan="3">压力降</td><td rowspan="3">在制造商标称的流量下：
$d_n\leqslant63$mm：$\Delta p\leqslant0.05\times10^{-3}$MPa
$d_n>63$mm：$\Delta p\leqslant0.01\times10^{-3}$MPa</td><td colspan="2">空气流量（m^3/h）</td><td>制造商标称</td><td rowspan="3">GB 15558.2—2005 附录 D</td></tr>
<tr><td colspan="2">试验介质</td><td>空气</td></tr>
<tr><td colspan="2">试验压力</td><td>2.5×10^{-3}MPa</td></tr>
<tr><td rowspan="4">4</td><td rowspan="4">操作扭矩</td><td rowspan="4">操作帽不应损坏，启动扭矩和运行扭矩最大值符合表 3-16 规定</td><td colspan="2">试验温度</td><td>-20℃、23℃和 40℃</td><td rowspan="4">GB 15558.3—2008 附录 C</td></tr>
<tr><td colspan="2">试验介质</td><td>空气</td></tr>
<tr><td colspan="2">试验数量</td><td>1</td></tr>
<tr><td colspan="2">试验压力</td><td>最大工作压力</td></tr>
<tr><td rowspan="2">5</td><td rowspan="2">止动强度</td><td rowspan="2">试样应满足：
a）止动部分无破坏；
b）无内部或外部泄漏</td><td colspan="2">最小止动扭矩</td><td>$2T_{max}$（见表 3-16）</td><td rowspan="2">GB 15558.3—2008 附录 C 和 GB/T 13927—1992</td></tr>
<tr><td colspan="2">试验温度</td><td>-20℃和 40℃</td></tr>
<tr><td>6</td><td>对操作装置施加弯矩期间及解除后的密封性能</td><td>无破坏，无泄漏</td><td colspan="2">试验温度</td><td>23℃</td><td>GB 15558.3—2008 附录 D</td></tr>
</table>

（续）

序号	项目	要求	试验参数		试验方法
7	承受弯矩条件下，温度循环后的密封性能及易操作性（$d_n \leqslant 63mm$）	无泄漏并能满足密封性能试验的操作扭矩要求（见本表第2项和第4项）	循环次数	50	GB 15558.3—2008 附录E
			循环温度	−20℃/+40℃	
			试样数量	1	
8	拉伸载荷后的密封性能及易操作性	无泄漏并且符合操作扭矩要求（见表3-16）	试样数	1	GB 15558.3—2008 附录F
9	冲击后的易操作性	无裂纹产生并且符合止动强度要求（见本表第5项）	冲击高度 h	1m	GB 15558.3—2008 附录G
			锤重	3.0kg	
			重锤类型	D90：符合 GB/T 14152	
			试验温度	−20℃或40℃	
10	持续内部静液压后的密封性能及易操作性	试验后应满足静液压强度和拉伸载荷后的密封性能及易操作性要求（见本表第8项）	试验温度	20℃±1℃	GB 15558.3—2008 附录H
			试验压力 PE80	1.6MPa	
			试验压力 PE100	2.0MPa	
			试验时间	1000h	
11	耐简支梁弯曲密封性能（$d_n>63mm$）	无泄漏并且符合最大操作扭矩的要求（见表3-16）	施加载荷 $63mm<d_n\leqslant125mm$ $125mm<d_n\leqslant315mm$	1	GB 15558.3—2008 附录I
12	耐温度循环（$d_n>63mm$）	无泄漏并且符合最大操作扭矩的要求（见表3-16）	试样数	1	GB 15558.3—2008 附录J

表3-16　扭矩和止动强度

公称外径 d_n/mm	最小止动扭矩/N·m	最大操作扭矩/N·m
$d_n\leqslant63$	$2T_{max}$（T_{max}：最大操作扭矩测量值）且最小为150，持续15s内	35
$63<d_n\leqslant125$		70
$125<d_n\leqslant225$		150
$225<d_n\leqslant315$		300

在进行（80℃，165h）的静液压试验时，仅考虑阀门出现的脆性破坏，如果在规定破坏时间前发生了韧性破坏，允许在较低的应力下重新进行该试验，如果试验通过，即认为合格。重新试验的应力及其最小破坏时间可从表3-17中选择，也可从应力−时间关系曲线上选择。

5. 阀门的物理性能

聚乙烯阀门的物理性能试验主要包括氧化诱导时间及熔体质量流动速率试验，试验要求、参数和方法见表3-18。

表 3-17 静液压强度（80℃，165h）－应力/最小破坏时间关系

PE80		PE100	
环应力/MPa	最小破坏时间/h	环应力/MPa	最小破坏时间/h
4.5	165	5.4	165
4.4	233	5.3	256
4.3	311	5H2	399
4.2	474	5.1	629
4.1	685	5.0	1000
4.0	1000	—	—

表 3-18 阀门的物理性能

性能	要求	试验参数		试验方法
氧化诱导时间（热稳定性）	>20min	试验温度①	200℃①	GB/T 17391—1998
熔体质量流动速率（MFR）	0.2g/10min≤MFR≤1.4g/10min，且加工后最大偏差不超过制造阀门用混配料批 MFR 测量值的 ±20%	190℃，5kg		GB/T 3682—2000

① 可以在 210℃进行试验，有争议时，仲裁温度应为 200℃。

第四节 钢塑转换

聚乙烯管道与金属管道连接时，禁止使用螺纹联接，通常采用钢塑转换或法兰连接的方式，而钢塑转换是燃气行业等压力管道的主要连接方式。我国现行钢塑转换国家标准为 GB 26255.1—2010《燃气用聚乙烯管道系统的机械管件 第 1 部分：公称外径不大于 63mm 的管材用钢塑转换管件》和 GB 26255.2—2010《燃气用聚乙烯管道系统的机械管件 第 2 部分：公称外径大于 63mm 的管材用钢塑转换管件》。

钢塑转换的生产工艺主要有两种：一种是将注塑好的塑端毛坯采用压装的方法，用钢衬和外面的夹紧圈将塑端件夹紧，中间加密封圈密封；另一种是采用直接注塑的方法，将钢衬和夹紧圈直接放到注塑模具中，整体注塑完成。图 3-15 所示为钢塑转换接头的一般结构。

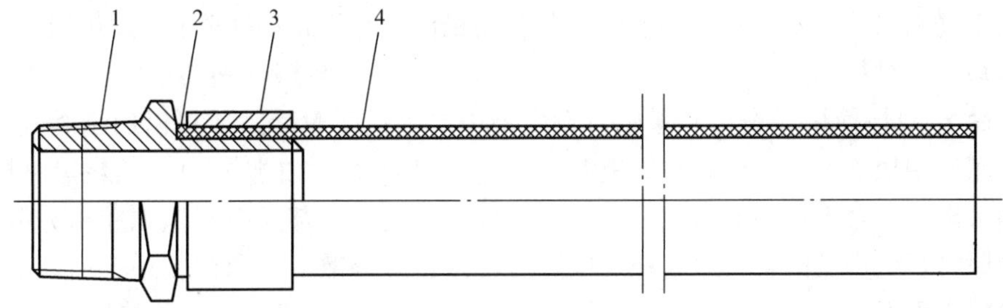

图 3-15 钢塑转换接头的一般结构

1—钢端 2—密封圈 3—夹紧圈 4—塑端

钢塑转换为了适应不同的连接方式和使用环境，分为螺纹式钢塑转换、90°螺纹式钢塑转换、钢管式钢塑转换、90°钢管式钢塑转换。钢塑转换常见类型如图 3-16 所示。

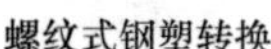
螺纹式钢塑转换

90°螺纹式钢塑转换

钢管式钢塑转换

90°钢管式钢塑转换

图 3-16　钢塑转换常见类型

钢塑转换通常通过注塑或者压制组装，必须保证接口的密封性能，并且接口处要保证足够的气体流动速率，不能引起大幅压力降低的情况。钢塑钢管端通常使用树脂涂层、锌铬涂层或者聚乙烯防腐层进行保护，或者直接使用不锈钢材质的钢管，材料必须符合相关标准规定。

第五节　管道元件的选择

1. 管材管件的匹配性

我国燃气行业目前有 PE80 和 PE100 两种级别的管材和管件，在同等工作压力下，可以选择不同壁厚的管材和管件，匹配过程中可能会出现使用高等级管材匹配低等级管件或者低等级管材匹配高等级管件的情况，以实现解决产品品种短缺或降低成本的目的。为此，在选用管材和管件时，应根据实际设计压力选择适合压力等级的元件，并考虑管材、管件的壁厚匹配关系。由于设计应力选择时，PE80 材料取值为 8MPa，PE100 材料取值为 10.0MPa，在相同的工作压力下，不同等级材料的管材和管件的壁厚关系见表 3-19。

表 3-19　管材和管件的壁厚关系

管材和管件材料等级		管件壁厚（E）和管材壁厚（e_n）的关系
管材	管件	
PE80	PE100	$E \geqslant 0.8e_n$
PE100	PE80	$E \geqslant e_n/0.8$

2. 原材料的使用

燃气用聚乙烯管道生产时，必须使用专用混配料，这些混配料必须经过等级评定，具有相应的级别证明材料，同时还要按照 GB/T 18475—2001《热塑性塑料压力管道和管材用材料分级和命名 总体使用（设计）系数》确定最小要求强度 MRS，才可以用于燃气管道产品的生产。而使用聚乙烯基础树脂与炭黑混合的原料（俗称“白加黑”），其炭黑、抗氧化剂等添加剂常出现混合不均匀的情况，存在炭黑分散不均匀，甚至有炭黑颗粒未分散的情况。使用这种原材料生产出的管材对紫外线抵抗力较差，未分散的炭黑颗粒还会引起应力集中，在运行过程中引发慢速裂纹增长，增加管道发生燃气泄漏的风险，“白加黑”原料炭黑分散引发的管材开裂情况如图 3-17 所示。在燃气、自来水等安全性要求较高的管材生产中，“白加黑”原料是禁止使用的。

生产企业在使用混配料生产管材和管件时，调试、试验过程中出现的不合格品都会形成

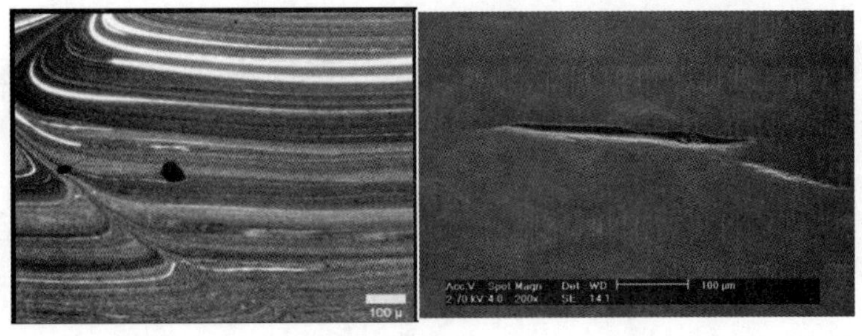

图 3-17　“白加黑”原料炭黑分散引发的管材开裂

一定量的废弃产品，这些废弃产品未进行厂外流转，也未受到污染，材料的牌号、等级清楚明确，经过破碎后性能基本不变，如果废弃不用就会产生很大浪费。对于这些清洁的回收料是可以少量加入同种产品原料中使用的，但生产企业必须与使用者进行协商，在管材上使用适当的标识进行注明。而经过厂外流转的回收产品和非本生产企业产生的回收料和再生料，可能存在污染和材料等级、牌号不准确的情况，是禁止在燃气管材、管件的生产中使用的。

对于一些重要、特殊的管件和工程，比如聚乙烯阀门和用于非开挖施工的管材，这些部件对性能要求高，一旦出现质量问题则会造成较大损失，所使用的原材料中不允许有任何回收料。

在进行产品选用的时候，使用者可以要求生产企业明确其产品所使用的原材料和回收料情况，以满足自己的使用条件。

第四章 非金属材料的验收及储运

第一节 非金属材料的验收要求及方法

聚乙烯管道材料验收是燃气管网建设中至关重要的环节，是保证管网质量的基础，科学、正确地验收可以保证产品达到标准要求的性能，有效避免不合格产品的流入，为管网设计和工程施工提供依据。

1. 验收的一般要求

聚乙烯管道材料验收必须科学、规范、全面、细致，通常验收以生产商和使用单位双方共同认可的技术标准或者国家、行业的相关标准确定，一旦确定后，即成为生产和验收的一致性文件，同时也可以避免出现因为产品验收标准不统一引起的不必要争议。目前，我国燃气用聚乙烯管道现行的验收标准包括 GB 15558.1—2015《燃气用埋地聚乙烯（PE）管道系统 第1部分：管材》、GB 15558.2—2005《燃气用埋地聚乙烯（PE）管道系统 第2部分：管件》、GB 15558.3—2008《燃气用埋地聚乙烯（PE）管道系统 第3部分：阀门》，也可以选择更为严格的地方标准或企业标准作为验收条件。此外，随着聚乙烯管道应用的拓展，新需求和新产品不断推出，对于一些特殊要求的非标准化材料，也可以经生产和使用双方协商达成一致意见后，制定共同认可的验收标准进行验收。

验收标准中包括了验收项目、所达到的技术要求、检测方法、环境要求、验收结果及验收资料保存。

2. 验收方法

（1）非金属管道材料验收内容

1）对管道材料的随行文件进行审查。

2）对材料的规格、型号、数量进行核对。

3）对材料的外观和颜色、几何尺寸、标识和包装等进行抽样检查。

4）必要时，对材料的力学性能和物理性能进行试验，进一步验证材料的符合性。

5）管件和阀门的其他检查。

（2）随行文件

1）产品监检证书。

2）出厂检验报告。

3）合格证。

4）混配料质量证明文件。

5）管件和阀门的技术说明/安装指导等。

（3）随行文件的审查内容

1）由特种设备监检机构签发的特种设备制造监督检验证书，如图 4-1 所示。

2）出厂检验报告中检验项目应齐全，检验方法和检验结果应符合上述验收的一般要求，签字和印章齐全，如图 4-2 所示。

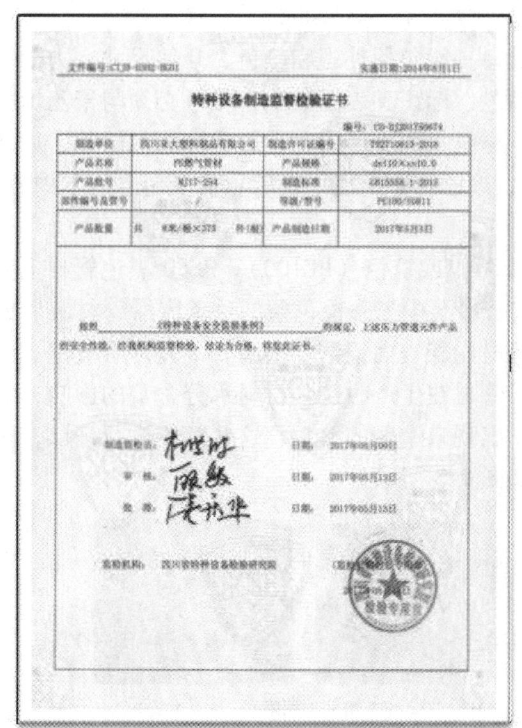

特种设备制造监督检验证书

图 4-1　特种设备制造监督检验证书示意图

出厂检验报告

生产厂商：四川亚大塑料制品有限公司

产品名称：PE 燃气管材

检验结论：合格

图 4-2　出厂检验报告示意

3）合格证应为本批次产品的，签字和印章齐全。

4）由混配料供应商提供的混配料质量证明文件，应包括混配料的性能和定级证明，结果应符合上述对原材料的要求。

5）管件和阀门的技术说明/安装指导，应明确、具体，具有可操作性。

对于材料性能的要求，由于聚乙烯管材的性能试验必须使用专业的仪器和设备，所以性能验收大多依靠生产企业内部的检验部门进行检测，以其出具的性能检测报告作为验收的依据，如果存在疑问，也可以委托专业的检测机构进行性能检测。性能检测时，对检测方法和检测环境都有相应的规定，只有按照规定进行检测，才能够获得准确的结果。由于聚乙烯管材容易受到环境因素的影响，造成材料尺寸、性能的变化，在不同的环境下检测，结果会存在很大差异。例如，聚乙烯管材在经过存储、运输、堆放后，其不圆度会发生很大变化，环境温度引起管道热胀冷缩，从而改变管道外径和长度，这些在进行验收时，都必须予以考虑。

我国为了规范特种设备压力管道元件制造，施行监督检验制度，制定了《压力管道监督检验规则》（TSG D7006—2020），对《特种设备目录》规定范围内的埋弧焊钢管、聚乙烯管等压力管道的制造过程进行监督检验，未经监检或者监检不合格的压力管道元件和压力管道不得投入使用。燃气用聚乙烯管材即属于监检范围，所以管材在验收时，必须提供监检机构出具的监检报告，无法提供监检报告的管材不得用于燃气管道；聚乙烯管件和阀门不在监检范围之内，则无须提供。

第二节 管材的验收

产品的验收标准通常规定了材料的验收项目，一般包括外观和颜色、几何尺寸、力学性能和物理性能等。其中，聚乙烯材料外观包括颜色、标识和表面缺陷，颜色必须与聚乙烯材料等级和标准规定的相符，与标识的内容一致。材料表面不可以存在影响性能的缺陷，如杂质、凹陷等。根据 GB 15558.1—2015 中的要求，聚乙烯管材出厂检验项目应包含以下内容。

1. 外观和颜色

管材应为黑色（PE80 或 PE100）、黄色（PE80）或橙色（PE100）。PE80 黑色管材上应共挤出至少三条黄色条；PE100 黑色管材上应共挤出至少三条橙色条。色条应沿管材圆周方向均匀分布。除了要符合颜色要求外，还要求管材内外表面清洁、平滑，不允许有气泡、明显的划伤、凹陷、杂质、颜色不均等缺陷。如果管材在生产时受到材料水分含量的影响，形成水纹、竹节纹等情况，甚至产生塑化不均匀，出现未熔融的料粒，这些都应进行确认，防止可能伴随的管道性能下降。常见的管材缺陷如图 4-3 所示。

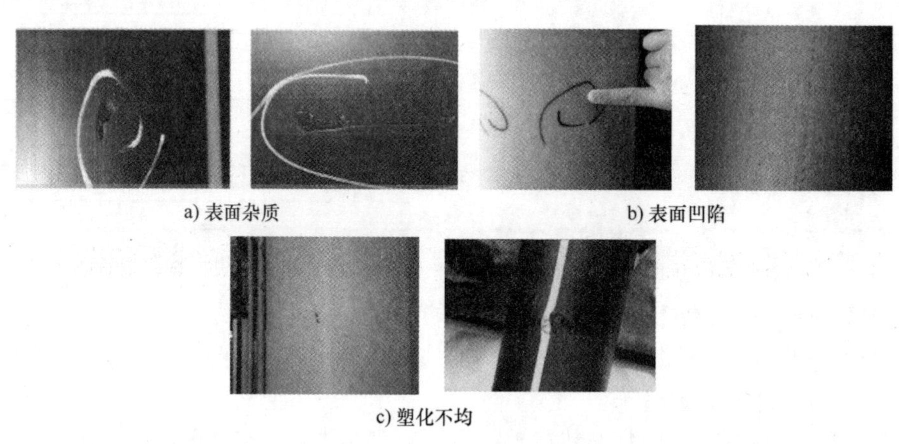

a) 表面杂质　b) 表面凹陷

c) 塑化不均

图 4-3　常见的管材缺陷

2. 几何尺寸

几何尺寸主要检查长度、管径、壁厚、不圆度等重要参数。聚乙烯管材具有明显的热胀冷缩特性，因此在测量管材的几何尺寸时，应保证测量量具、试样的温度和周边环境温度都达到（23±2)℃，如果无法保证，必须通过计算或者经验与 23℃时的值进行换算，以排除环境温度的影响。

（1）长度检查　长度应符合供货要求，要检查管口端面是否与管子的轴线垂直，如果管子长短不一，可能是供应商自检时发现有气孔、端面有明显缺陷或其他原因而被截短，这种管材在未查明原因前应不予验收。

（2）管径检查　管材的直径易受到不圆度的影响，管材直径用游标直径尺（π 尺、圆周尺）测量，图 4-4 所示为游标直径尺，图 4-5 所示为使用 π 尺测量管材。测量时，测量

位置要与管材末端有一定距离，通常在距端口不小于 1.5 倍外径或 300mm（取较小值）处测量，避免由于管材生产时冷却或者切割造成口部收缩引起测量偏差。

图 4-4　游标直径尺

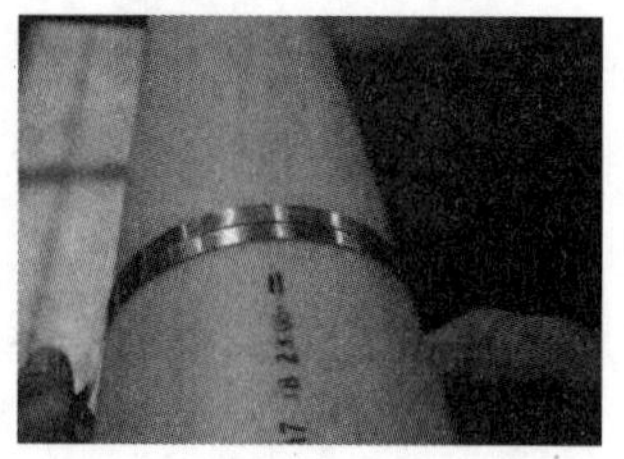

图 4-5　使用 π 尺测量外径

（3）壁厚检查　壁厚检查时，同样应避开管材末端，使用壁厚千分尺测圆周的上下左右四点，任意一点不合格即为不合格。图 4-6 所示为使用壁厚千分尺测量管道壁厚。

（4）不圆度检查　按技术要求，在生产地点对管道的不圆度进行检查。聚乙烯管材的不圆度是指管材同一横截面测量的最大外径与最小外径的差值，单位为 mm。取三个截径不圆度的算术平均值作为该管材的不圆度，其值应满足 GB 15558.1—2015 中的要求。不圆度的测量方法如图 4-7 所示。不圆度的数值易受到存储、运输、外力的影响，尤其在温度较高的季节，发生变化的概率很大。按技术要求，不圆度的数值仅在生产地点测量。盘卷管道在生产过程中，弯曲盘起时会产生不圆度的变化。因此，对盘卷管需要进行额外的协商，以便确定其不圆度的标准值。

图 4-6　使用壁厚千分尺测量管道壁厚

图 4-7　不圆度的测量方法

3. 力学性能和物理性能

必要时，应对管道材料抽样，进行力学性能和物理性能试验，以进一步验证供货内在质量。

力学性能和物理性能试验的项目和要求按相关要求执行，试验项目可按要求抽取。力学性能和物理性能试验，应由具有资质和能力的内外部机构进行。当对试验结果有争议时，应由具有资质和能力的外部机构进行检测。

第三节　管件和阀门的验收

1. 验收依据和要求

管件验收按 GB 15558.2—2005 执行，包括随行文件、材料的规格、型号、数量、外观、颜色、几何尺寸、标识、包装、力学性能和物理性能验证性试验等，以及其他特殊要求。聚乙烯管件出厂检验项目及性能要求见表 4-1。

表 4-1　聚乙烯管件出厂检验项目及性能要求

序号	检验项目	性能要求
1	外观	管件内外表面应清洁、光滑，不应有缩孔（坑）、明显的划痕和其他可能影响性能的表面缺陷
2	颜色	黑色或黄色
3	几何尺寸	插口管件外径、插口管件壁厚、承口管件内径、不圆度及其他尺寸
4	静液压强度（80℃，165h）	无破坏无渗漏
5	热稳定性	氧化诱导时间 >20min（200℃）

管件分为承口管件和插口管件，可以使用内径表测量承口管件的内径，使用 π 尺或游标卡尺测量插口管件的外径。

管件的不圆度如果过大，则会造成电熔焊接安装时插入困难，因此其测量值要求应不超过 $0.015d_n$，测量方法与管材不圆度的测量方法相同。管件保存时要避免堆放，以免挤压发生变形。

阀门的验收按照 GB 15558.3—2008 要求，阀门出厂检验项目及性能要求见表 4-2。

表 4-2　阀门出厂检验项目及性能要求

序号	检验项目	性能要求
1	外观	内外表面应洁净，不应有缩孔（坑）、明显的划痕和其他可能影响性能的表面缺陷
2	颜色	黑色或黄色
3	几何尺寸	插口管件外径、插口管件壁厚、承口管件内径、不圆度
4	静液压强度（80℃，165h）	无破坏无渗漏
5	操作扭矩	GB 15558.3—2008 中的附录 C
6	热稳定性	氧化诱导时间 >20min（200℃）
7	熔体质量流动速率	加工前后 MFR 变化率 <20%
8	密封性能	空气或氮气，24h、2.5×10^{-3}MPa 及 0.6MPa、30s

2. 管件和阀门的其他检查

（1）电熔管件电阻值检查　抽取电熔管件进行电阻值的测量，将测量值与标称值进行对比，结果应符合：

最大值：标称值×(1+10%)+0.1Ω。

最小值：标称值×(1-10%)。

(2) 管件和阀门中非聚乙烯部分的检查

1) 所有的材料都应符合相应的国家标准或行业标准，系统的各种组件都应考虑其适用性。

2) 管件所使用的易腐蚀金属部分应充分防护，当使用不同的金属可能会与水分接触时，应采取措施防止电化学腐蚀。

3) 弹性密封件应均匀一致且无内部裂纹、不纯物或杂质，材料应适用于输送介质。

4) 润滑剂、油脂不应对各部件有负面影响，不应渗出至熔接区。

5) 操作阀门的操作件，阀门的启闭动作应灵活可靠，无异常卡阻。

第四节　验收结果判定

对管材、管件、阀门的外观和几何尺寸的检验及判定规则，按照GB/T 2828.1—2012《计数抽样检验程序 第1部分：按接收质量限（AQL）检索的逐批检验抽样计划》采用正常检验一次抽样方案，取一般检验水平I，合格质量水平2.5。抽样方案和判定规则见表4-3。

表4-3　抽样方案和判定规则

批量 N	样本量 n	接收数 A_c	拒收数 R_e
≤150	8	0	1
151~280	13	1	2
281~500	20	1	2
501~1200	32	2	3
1201~3200	50	3	4
3201~10000	80	5	6

注：基本单位为根。

对于性能检验，需要在颜色、外观和尺寸检验合格的产品中抽取试样，进行相应项目检测，其中管材和管件的静液压强度和氧化诱导时间试样数量为1个，氧化诱导时间的管材试样从内表面取样，管件试样则刮去表层0.2mm后进行取样。对于每一批次的电熔管件电阻、阀门操作扭矩试验（23℃）和密封性能（23℃，30s）试验必须逐个产品进行试验，剔除不合格品。

由于现代化生产工艺可以实现大批量连续生产，检验时的批次设置要考虑连续生产时产品的稳定性，生产数量不宜太大、时间不宜太久。具体检验的批组设置见表4-4。

对管道材料进行验收时，如果发现一项指标达不到要求，则需要进行复验。复验时要随机抽取双倍样品进行检测，若仍有一个样品不合格，则判定该批管材不合格。

表 4-4　检验的批组设置

	管材	管件	阀门
批次	同一混配料、同一设备和工艺且连续生产的同一规格的管材作为一批	同一混配料、同一设备和工艺且连续生产的同一规格的管件作为一批	同一原料、设备和工艺生产的同一规格的阀门作为一批
数量	≤200t	≤3000 件	d_n <75mm：≤1200 件 75mm≤d_n <250mm：≤500 件 250mm≤d_n <315mm：≤100 件
生产周期	≤10 天	≤7 天	—

第五节　非金属材料的运输和储存

不当的运输方式和储存条件，会造成管道材料的损伤，加速管道老化，甚至严重影响管道材料的使用。聚乙烯管道材料在储运过程中有以下不可忽视的情形：

1）聚乙烯管相对轻和柔韧，易被尖锐物或石块等划伤，而表面划伤是使用过程中产生应力开裂的诱因。

2）长时间剧烈的日晒将加速管材老化，当聚乙烯管道接收的老化能量（日照辐射量）达到一定程度时，管道的物理、力学性能会明显降低。

3）油类、酸、碱、盐尤其是活性剂类有机化学物质的影响。油类对管道在连接时有不利的影响；化学品有可能会对聚乙烯材料产生溶胀，降低其物理和力学性能。

4）聚乙烯管的刚度相对较低，重压支撑不均等易造成永久变形，影响使用寿命，甚至造成报废。

鉴于上述原因，在产品的储运中，应严格控制储存条件和运输方式。

1. 运输

管道材料运输时，应注意以下方面：

1）管材、管件和阀门搬运时勿划伤、抛摔、剧烈撞击，特别是管件和阀门。

2）用非金属绳捆扎和吊装时，管材与车辆要牢固固定，运输时不得松动，如图 4-8 所示。

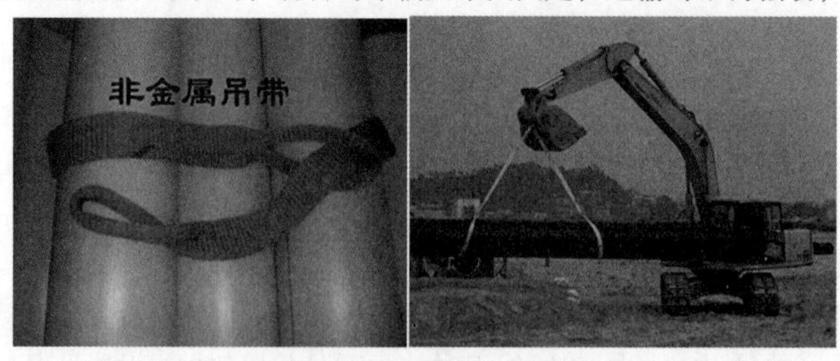

图 4-8　材料的捆扎和吊装示意

3）运输时，应防止油类和化学品的污染。

4）运输时应防止变形，管材应放置在平底车上，直管全长应设置支撑，盘管应叠放整齐，直管和盘管均应捆扎、固定，避免相互碰撞；管件应按箱逐层叠放整齐，并固定牢靠。

5）运输时应有遮盖物覆盖，以防止暴晒和雨淋。

6）大管内可套装小管，以减少空间。车尾必须用板屏蔽，严防运输途中滑落伤人。装车高度不得与途中桥梁、隧道等发生碰撞。

2. 储存

管道材料储存时，应注意以下方面：

1）应储存在通风良好的库房内，远离热源，库区应有防火措施。

2）存储地面平整，不得有尖锐棱、凸出物与管材接触。

3）无油污、化学品污染。

4）管材堆放应下重上轻，防止重压变形。当直管堆放采用三角形和两侧加支撑保护的矩形形式时，堆放高度不宜超过1.5m，如图4-9所示。当直管采用分层货架存放时，每层货架高度不宜超过1m，堆放总高度不宜超过3m。

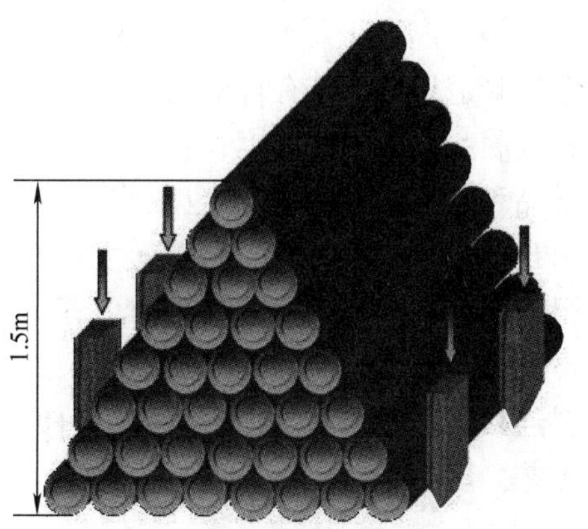

图4-9　三角形堆放示意

5）管件、阀门应在室内货架存放，成箱叠放时应保证管件不会受压变形。不得在使用前打开内部包装。

6）为便于管理和材料取用，材料应按不同规格尺寸和不同种类分别存放，并遵守“先进先出”的原则。

7）在施工期间，施工现场离库房较远时，管材可在户外临时堆放，但应尽量减少堆放时间，并有遮盖物，以防止风吹、日晒、雨淋和污染。

第六节　管材、管件和阀门复检

聚乙烯是一种热塑性高分子材料，自然条件下容易受到太阳紫外线、热、氧、温度变化等条件的影响，引起分子链断裂，逐步产生降解。在CJJ 63—2018《聚乙烯燃气管道工程技术标准》中，要求管材储存时间不超过4年，管件储存时间不超过6年。但由于目前聚乙烯管材管件的原料中添加了光屏蔽剂、光稳定剂、热稳定剂和抗氧化剂，可以在室外阳光照射条件下长时间保持性能稳定，减少了环境对材料的影响，大大增加了聚乙烯产品的稳定性和存储时间。通过实际应用情况来看，部分超过储存期限的管材和管件经过测试仍然可以正常使用。因此，如果聚乙烯制品一旦超储存期限就加以报废，则会造成经济上的浪费。为了避免不必要的损失，对于超期管材、管件可以通过复检合格后可继续使用。

进行复检时，可以根据管材、管件、阀门的数量，按照一定比例进行抽检，检测项目主要包括性能和熔接强度两方面。表4-5中为复检抽检项目。

表4-5　复检抽检项目

种类	管材	管件	阀门
抽检项目	1. 静液压强度 2. 电熔剥离强度 3. 断裂伸长率	1. 静液压强度 2. 热熔对接拉伸强度或电熔管件熔接强度 3. 断裂伸长率	1. 静液压强度 2. 电熔剥离强度 3. 操作扭矩 4. 密封性能试验

第五章 非金属管道焊接技术及工艺

塑料作为非金属材料的一种，经常被应用于特种设备中，如塑料管道。塑料管道与传统金属管道相比，具有自重轻、耐腐蚀、耐压强度高、卫生安全、水流阻力小、节约能源、节省金属、改善生活环境、使用寿命长、安装方便等特点，受到了管道工程界的青睐。塑料管道品种较多，分类方法也很多。按照管道原材料不同可分为聚氯乙烯（PVC）、聚乙烯（PE）、聚丙烯（PP）、聚丁烯（PB）、聚偏氟乙烯（PVDF）、耐热聚乙烯（PE－RT）、多组分共聚 ABS 管材以及交联聚乙烯（PE－X）管材，在燃气用压力管道中以聚乙烯管比较常见。塑料作为一种非金属材料，在许多工业领域都有着非常重要和广泛的应用。焊接是塑料连接工艺的一种常用方式，塑料的焊接比较容易实现。本章主要介绍塑料焊接的技术和工艺。

第一节 非金属焊接原理及方法

一、塑料焊接原理

塑料焊接的基本原理是热熔状态的塑料大分子在焊接压力的作用下相互扩散，产生分子间作用力，从而紧密地焊接在一起。根据这个原理，塑料焊接的必要条件有：导致塑料熔融流动的焊接温度；促进大分子相互扩散，并挤去焊缝中残余气隙的焊接压力；焊接压力及温度的作用时间，在这段时间里，塑料从热熔融直至重新冷却硬化，建立起足够的焊接强度。聚乙烯管道的焊接原理是，聚乙烯一般在 190～240℃范围内被熔化（不同原料牌号的熔化温度一般也不相同），此时若使管材（或管件）两个熔化的部分充分接触，并施加适当的压力（电熔焊接的压力来源于焊接过程中聚乙烯自身的热膨胀），冷却后便可牢固地融为一体。

塑料焊接可以使用塑料条作为填充焊料，也可以直接加热焊接而不使用填充焊料。由于塑料材质和种类的不同，以及所用焊接方法的不同，因此具体焊接温度、焊接压力和作用时间各不一样。塑料的焊接工艺首先应该根据母材的焊接性制订。除母材因素外，塑料成型加工往往影响塑料焊接接头的力学性能。塑料焊接接头的性能影响塑料制特种设备的使用性能，大多数工程应用都要求接头与母材具有相同的性能，而焊接方法及工艺将影响焊接接头的性能。

塑料焊接的基本过程包括焊前准备、加热、加压、保温冷却，对于有的焊接工艺来说，这些步骤是按顺序进行的；对于有的焊接工艺来说，某些步骤是同步进行的。总之，决定塑料焊接质量的因素主要有时间、压力、温度。

为了保证焊接质量，焊接表面必须清洁，常在焊接前对焊接表面做脱脂去污处理。处理时，必须注意所选的脱脂清洁剂不能溶解待焊塑料，焊接表面还必须做平整与平行的预加工处理。例如，管道端面对接焊时，必须先用平行机动旋刀削平，热气焊或挤塑焊的母材常需加工坡口，坡口也有平整、平行和对称的要求。

特种设备中用的聚乙烯压力管道，是一种高结晶度的聚合物，这种聚合物随温度的变化可分成三种状态：结晶态（坚硬固体）、高弹态（橡胶状弹性体）、黏流态（黏流体）。

1）结晶态。当温度低于玻璃化温度时，高聚物的大分子和链段都不能运动，高聚物处于脆性结晶态（又称玻璃态），为坚硬的固体，受外力作用时，发生力的形变很小。

2）高弹态。当温度高于玻璃化温度时，高聚物的大分子的链段开始运动，呈现出柔软而富有弹性的高弹态，产生高弹形变，弹性模量降低，形变能力增加，但为可逆形变。

3）黏流态。当温度高于黏流温度时，高聚物的大分子发生相对运动而具有流动性。此时，若对高聚物施加一定作用力，高聚物黏性流动的形变随时间的增加而增加，当外力解除后其形变不能恢复到原来的形状。高聚物的这种不可逆形变称为塑性形变。

分析聚乙烯管道的焊接机理，要获得一个合格的焊口，必须满足的基本条件有：熔接界面必须是干净、干燥的，不干净的界面会影响分子间的相互滑移和缠绕；合理的加热温度和加热时间，以保证获得足够的黏流态的熔体；合适的外力，可以加剧分子变形，使两界面的分子充分地缠结；足够的冷却时间。

二、塑料焊接方法

由于塑料的种类及部件的结构形状不同，采用的连接工艺和方法也不同。塑料的连接方法按连接的物理本质可分为加热焊、溶剂焊、胶接和机械连接。加热焊是通过加热两个连接表面，使其中的一个表面或两个表面发生熔化，然后再施加一定的压力，消除焊接区域的气体及空隙，促进大分子的相互扩散，一定时间之后使工件冷却，塑料重新凝固，形成牢固的接头。如果两个被连接件均为聚合物，则加热时两个连接件表面均熔化，在压力作用下两者相互扩散。如果其中只有一个为聚合物，则要求聚合物熔融体能够很好地润湿另一被连接件，熔化的聚合物事实上起着胶黏剂的作用。根据加热方式的不同，加热焊又可分为直接加热焊、超声波焊、感应加热植入焊和摩擦加热焊等几种，而直接加热焊又有热气焊、热工具焊、电阻植入焊和激光焊等几种，摩擦加热焊又有旋转摩擦焊、线性振动摩擦焊和搅拌摩擦焊。

特种设备塑料焊接中主要用加热焊接法，塑料加热焊接主要有三种方法：热气焊、热熔焊和电熔焊。表 5-1 是塑料焊接方法的特点。

表 5-1　塑料焊接方法的特点

焊接方法	原理	优点	缺点	备注
热气焊	填充成分是与被连接材料相同的塑料棒，利用焊枪吹出的热空气或氮气对其进行加热，填充到连接部位后加热连接表面，冷却后形成接头	连接强度高，特别适合大型结构的连接	连接速度较慢	需要焊枪、焊嘴、气源、填充棒
热熔焊	利用加热工具加热连接面，使之充分软化，施加适当压力并夹紧，冷却后实现致密连接。适用于热塑性材料	连接速度快，一般在 4～10s 之间，接头强度高	接头附近可能产生应力	需要具有一定面积的加热工具，如电烙铁、接有加热及控制元件的钢板，需要适当的夹具

（续）

焊接方法	原理	优点	缺点	备注
电熔焊	将导电的电阻材料放入焊接界面中，施加焊接压力并对电阻材料通电，将焊接界面上的塑料熔化，熔化的塑料相互润湿混合扩散，消除原始的宏观焊接界面形成焊缝，同时电阻材料被保存在最终的焊缝中	设备简单、易用	焊接接头留有电阻丝等与塑料不相容的材料，影响焊接接头的强度，也降低了焊接接头的耐蚀性	需要一定功率的加热电源和植入电阻材料

非金属塑料管道中主要塑料有聚乙烯和聚氯乙烯，大部分塑料有多种连接方法，聚乙烯和聚氯乙烯管道在选择连接方法时应按照如下原则进行：接头要满足使用要求，经济性要高，对环境没有不利的影响。聚乙烯的焊接性较好，自身连接一般采用加热焊。由于任何溶剂均不能溶解聚乙烯，因此这类塑料不能利用溶剂焊进行连接。聚乙烯还可用胶接法进行连接，常用的胶黏剂有环氧树脂、酚醛－丁腈等。不同胶黏剂所需的固化时间相差很大。聚氯乙烯一般利用溶剂焊和加热焊进行焊接。硬度较大的聚氯乙烯可利用环氧树脂、聚氨酯等进行胶接，硬度较小的聚氯乙烯由于存在增塑剂迁移问题，一般采用与增塑剂相溶的丁腈、酚醛－丁腈等胶黏剂进行胶接。

第二节 热熔焊技术与工艺

热熔焊是应用最广泛的塑料焊接方法之一，它是利用一个或多个加热板对被焊塑料的表面进行加热，加热一定的时间后，抽掉热板，将要焊的两端在一定压力下迅速对接在一起并保压一定时间冷却，即可形成一个强度高于管材本体强度的接口。加热工具是由金属制成的，金属内部安装有管状电阻丝或加热元件，由温度传感器对工具表面的加热温度进行精确控制。为防止熔化塑料黏附在工具表面，工具表面涂有一层聚四氟乙烯。可加热熔化的塑料均可采用热熔焊进行焊接。热熔对接焊接技术一般用于连接具有相同熔融指数的管材或管件（且最好应具备相同的 SDR 值），不同制造商的焊接参数不尽相同，用户必须严格执行。对接焊常用于直径较大管的连接。选择的压力要能够使接触面处产生所要求的力，当对接焊机带有液压源时，“力”通常被表示为施加的液压缸压力。

一、热熔焊的特点

热熔焊的特点有：需要有专用的热熔焊机；一般适用于公称直径大于 90mm 的管材；适用于同牌号、不同材质的管材与管材、管材与管件连接，但需试验验证；易受环境、人为因素影响；设备投资高；连接费用低；操作人员需进行专门培训，具有一定的经验。

二、热熔对接焊的操作过程

1. 焊接前准备

清洁油路接头，正确连接焊机各部件，测量电源电压，确认电压符合焊机要求。检查并清洁加热板，涂层损坏应当更换。其表面残留物只能用木质工具去除，油污油脂等必须用洁净的棉布和酒精进行处理。选用适合管材规格的夹具并安装到机架上，接通油管。根据管材

制造原料的等级设置加热板温度，错误的加热板温度将造成严重的劣质焊口。根据管材标示的公称直径、壁厚（或 SDR 值），对照焊接参数表设置吸热和冷却时间。按需要截取待焊管材长度，要求端面尽量平整并与管材轴线垂直。

2. 装夹管材元件

打开夹具，将管材安装到机架中，并均匀拧紧上下两端的固定螺钉，使管材稳妥地固定在机架上。固定好后应闭合机架，调节压力大于熔接压力与拖动压力之和，若管材与机架不发生滑动，视为装夹牢固。

注意事项：

1）两管口间距应当留有足够的焊接距离，而且不宜过大，防止铣削后管材间距过大，超出机架行程，引起焊口虚焊，一般伸出长度不应小于管材公称外径的 10%。

2）使用辊杠或者支架，保证两焊接管材保持同轴，否则两管口合拢后会出现错边，而且加重机架磨损。

3. 测试拖动压力

拖动压力是指机架活动端可以拖动管材在机架上进行移动并能使焊接端面充分接触所需要的最小压力。它的作用主要是保证吸热阶段管材端面与加热板的紧密接触，以及冷却阶段管材间能够紧密接触，充分熔合。其操作步骤为：

1）打开泵站电源开关，旋转调压旋钮，将压力降为零。

2）扳动换向手柄，打开机架。

3）扳动换向手柄，置于合拢位置。

4）均匀缓慢加压，在机架开始运动的瞬间，记录下当时压力表指示数值，即本次焊接的拖动压力 $p_{拖}$。

注意：每次焊接前都要进行拖动压力的测试，且要进行多次测量取最小值。

4. 铣削焊接面

铣削焊接面的步骤为：

1）将铣刀放入机架，锁紧旋钮，并打开铣刀。

2）闭合活动夹具，使管端平缓靠拢铣刀，施加适当压力，开始铣削，铣削压力不宜过大，防止闭合速度过快，损伤铣刀。

3）待刀盘两面的切屑呈连续完整形状，即长度大于管材周长，且切屑没有缺口时，表示已将端面铣好。

4）打开机架。

5）关闭铣刀开关，打开锁紧旋钮，取下铣刀。

6）清理碎屑。

铣削时必须保证铣削顺序，错误的操作顺序易损伤焊接设备，并造成焊接失败。铣削厚度不宜太大，避免铣刀在停止位置形成台阶，影响焊接质量。铣削后必须进行对中检测，确保对接端面间隙 <0.3mm，错边量小于焊接处壁厚的 10%。重新装夹时必须重新铣削。从机架上取下铣刀时，应避免铣刀与端面碰撞，若发生碰撞则需重新铣削。铣削好的端面不要用手摸或沾染油污。当两端面的间隙与错边量不能满足要求时，待焊件应重新夹持、铣削，合格后方可进行下一步操作。

5. 加热

检查加热板的温度是否适宜，加热时加热板的红色指示灯应常亮或闪烁。从加热板上的红色指示灯第一次亮起后，最好再等10min使用，以使整个加热板的温度均匀。放置加热板，使对接焊的两个管道在较高压力作用下与加热板接触，消除被焊管道端面的不平度，调整使焊接总的压力（p_1） =拖动压力（$p_{拖}$） +焊接规定压力（p_2），并保持压力 p_1 不变，如图5-1a所示。当加热板两侧焊接处圆周卷边凸起高度达到规定值时，降压至拖动压力（$p_{拖}$）或者在确保加热板与焊接端面紧密贴合的条件下，开始吸热计时，如图5-1b所示。

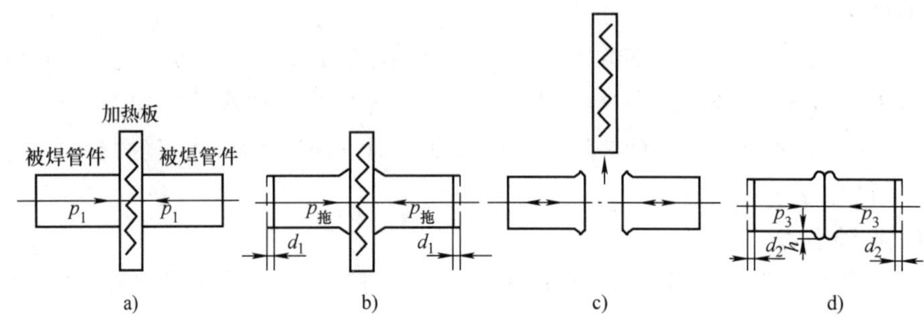

图5-1　热熔对接焊的工艺过程

6. 切换对接并冷却

当达到焊接所需的吸热时间时，在规定的时间内抽出加热板，如图5-1c所示。立即在压力的作用下使熔融的塑料管道端面贴合，并迅速将压力匀速升至焊接压力（p_3），如图5-1d所示，严禁发生高压碰撞，保持压力达到规定的冷却时间。在压力的作用下，熔融的塑料被挤出管道表面，在管道的内外表面形成熔环。

7. 拆卸管道元件

达到冷却时间后，将压力降至零，拆卸完成焊接的管道元件。

三、热熔对接焊的主要参数

1. 热熔焊接温度

推荐的热熔焊接温度为200～235℃，施工单位在实际施工中，可以根据具体施工环境和材料适当调整焊接温度。

2. 加热压力、对接压力

加热压力指在加热阶段，加热板表面与管道表面间的压力，包括 p_1、$p_{拖}$，其中 p_1 为卷边压力，$p_{拖}$为吸热压力。对接压力指抽出加热板后，使熔融的塑料管道端面贴合形成对接所需的压力，如图5-2中的 p_3。抽出加热板后的对接压力 p_3，其大小通常应与 p_1 相同，p_1 在TSG D2002—2006《燃气用聚乙烯管道焊接技术规则》中称为总的焊接压力 p_1，总的焊接压力 p_1 是拖动压力 $p_{拖}$和焊接规定压力 p_2 的总和，如图5-2所示。

3. 加热时间、吸热时间、切换时间、增压时间、冷却时间

加热时间（t_1）是指在总的焊接压力 p_1 作用下，塑料表面被加热且形成卷边达到规定高度的时间。

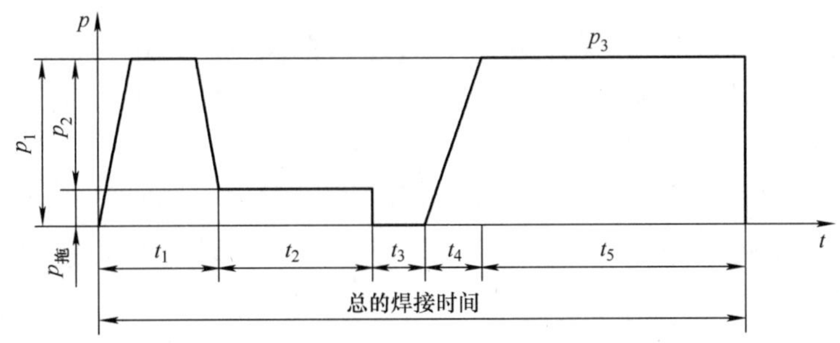

图 5-2　热熔对接焊工艺曲线图

吸热时间（t_2）是指在拖动压力 $p_{拖}$ 作用下塑料表面被加热以达到焊接要求所需要的吸热的时间。

切换时间（t_3）是指加热结束到压焊开始的一段时间，包括管道与加热板分开的时间、加热板移出的时间和管道互相靠拢的时间。

增压时间（t_4）是指管道靠拢后，调整压力到对接压力（p_3）所规定的时间。

冷却时间（t_5）是指保持对接压力，温度逐渐冷却形成焊接接头的时间。

四、全自动热熔对接操作过程

1. 设备安装

将各部件按照设备接口标识进行连接。同时检测电网电压是否符合要求，并保证设备有效接地。

2. 焊机检测

打开液压泵站面板上的电源开关，面板上的显示屏显示焊机名称及其型号等。为保证焊机正常工作，应在每次打开焊机时运行手动测试程序，即测试泵站运行、机架动作、加热板抬起情况。

3. 参数设置

进入自动焊接，进行参数设置。可供设置的参数有工程代号、操作者号、管材公称直径（DN）、标准尺寸比（SDR）、材料等级、管材生产牌号、生产厂家等信息，其中，全自动热熔对接焊机中，已经内置了常用规格的聚乙烯管材规格，管材的公称直径及标准尺寸比可通过菜单选择输入。

4. 夹装管材

焊机自动进行管材的夹装定位，为管材安装预留位置，管材安装时，应直接将两根管材靠拢在一起。

5. 拖动压力测试

焊机进行拖动压力的自动测试。

6. 铣削管材

按照铣削提示，将铣刀就位，按 OK 键开始铣削。此时，可根据需要进行压力调节。铣削顺序为：铣刀测试/合拢机架、铣刀起动、开始铣削。

7. 端面检查

进行对中检查，若超出规定值，应进行夹装调整及重新铣削，错边不得超过壁厚的10%，管材间缝隙不得超过0.3mm。

8. 加热板放置

若加热板温度达不到设置温度，将无法继续下一步操作，同时屏幕及蜂鸣器进行提示。等待温度到达后，方可放置加热板。且在放置加热板前必须对加热板进行清洁。

9. 自动焊接

焊机自动进行如下步骤：卷边、吸热、冷却。自动焊接过程中，若压力、温度、时间或机架位移超出设定值，焊接将自动终止，并形成失败的焊接记录。

10. 焊接结束

根据提示打开夹具，把焊好的管材卸下，焊接完成。

五、热熔焊施工环节注意事项

1. 适合焊接的管材

热熔对接焊适用于公称直径在63mm以上或壁厚在6mm以上的管材。对于直径小于63mm的管材，不推荐使用对接焊。焊接端部SDR值不同的管材或管件，不应通过对接焊连接。

热熔对接焊的管材应尽可能是相同的材料，或具有相同的MFR，如果MFR不同，应具有尽量相近的MFR，并且都在0.3～1.3g/10min之间（190℃，5kg），并预先通过试验确定其焊接性，以及可接受的翻边不均匀程度。

2. 温度设定

对接焊温度通常位于200～235℃之间。焊接温度过低会降解材料，加热不充分会导致材料软化不够。焊接不同的管材时，加热板的温度选择有所不同，对于PE100选择225℃±10℃，PE80选择210℃±10℃。

3. 加热时间（形成卷边）

加热板达到设定温度后，应保持一定时间的恒温，然后再将端面修平的管材以一定的压力（包括测量的拖动压力）压紧在加热板的加热平面上，初始时的压力（p_1）较高并保持一定的时间（t_1），以便保证管材的整个端面与加热板平面达到良好接触，直到形成规定宽度的卷边。这个时间通常要靠目测判断，所以操作者必须经过培训。

4. 吸热时间

达到规定卷边后，将压力切换至低压$p_{拖}$（接近于零压），使管材端面和加热工具之间刚好保持接触，开始吸热。吸热时间t_2是管材壁厚的函数，对于大口径管材，这一段时间可能相当长。在操作过程中最常见的一种错误就是吸热时间t_2太短，不能保证管材端面材料获得足够的熔融深度。

5. 切换时间

达到吸热时间后，打开焊机的移动夹具，并移走加热工具。快速检查加热后的管材端部，确定在移动加热工具过程中熔融的端面是否有损伤，然后再合拢焊机夹具，使管材端面

接触。在这段时间内，熔融的物料暴露在空气中，不但会迅速降温，还会产生一定程度的热降解，因此该段时间的控制就显得非常重要，控制得越短越好。

6. 增压时间

增压时间应平稳而迅速。重新建立压力时，应当缓和而不能太过突然，以免熔体不均匀流动或产生较大的内应力。

7. 焊接（冷却）压力

焊接压力 p_3 不能过高，以免将焊接面上的熔融物料完全挤跑，形成所谓冷焊接头。其大小通常应与 p_1 相同，并在整个冷却过程中保持不变。

8. 冷却时间

冷却时间对于接头质量有着非常重要的影响。为了提高效率而人为地缩短冷却时间是非常错误的。在整个对接焊过程和随后的冷却过程中，对接焊机应保持压紧状态。

9. 工作环境

寒冷或刮风天气会影响焊接温度，此时应考虑合适的防护措施，如设置帐篷、为管道增加端帽或延长加热时间等。热熔对接焊在环境温度低于 -5℃ 或大风环境下操作时，应采取保护措施或调整焊接工艺。

10. 夹紧与对中

焊接时必须夹紧管材或管件。待焊面贴合对齐后，对中误差不得超过规定的最大偏移量（一般为0.2mm）。闭合管端的间隙应满足表5-2的要求并尽可能小。

表5-2　闭合管端的最大间隙

管材公称直径 DN/mm	允许的最大间隙/mm
DN≤225	0.3
225 < DN≤400	0.5
DN > 400	1.0

11. 端面铣削

端面应铣平。铣削端面时，压紧力应足以使铣刀两侧产生稳定的聚乙烯薄片。撤走铣刀时，应先降低压力，保持铣刀继续旋转，直到不再能切削下聚乙烯时再移走，以免管材或管件起毛刺。当 DN < 200mm 时所产生的外径错边量最大为0.5mm，当 DN≥200mm 时所产生的外径错边量最大为0.1倍的壁厚或1mm中的较大值。

12. 洁净程度

待焊部件端口必须清洁。检查加热工具焊接表面涂层，确保完整且没有划伤。如有必要，清理焊接表面和加热工具。加热工具上的聚乙烯残留物只能用木质刮刀去除。

13. 拖动压力

应尽可能减小拖动阻力，如使用短管作为滚筒。焊接前一定要测量焊机的摩擦损失和拖动阻力，并将其加到需要的焊接压力上。

14. 设备状态

焊接设备应符合国家相关规范、标准的要求。焊接设备应定期维护。加热表面的清洁和完整性、温控精度、对中能力都非常重要。不用时，要将加热工具储存保护好。根据CJJ 63—2018《聚乙烯燃气管道工程技术标准》的规定，热熔对接连接设备应定期校准和检定，周期不宜超过1年。

15. 热熔对接工艺在实际应用过程中需考虑的问题

焊接时气温的变化：当气温变化时，可适当调整吸热时间。国家相关规范规定首次采用某一标准系列焊接参数（如吸热和转换时间、焊接压力、加热板温度等）时，应进行焊接工艺评定。

压力换算：在焊接中实际操作的使用压力与工艺参数数值是不同的。首先，应将工艺压力（加热压力、吸热压力、焊接压力）换算成液压系统压力；其次，再加上移动夹具的摩擦阻力，得到使用压力。

六、塑料焊接的推荐工艺

早期非金属塑料焊接方式有热熔对接连接、热熔承插连接和鞍形焊接。由于热熔承插连接存在一定的缺点，逐渐被淘汰。通过对连接技术的不断研究，现在，塑料管道的焊接主要有热熔对接焊，采用的施工机具是热熔对接焊接设备，应符合GB/T 20674.1—2020《塑料管材和管件 聚乙烯系统熔接设备 第1部分：热熔对接》的要求。生产、设计、施工验收和运行等方面应符合行业标准CJJ 63—2018《聚乙烯燃气管道工程技术标准》和原国家质量监督检验检疫总局2006年颁布的TSG D2002—2006《燃气用聚乙烯管道焊接技术规则》的要求。TSG D2002—2006中推荐的聚乙烯管材焊接参数见表5-3和表5-4，《焊接手册》第二卷中推荐的聚氯乙烯管材焊接参数见表5-5。

表5-3 SDR11管材焊接参数（加热板表面温度：PE80：210℃ ±10℃；PE100：225℃ ±10℃）

公称直径 DN/mm	管材壁厚 S/mm	p_2/MPa	压力 $=p_1$ 卷边高度 h/mm	压力 $\approx p_{拖}$ 吸热时间 t_2/s	切换时间 t_3/s	增压时间 t_4/s	压力 $=p_1$ 冷却时间 t_5/min
75	6.8	$219/A_2$	1.0	68	≤5	<6	≥10
90	8.2	$315/A_2$	1.5	82	≤6	<7	≥11
110	10.0	$471/A_2$	1.5	100	≤6	<7	≥14
125	11.4	$608/A_2$	1.5	114	≤6	<8	≥15
140	12.7	$763/A_2$	2.0	127	≤8	<8	≥17
160	14.5	$996/A_2$	2.0	145	≤8	<9	≥19
180	16.4	$1261/A_2$	2.0	164	≤8	<10	≥21
200	18.2	$1557/A_2$	2.0	182	≤8	<11	≥23
225	20.5	$1971/A_2$	2.5	205	≤10	<12	≥26
250	22.7	$2433/A_2$	2.5	227	≤10	<13	≥28
280	25.5	$3052/A_2$	2.5	255	≤10	<14	≥31
315	28.6	$3862/A_2$	3.0	286	≤12	<15	≥35
355	32.3	$4906/A_2$	3.0	323	≤12	<17	≥39
400	36.4	$6228/A_2$	3.0	364	≤12	<19	≥44

（续）

公称直径 DN/mm	管材壁厚 S/mm	p_2/MPa	压力 $=p_1$ 卷边高度 h/mm	压力 $\approx p_{拖}$ 吸热时间 t_2/s	切换时间 t_3/s	增压时间 t_4/s	压力 $=p_1$ 冷却时间 t_5/min
450	40.9	7882/A_2	3.5	409	≤12	<21	≥50
500	45.5	9731/A_2	3.5	455	≤12	<23	≥55
560	50.9	12207/A_2	4.0	509	≤12	<25	≥61
630	57.3	15450/A_2	4.0	573	≤12	<29	≥67

注：1. 以上参数基于环境温度为20℃。

2. A_2 是指焊机液压缸中活塞的有效面积，单位为 mm^2，由焊机生产厂家提供。

表 5-4 SDR17.6 管材焊接参数（加热板表面温度：PE80：210℃ ±10℃；PE100：225℃ ±10℃）

公称直径 DN/mm	管材壁厚 S/mm	p_2/MPa	压力 $=p_1$ 卷边高度 h/mm	压力 $\approx p_{拖}$ 吸热时间 t_2/s	切换时间 t_3/s	增压时间 t_4/s	压力 $=p_1$ 冷却时间 t_5/min
110	6.3	305/A_2	1.0	63	≤5	<6	9
125	7.1	394/A_2	1.5	71	≤6	<6	10
140	8.0	495/A_2	1.5	80	≤6	<6	11
160	9.1	646/A_2	1.5	91	≤6	<7	13
180	10.2	818/A_2	1.5	102	≤6	<7	14
200	11.4	1010/A_2	1.5	114	≤6	<8	15
225	12.8	1278/A_2	2.0	128	≤8	<8	17
250	14.2	1578/A_2	2.0	142	≤8	<9	19
280	15.9	1979/A_2	2.0	159	≤8	<10	20
315	17.9	2505/A_2	2.0	179	≤8	<11	23
355	20.2	3181/A_2	2.5	202	≤10	<12	25
400	22.7	4039/A_2	2.5	227	≤10	<13	28
450	25.6	5111/A_2	2.5	256	≤10	<14	32
500	28.4	6310/A_2	3.0	284	≤12	<15	35
560	31.8	7916/A_2	3.0	318	≤12	<17	39
630	35.8	10018/A_2	3.0	358	≤12	<18	44

注：1. 以上参数基于环境温度为20℃。

2. A_2 是指焊机液压缸中活塞的有效面积，单位为 mm^2，由焊机生产厂家提供。

表 5-5 聚氯乙烯管材焊接参数

聚氯乙烯	加热板温度/℃	不同壁厚的预热时间/s				预热压力 /MPa	焊接压力 /MPa
		4mm	10mm	15mm	20mm		
硬 PVC	250 ±20	8 ~ 10	15 ~ 16	17 ~ 30	23 ~ 48	3 ~ 5	8 ~ 10
软 PVC	170 ±10	4 ~ 10				0.2 ~ 0.8	—

第三节 电熔焊技术与工艺

电熔焊是目前聚乙烯管道系统重要且广泛应用的一种连接方法。电熔焊依靠预埋于电熔管件内表面的电热丝通电使其加热，从而使管件的内表面及管材（或管件）的外表面分别被熔化，冷却到要求的时间后而达到焊接目的。

电熔焊的关键是设计先进的电熔管件，其基本原理是通过加热，利用焦耳效应，使集成在管件内表面（焊接表面）的电阻线圈引起附近的材料熔化，从而使管材与管件熔接在一起。图5-3是电熔承插焊示意图。

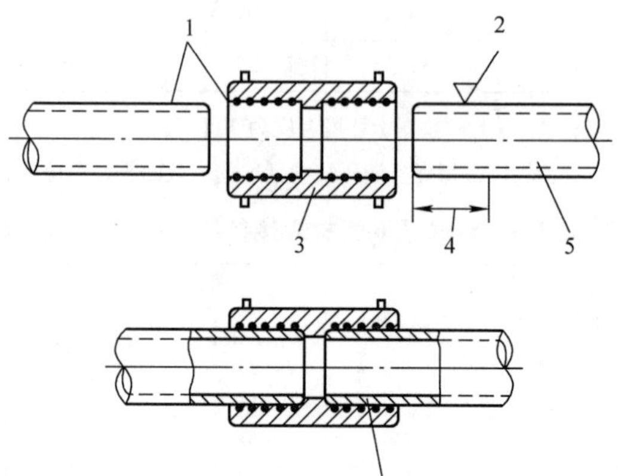

图5-3　电熔承插焊示意图

1、6—熔合区　2—机加工

3—电熔管件　4—承插深度　5—管子

电熔管件一般包括套筒、等径三通、异径三通和弯头等，可用于不同类型的聚乙烯材料和不同熔体流动速率材料制造的干线、支线管材或插口管件连接。目前大多数电熔管件采用的是数字识别系统，熔接参数以及其他信息以代码的形式记录在条形码、磁卡等数据载体上，熔接控制器从上述载体中读出参数后自动控制熔接。

一、电熔焊的特点

电熔焊的特点有：需要有专用的电熔焊机；适用于所有规格尺寸的管材；可用于不同牌号、材质的管材与管材、管材与管件连接；不易受环境、人为因素的影响；施工速度快；适用范围广，可用于特殊地段、特殊接口施工；设备投资低，维修费用低；连接操作简单易掌握；焊口质量可靠性高；焊口管道内壁光滑，不影响流通速度。

二、电熔焊的操作过程

1. 焊接前准备

测量电源电压，保证电压符合要求，并具有接地保护。清洁电源输出接头，保证良好的导电性。

2. 管材准备

准备焊接需要的工具：全自动电熔焊机、电熔管件、切刀、螺钉旋具、记号笔、卷尺。

按照所需长度截取管材，管材的端面应垂直于轴线，且其端口截取误差<5mm，如图5-4所示。测量电熔管件的长度，在焊接的管材端口上取1/2长度的电熔管件加10mm进行画线标识，如图5-5所示，并标识螺旋线。将画线区域内的焊接面刮削0.1~0.2mm厚，以去除焊接区域的氧化层、油污、泥土等，并去除碎屑。若条件允许应使用无水酒精或丁酮对管材表面进行清洁，然后进行画线标识。

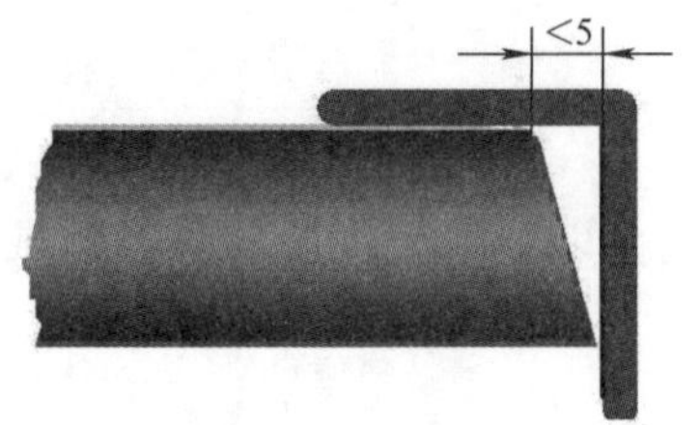

图 5-4　截取误差

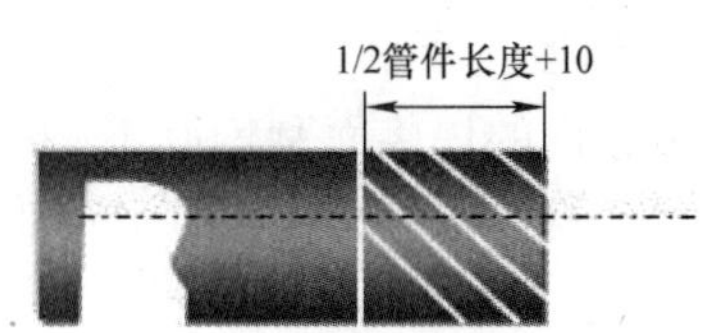

图 5-5　画线标识

3. 管材与管件承插

在管材上重新画线，位置距端面为 1/2 管件长度。将清洁的电熔管件与需要焊接的管材承插，保持管件外侧边缘与标记线平齐，并使用螺钉旋具将管件上锁紧螺钉拧紧，防止管材意外拔脱。安装电熔夹具，固定好待焊组合件（正确的电熔焊接夹具安装见图 5-6），使管件与管材同轴，不同轴度应小于 2%，并且不得使电熔管件承受外力。

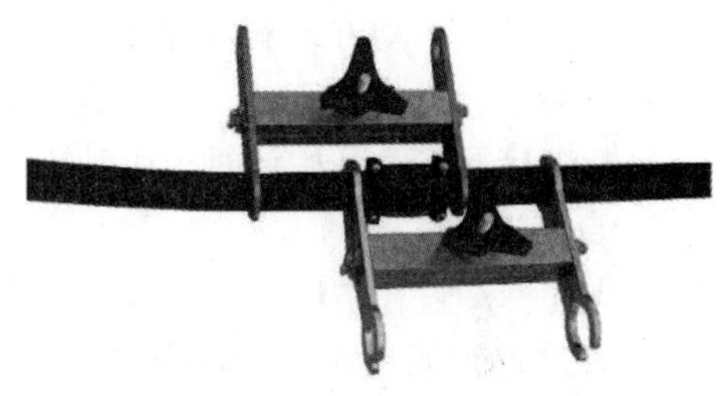

图 5-6　电熔焊接夹具安装

注意：应当在焊接前需用管件时才从包装中取出该管件，并保持清洁与干燥。

4. 输出接头连接

打开管件护帽，焊机输出端与管件接线柱牢固连接，不得虚接。当电源离焊机较远时，可能产生欠电压报警现象，可更换较粗电缆或配接发电机解决。

5. 焊接操作

应严格按焊机操作工艺规程的具体要求进行作业，在焊接过程中应避免周围磁场的干扰，将焊机调整到“自动”模式，使用扫描枪（笔）输入焊接数据，也可以使用“手动”模式，人工输入焊接参数。参数输入完毕，打开焊接开关，开始自动计时。手动模式下焊接参数应当按管件产品说明书确定。

推荐使用自动模式进行扫描输入焊接参数，焊机将自动进行焊接时间校正补偿。如采用手动模式，可根据管件信息卡进行人工调整和补偿。

6. 自然冷却

焊接计时结束后，进入冷却状态，电熔焊机进入冷却计时状态。冷却时间结束后，焊接完成。冷却过程必须是自然冷却，且不得向焊接件施加任何外力，完成冷却后，拆卸夹具。

7. 焊接结束

焊接完毕后，检查孔内物料是否顶起，焊缝处是否有物料挤出。合格的焊口应是在电熔焊过程中，无冒烟（着火）、过早停机等现象，电熔件的观察孔有物料顶出。

三、电熔鞍形焊操作过程

1. 焊接前准备

测量电源电压，确认焊机工作时的电压符合要求，并具有接地保护；清洁电源输出接头，保证良好的导电性。

2. 画线

在管材上画出焊接区域。

3. 焊接面清理

将画线区域内的焊接面刮削 0.1～0.2mm 厚度，以去除氧化层，刮削区域应大于鞍体边缘。

4. 管件安装

用管件制造单位提供的方法进行安装，确保管材与管件的两个焊接面无间隙。修补用电熔鞍形管件必须对中，且电热丝区域不得安装在被修补的孔上。

5. 焊接参数的输入

采用自动或手动方式输入焊接参数。

6. 焊接

打开焊接开关，开始计时，手动模式下焊接时间应当按管件产品说明书确定。

7. 自然冷却

接头在冷却过程中应当处于夹紧状态，鞍形三通的冷却时间应当大于 60min。

8. 按产品说明书进行开孔操作

四、电熔焊的主要参数

电熔承插焊及电熔鞍形焊的主要参数包括电压、加热时间、冷却时间、电阻值。电熔承插焊及电熔鞍形焊的主要参数由管道元件制造单位提供。

五、电熔焊施工环节注意事项

1. 基本要求

焊接时待焊表面不得有被污染或氧化，若有应先进行表面处理。此外，焊接表面必须干燥。要注意管材与管件之间的配合间隙、不圆度、插入深度、轴向对中与定位，确保组合件在无非轴向压力的情况下进行焊接。

使用对正夹具，以减少对中误差和焊接过程中的相对移动。只有管材插入管件中并保持同轴，管材的外表面与管件的内表面才能保证有良好的均匀接触。当管材插入管件时，如果管材的轴线与管件的轴线之间有一倾角，从插入过程来看，摩擦感很强，此时管材外表面与管件内表面的接触情况并不理想（部分接触非常紧密，部分接触存在较大间隙），在通电加热焊接过程中，一定程度上会影响焊接质量。而且由于这一倾角的存在，在焊接完成埋入管沟后，焊接部位也会存在较大的应力。

2. 焊接设备与电源

电熔焊接设备应符合国家相关规范、标准的要求。其日常维护非常重要，应定期进行。根据 CJJ 63—2018《聚乙烯燃气管道工程技术标准》的规定，电熔对接连接设备应定期校准和检定，周期不宜超过 1 年。

如果用发电机作为电源，应考虑其功率的大小和工作特性，能够带动感性负载工作。

3. 能量输入方式

焊机能量输入方式可以分为电流控制、电压控制和能量控制三类。由于大多数发热元件的电阻呈现正温度系数，因此采用恒定电压焊接时，其输入能量会随着温度升高逐渐变得缓

和，有利于避免炭化、过热现象，控制过程比较稳定，所以得到了较为广泛的应用。

4. 焊接电压

焊接电压必须稳定，在电热丝电阻和加热时间一定的情况下，电熔管件的发热量直接跟焊接电压有关。在焊接电压不稳定的情况下，如果焊接电压偏低则会造成发热功率偏小，在其余参数不变的情况下发热量会减少，容易导致虚焊，如果焊接电压偏高则会出现相反的情况。

施工现场电源接线超过 50m 就必须检查导线截面积是否符合要求，超过 100m 时，最好使用发电机供电。

5. 焊接时间

在电热丝电阻和焊机焊接电压一定的情况下，决定发热功率的主要因素就是焊接时间。焊接时间过长不仅可能造成过热、炭化，而且可能使管材内壁软化变形，尤其是在鞍形管件焊接时。焊接时间过短则可能造成熔深不足，或者对焊接功率要求过高而造成电热丝附件过热。

6. 冷却时间

冷却是为了使接头达到足够的强度，如果时间偏短，则会使焊口在未完全冷却的状态下受外力扰动，从而造成焊口强度下降。在冷却过程中应保持焊接组件处于夹紧状态，如果在冷却过程中受外力干扰，即使冷却时间够，也难保证焊口的强度。冷却阶段不得采取强制冷却措施。

7. 管材和管件的刚度

电熔焊接推荐采用 SDR11 或更厚的聚乙烯管，有些生产商也提供可用于 SDR33 的电熔管件，但用于鞍形管件焊接时，通常限制只能用 SDR11 或更厚的聚乙烯管。这些限制说明应标示于管件包装上。

管材和管件刚度较大时有利于快速建立熔体压力，缩短焊接时间要求，或提高焊接强度。

8. 材料焊接性

电熔焊接可以将不同 SDR 和不同牌号的管材相互连接，焊接的相容性较宽，但仍应保证焊接界面的两种材料具有接近的焊接性。

9. 环境温度

环境温度在一定范围内变化时，电熔焊接也许不需要采取特殊的预防措施。但必要时也应对输出到管件的能量进行调整，例如改变输入电压或增减焊接时间，以适应极限环境温度的要求。同时，应避免强烈的阳光直接照射造成管材（管件）温度不均。另外，刮风、扬尘、雨雪天气均应采取遮护措施以防污染。焊接较大口径的管材时，还要将管材远端管口封盖，避免气流形成“穿堂风”。

10. 其他

熔接操作人员必须持证上岗，操作时应戴手套、护目镜等防护装备。

六、聚乙烯（PE）管道焊接的推荐工艺

聚乙烯管道的焊接设备应符合 GB/T 20674. 2—2020《塑料管材和管件 聚乙烯系统熔接设备 第 2 部分：电熔连接》的要求。生产、设计、施工验收和运行等方面应符合行业标准

CJJ 63—2018《聚乙烯燃气管道工程技术标准》和原国家质量监督检验检疫总局2006年颁布的TSG D2002—2006《燃气用聚乙烯管道焊接技术规则》的要求。

第四节　热风焊技术与工艺

在塑料焊接的发展和应用中，热风焊方法历史最长，应用广泛，塑料的热风焊类似于金属的氧乙炔焊，只不过后者用明火加热金属和焊接材料，前者用热气流加热塑料和塑料填充材料。热风焊的应用成本低，并且能适应多种不同形式的热塑性塑料焊接。热风焊利用焊枪中的热气流对塑料母材进行加热，同时对塑料填充材料进行加热，当材料表面发生软化时，将填充塑料连续施加压力送进到焊缝中，从而实现塑料件之间的连接。

一、热风焊的特点

热风焊的特点主要有：需要有专用的电加热手焊枪；焊接前要对焊枪的温度进行测量；由于手工操作，对操作人员的要求比较高，质量不好控制，操作人员在焊接前要注意压力的控制；需要相同牌号、相同材质的填充材料；首次进行焊接的塑料和填充材料，要进行焊接试验验证，以获得满足焊接质量的焊接工艺；易受人为因素影响，操作人员需进行专门培训，具有一定的经验；设备费用低；可用于不同品种塑料和不同结构塑料制品的连接。

二、热风焊的分类和操作过程

非金属特种设备使用的聚氯乙烯（PVC）、聚乙烯（PE）、聚丙烯（PP）等塑料都可以用热风焊进行连接，热风焊主要分为热风摆动焊、热风嵌入焊、热风搭接焊等。

热风摆动焊是利用加热的风摆动焊枪喷口，加热焊接材料和母材，使得母材和焊接材料都达到熔融后，焊工对焊条施加垂直的顶紧力，使得焊材与母材融合，冷却后形成焊缝，如图5-7a所示。

热风嵌入焊是焊条先被引进焊枪头部，利用一部分热风加热焊接材料，另一部分热风加热母材，使得母材和焊接材料被加热塑化，自然熔嵌进焊缝，通过焊枪头的设计或专用工具，可以根据焊缝的形式，手动施加焊接所需要的压力，如图5-7b所示。

热风搭接焊是用热风对塑料的搭接缝隙进行加热，并用手或机械装置对焊接区施加压力，从而实现连接，热风搭接焊一般不需要焊接材料，如图5-7c所示。

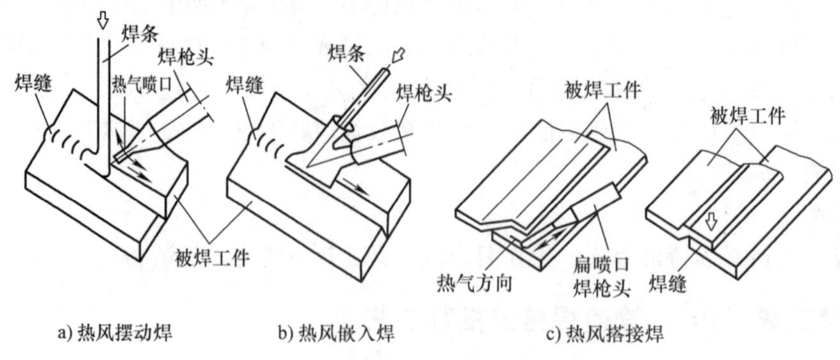

图5-7　热风焊方法

注：⇦为焊接压力的方向，←为焊接运动的方向。

热风焊所用的焊枪分为手持圆嘴焊枪和快速焊枪。手持圆嘴焊枪内装有电加热丝对焊接气体进行加热，焊接气体在流经电加热丝的管道时被加热到所要求的热气温度，然后由圆嘴喷出，如图 5-8 所示，控制焊枪的运动和位置即可进行焊接。焊接压力一般通过焊条自身的刚度或通过压轮等手段传递至焊接区。改换喷嘴可以把手焊枪装配成快速焊枪，快速焊枪的喷头内部对热气作了分流，一部分热气被用来加热母材，另一部分热气则用来加热焊接材料。快速焊枪的喷头通常具有与焊缝相适应的形状，以便能向焊缝施加焊接压力，如图 5-9 所示。快速热气焊枪一般由机械操纵，焊接时，焊枪恒速前进，喷嘴压力保持不变。

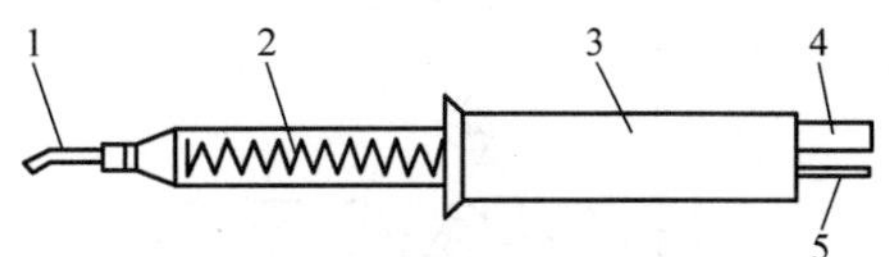

图 5-8　手持圆嘴焊枪

1—可换式喷嘴　2—电加热丝　3—把手

4—压缩空气进口　5—供电引线

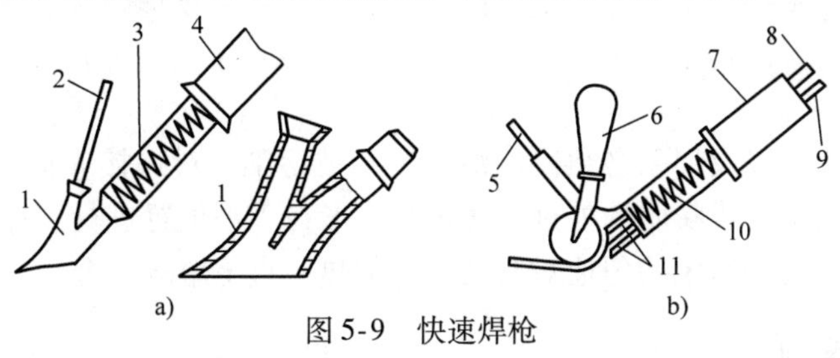

图 5-9　快速焊枪

1—快速焊枪头　2、5—焊条　3、10 电加热丝　4、7—把手　6—压枪

8—压缩空气进口　9—供电引线　11—多头喷嘴

热风焊的操作过程如下：

（1）焊接前母材准备　根据材料的种类、厚度和接头形式等设计坡口的形状，机加工坡口，清洁待焊区域的表面，去除材料表面的杂质、脏物、氧化层等影响焊接质量的因素。

（2）焊接材料的准备　根据产品母材的塑料种类选择合适的焊接材料。

（3）焊枪准备　热气焊过程中作为焊接热的气体必须去油、去水分，然后在一定的压力下通入焊枪，将焊枪加热。根据相关的标准选择合适的焊接参数，设定焊枪的温度，设定温度时，要考虑焊接时周围的环境温度。测量焊枪出口热风的温度和气流的速度，以符合标准的要求。

（4）加热　焊枪的热风温度和气流速度达到设定要求后，即可以加热母材和焊接材料。

（5）施加压力　加热一段时间后，母材和焊接材料开始熔融，熔融区域达到要求的尺寸，焊接操作人员就可以对焊接材料在垂直方向施加规定的压力，由于受外力的作用，焊接材料和母材在界面处开始相互扩散，进入对方的熔融区，最后分子间到达缠接。

（6）冷却　熔融扩散连接完成后，焊接部位的材料需要冷却并重新固化定型，在冷却过程中，不可以移动焊接构件，不可以拆除工装夹具，尽量避免焊接构件受外力的作用。控制冷却速度，以保证焊缝的质量。

（7）焊接结束　根据需要打开夹具，焊接完成，进行检查。

三、热风焊的坡口形式

热风焊接头的形式多种多样，如图 5-10 和图 5-11 所示。图中 d_D 为用于盖面焊的焊条直径，d_W 为用于打底焊的焊条直径，d_G 为用于封底焊的焊条直径。焊接坡口由切削加工制

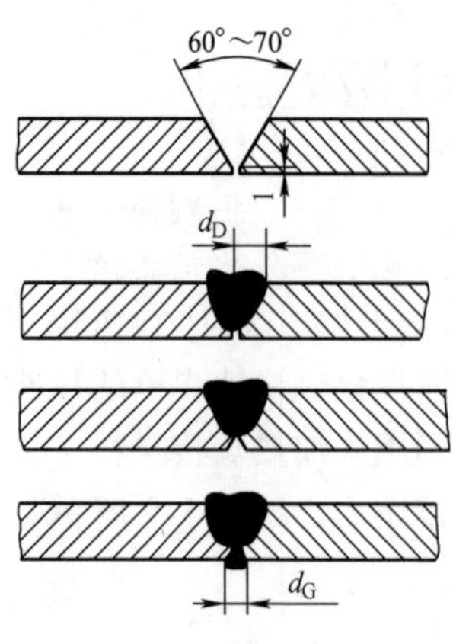

图 5-10 V 形坡口对接接头

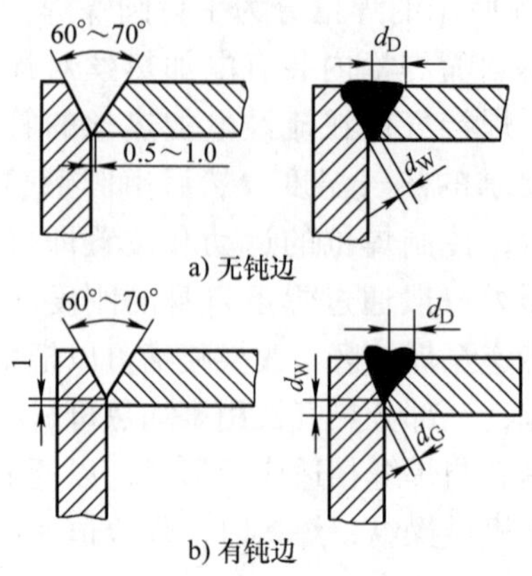

图 5-11 V 形坡口角接接头

成，切削加工后的表面以及焊条必须保持清洁，不被污染。对焊接表面作脱脂去污处理时，不得进行可导致塑料溶解或膨胀的处理。热风焊一般在水平位置进行，焊条应紧顶在焊道坡口的焊接表面上，然后用热风均匀地对其及母材加热，直至熔融焊合。

四、热风焊参数

热风焊参数主要是焊接温度、焊接压力、焊接速度和热风风量。热风焊的焊接温度一般在 200 ~320℃，该温度范围是通常的推荐温度。当冬天在北方野外施工或夏天在南方室内施工时，该温度要分别升高或降低来加以修正，修正范围或系数由焊工根据实际条件或经验确定，在冬天北方野外施工，应采取保护措施，如设置帐篷、焊接处加保温措施等。焊接速度根据焊条直径和喷嘴直径进行选择，一般焊接速度为 150 ~ 250mm/min，热风风量一般是 40 ~50L/min，焊接压力根据焊条直径和母材的材料种类来选择。表 5-6 是热风焊推荐焊接参数。

表 5-6 热风焊推荐焊接参数

材料	焊接方式	焊接压力 F/N（焊条直径 3mm）	焊接压力 F/N（焊条直径 4mm）	热风温度/℃	风量/(L/min)
PVC – U	HGW – 1	5 ~ 9	8 ~ 12	170 ~ 190	40 ~ 50
	HGW – 2	8 ~ 12	15 ~ 25		
PVC – C	HGW – 1	10 ~ 15	15 ~ 20	200 ~ 220	40 ~ 50
	HGW – 2	15 ~ 20	20 ~ 25		
PVC – P	HGW – 1	15 ~ 20	18 ~ 25	300 ~ 370	40 ~ 50
	HGW – 2	4 ~ 8	7 ~ 12		
PP	HGW – 1	6 ~ 10	15 ~ 20	305 ~ 315	40 ~ 50
	HGW – 2	10 ~ 16	25 ~ 35		
PE – HD	HGW – 1	6 ~ 10	15 ~ 20	300 ~ 320	40 ~ 50
	HGW – 2	10 ~ 16	25 ~ 35		

（续）

材料	焊接方式	焊接压力 F/N（焊条直径 3mm）	焊接压力 F/N（焊条直径 4mm）	热风温度/℃	风量/(L/min)
PVDF	HGW－1	10～15	15～20	365～385	45～55
	HGW－2	12～17	25～35		
PA	HGW－1	12～16	12～16	320～370	40～60
	HGW－2	12～16	20～30		
ABS	HGW－1	12～16	12～16	180～200	40～60
	HGW－2	12～16	20～30		

注：热风温度是指风嘴中部进去 5mm 处的温度。

五、热风焊施工环节注意事项

在热风焊施工环节中应注意以下事项：

1）不同种类塑料的焊接性不同，因此操作人员初次焊接或使用新材料焊接时，必须进行焊接试验，以确定正确的焊接工艺。

2）根据母材的种类和规格，确定填充材料的种类、牌号、规格，以满足相关要求。

3）根据母材的厚度、接头形式确定焊缝的形式和焊缝道数。

4）控制焊接温度，每次焊接前都要测量焊接温度，同时还要考虑周围环境温度的影响，对于有温度显示的焊枪，需要对温度表进行定期的检定和检验。

5）焊接压力施加的方向，要始终与焊接方向垂直。

6）焊接速度要保持均匀，并符合相关规定。

7）必须同时加热焊接材料和母材。

8）清理材料表面的杂质，保证待焊塑料和焊条的表面清洁、干燥。

9）对于快速焊枪，焊条插入风嘴从底部伸出之后，不能立刻进行焊接，否则会造成冷焊，风嘴底部必须始终处于两母材的中间，不能偏向某一母材。

第六章 管道焊接机具

非金属材料具有重量轻、抗氧化、耐腐蚀、耐磨损、耐热、绝热绝缘等金属材料不可比拟的优异性能，在各领域都得到了广泛应用。随着非金属材料研究与应用的飞速发展，作为非金属材料应用必需的焊接机具装备也得到了促进和发展。

非金属热塑性工程塑料材料具有加热时软化、冷却时硬化的特点，因此，通过加热可对其进行焊接。热熔对接焊和电熔焊几乎可用于所有的热塑性工程塑料，特别是半结晶态的热塑性工程塑料，如聚乙烯、聚氯乙烯、聚苯乙烯、聚丙烯、ABS 及乙缩醛等。塑料材料一般可在一定的温度范围内被熔化（不同原料牌号的熔化温度一般也不相同），此时若将管材或管件的两熔化面充分接触，并施加适当的压力（电熔焊接的压力来源于焊接过程中材料自身产生的热膨胀），冷却后便可牢固地融为一体，从而达到连接的目的。

热风焊是用经过加热的压缩空气或惰性气体加热塑料焊件和焊条，使它们达到黏稠状态，在适当的压力下进行焊接的方法。热风焊主要用于聚氯乙烯、聚烯烃、聚甲醛、尼龙等塑料的焊接，也可用于聚苯乙烯、ABS、聚碳酸酯、氯化聚醚、氯化聚乙烯等塑料的焊接。

第一节 管道焊接机具的发展状况

非金属热塑性工程塑料材料焊接设备是用来实施管道焊接的专用设备，根据焊接方式的不同，采用的焊接机具也不同，主要有热熔焊机、电熔焊机和热风焊枪。

1. 热熔焊机和电熔焊机的发展状况

热熔焊机是管道热熔对接焊的实施工具。热熔对接焊的工作原理是将待焊管材（管件）两端面以一定压力靠在一个预置好温度的加热板上维持一段时间，在管材获得足够的温度后，取出加热板，给待焊两端面施压，使两个焊接端面紧密接触，最终两个端面黏合在一起。

热熔对接焊的工艺参数较多，焊接过程也较复杂，因此焊接质量受人为因素的影响也较大。但若利用计算机控制焊接参数和工艺过程，可避免由于人为因素造成的影响，故而管道热熔对接焊技术的发展也以全自动控制为最佳选择，使用全自动热熔对接焊机能有效避免人为因素的影响，保证焊接接口的质量。

现行热熔焊机相关的标准为 GB/T 20674.1—2020《塑料管材和管件 聚乙烯系统熔接设备 第 1 部分：热熔对接》和 HG/T 5100—2016《塑料焊接机具　热熔焊机》。

电熔焊机是实施电熔熔接过程的设备。电熔焊接通过对预埋于电熔管件内表面的电热丝通电而使其加热熔化，从而达到连接目的，这是目前应用最普遍、最广泛的非金属材料焊接技术和方法。

伴随着电熔熔接技术的推广与发展，产品标准逐渐与国际标准接轨，国内的电熔管件生

产技术正日趋完善。再加上电子技术的不断深入应用，目前国内生产的电熔焊机以全自动电熔焊机为主，适合于国内所有厂家生产的各种规格、牌号的电熔管件的焊接，其通用性非常强。

现行电熔焊机相关的标准为 GB/T 20674.2—2020《塑料管材和管件 聚乙烯系统熔接设备 第2部分：电熔连接》和 HG/T 5101—2016《塑料焊接机具 电熔焊机》。

热熔焊机和电熔焊机除满足相应的标准外，根据安全技术规范 TSG D2002—2006《燃气用聚乙烯管道焊接技术规则》的相关规定，还应当符合以下要求：

1）焊接机具正常的工作温度范围为 -10～40℃，如果环境温度超出此范围，则不允许进行焊接。

2）电熔焊机应有数据检索存储装置，该装置通过数据下载接口将存储的数据下载到电子设备（计算机或者打印机），存储容量至少为250个焊口的参数，并且有工作参数自动输入及环境温度自动补偿功能，自动输入的方式可以是条形码、识别电阻、磁卡或者微控芯片。

3）管道热熔对接焊宜采用全自动焊机。全自动热熔对接焊机应当具有以下功能：

① 可以实现一致、可靠、可重复的操作。

② 系统将控制监视并记录焊接过程各阶段的主要参数，以判断每一焊口的状况。

③ 焊机有数据检索存储装置和数据下载接口，存储容量至少为200个焊口的参数，焊口的参数包括焊机型号、焊机编号、环境温度、焊接日期、焊接时间、焊工代号、工程编号、焊口编号、焊接的管道元件类型（原材料级别、公称外径、公称壁厚或SDR值）、拖动压力（峰值拖动压力和动态拖动压力）、加热板温度、成边压力、吸热时间、切换时间、焊接压力、冷却时间等。

④ 铣削管道元件端面后，能够自动检查管道元件是否夹装牢固。

⑤ 自动测量拖动压力（峰值拖动压力和动态拖动压力）以及自动补偿拖动压力。

⑥ 自动监测加热板温度，如果加热板温度没有在设定的工作温度范围内，焊机应无法进行焊接。

⑦ 加热板插入待焊管道元件之后的所有阶段（加压、成边、降低压力、吸热、切换、加压、保压、冷却）能自动进行。

⑧ 微处理器采用闭环控制系统，在焊接过程中突然出现不当的焊接参数时，焊机能够自动中断焊接并报警。

2. 热风焊枪的发展状况

热风焊枪是用于塑料材料对接焊、角接焊、搭接焊的设备。使用热风焊枪吹出热风，对焊条和母材进行加热，然后对焊条施加一定压力，使其与母材贴合，冷却后，即完成焊接过程。

热风焊包括圆嘴热风焊和快速热风焊。圆嘴热风焊是通过圆形风嘴加热焊条，焊条与母材通过热风加热被熔接在一起。风嘴沿着焊缝慢慢移动，热风同时加热焊条与母材的区域。焊接方向与母材宜保持垂直，风嘴沿着焊条与母材扇形区上下往复移动。快速热风焊是通过斜梁风嘴加热焊条，将塑化状态下的焊条压在焊接面上，焊条自动随着喷嘴移动。

现行热风焊枪相关的标准为 HG/T 4751—2014《塑料焊接机具 热风焊枪》。

第二节 热熔焊机

一、热熔对接焊原理及使用范围

热熔对接焊通过热熔对接焊设备加热管材（件）端面，使被加热的管材（件）两端面熔化，迅速将其贴合，保持一定的压力，随后冷却，达到熔接的目的。

一般情况下，热熔对接焊的整个过程可分为五个阶段：

（1）预热阶段　即卷边阶段，该过程中管材截面将根据设定条件产生一个卷边，并可将少量端口残余物挤出端面；卷边的高度因管材的规格不同而不同，将决定最终焊环的环形；卷边阶段将在待焊管材焊接前，准备工作完成后进行（如管材定位、刮削、热应力计算、焊接加热温度的计算等）。

（2）吸热阶段　在这个阶段中，热量在待焊的管材端面内扩散。通常，此时的压力接近于零（仅补偿摩擦阻力，以避免管材端面与加热板分开）。

（3）转换阶段　即加热板抽出阶段，这个阶段在将所连接的管材（件）接触之前，取出加热板。取出加热板和使连接管材相接触的时间越短越好，以避免热量损失或熔融端面被污染、氧化等。

（4）焊接阶段　将待连接管材的熔化端面相互接触，按所选择的焊接标准逐渐建立和保持对接压力，管材端口最终卷边且分子链连接在一起。

（5）冷却阶段　焊接过程已经完成，需对管材保持一定压力以避免其他张力或应力破坏焊接质量。冷却阶段所施加的压力有时与焊接压力相同，但主要依据使用的管材规格和焊接工艺。

热熔对接焊各阶段所用的时间和压力取决于所使用的管材标准。

热熔对接技术一般用于连接具有相同熔接参数的管材或管件（应具备相同的 SDR 值），不同制造商的熔接参数不尽相同，用户必须严格执行。这种连接方式在管材之间连接时无需管件，接口成本较低。

热熔对接焊适用于以下情况的连接：

1）适用于公称直径 DN≥63mm 以上管材（件）的连接。

2）适用于同种牌号、材质的管材与管材、管材与管件连接，性能相似、不同牌号材质的连接需试验验证，待焊的两个管材或管件必须具有相同的外径和壁厚。

3）在寒冷气候（－5℃以下）和大风环境下进行热熔焊机的连接操作时，应采取保护措施或调整连接工艺。

二、热熔对接焊用设备及其操作和维护保养

1. 热熔对接焊用设备

热熔对接焊用设备主要是热熔焊机，热熔焊机一般可分为普通热熔焊机和全自动热熔焊机两类。

（1）普通热熔焊机　普通热熔焊机由机架、铣刀、加热板、电气控制箱、液压系统等部分构成，图 6-1 所示为普通热熔焊机。

1）机架。机架用来夹装待焊管材，且对管材的圆度具有校正功能。夹具应有良好的同轴度，一般同轴度公差不宜超过0.3mm。机架由两个固定卡盘和两个装在导向液压缸上的活动卡盘，一个加强机架和两个带快速接头的液压装置组成。机架用于夹紧与固定管材，并应能对管材的错边量进行调整（错边量不得大于管材壁厚的10%）。机架上的夹具应能对管材端部起到复圆的作用。机架的结构应能方便地熔接各种管件，如弯头、变径、三通、法兰等。机架上的液压缸导杆应具有足够的强度与刚度。

图6-1　普通热熔焊机

2）铣刀。铣刀用来铣削待焊管材端面，铣刀由铣刀体、电动机及其连接插头和两个旋转部件及刀片组成。铣刀一般将微型电动机或电钻作为动力源，经过一系列减速装置减速，带动刀片对管材表面进行铣削。铣削后的管材表面应与轴线垂直。闭合管材后，管材的间隙量应很小，以获得完整的加热表面。DN＜225mm 的管材，间隙量不得大于0.3mm；DN≤400mm 的管材，间隙量不得大于0.5mm。

3）加热板。加热板用来加热待焊管材端面。加热板由涂有保护层的加热板、加热元件和测温元件组成。加热板一般由专用电子温控器作为控制元件，温度传感器作为反馈信号，实现对加热板温度的精确控制。加热板表面的温度应均匀一致，其温度应可调。加热板的温度校核应使用高精度温度计进行，一般加热板在出厂前就已校核好，用户不需自己调节。由于熔融的聚乙烯物料会黏附在加热板上影响熔接质量，故加热板表面一般应包覆聚四氟乙烯等与聚乙烯物料不粘的材料。

4）电气控制箱。电气控制箱配有计时器，用于记录吸热与冷却时间，到时间能提示报警，便于操作人员准确控制时间，同时配有温度指示器。

5）液压系统。液压系统用来提供和控制焊接过程中所需的压力，液压系统由液压泵、压力表、调压阀、手动换向阀等部件组成，图6-2为液压控制箱面板示意图。

图6-2　液压控制箱面板示意图

液压系统一般使用具有连续流动性的液压油，通过液压泵把电动机的机械能转换成压力，通过调压阀控制压力达到额定工作压力。方向控制手柄通过控制活动卡盘的开合方向，以控制聚乙烯管前进、后退与保压等动作。

液压系统应能提供稳定的压力，管材经加热板加热熔融后，应迅速接合，若时间过长，将会使熔融的物料重新结晶。所以，液压系统应灵敏迅速，无爬行现象。由于管材接合后是保压冷却阶段，保压时间很长（对于SDR11，DN250mm 的管材保压冷却约28min），故对液压系统的长期工作性能要求较高，要求选用黏度较高的液压油。此外最好能让液压泵在保压过程中不要长期转动产生热量，以提高焊接过程中液压系统提供压力的稳定性。

液压系统一般应具备保压功能，能在电动机关闭的情况下保持压力稳定，保证焊接过程所要求的时间及操作的顺利进行，进而保证焊接质量。

（2）全自动热熔焊机 全自动热熔焊机主要由电气控制箱（含液压泵站）、机架（带加热板翻转装置）和铣刀装置组成，如图 6-3 所示。其工作原理是：全自动热熔焊机的控制箱连有一个压力传感器和温度探头，可控制和调节加热板温度，也能控制五个阶段的时间参数。工作时允许各阶段设置不同的压力及维持时间并记录，每个工作循环可自动记录并重复操作。一组新的焊接参数被选定后，如果实际参数超差，将会出现报警提示。通过条码阅读器可自动读取管材参数。

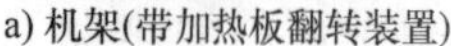

a) 机架(带加热板翻转装置)　b) 电气控制箱(含液压泵站)　c) 铣刀装置

图 6-3 全自动热熔焊机的组成

为方便使用，全自动热熔焊机还有用户界面，供焊工使用的所有操作键都分布在用户界面面板上，为触摸式按键，宽大的显示屏可以使操作人员及时浏览显示的内容，如图 6-4 所示。

1）电气控制箱（含液压泵站）。与泵站和电气控制箱连接的插座位于泵站和电气控制箱的背面，应小心操作以确保这些连接件清洁、干燥、没有损伤。连接电气控制箱前，应确保供电电源为焊机正常工作所匹配的电源。安装机架的快速接头时，快速接头应当清洁，不得粘有灰尘、泥沙等，如图 6-5 所示。

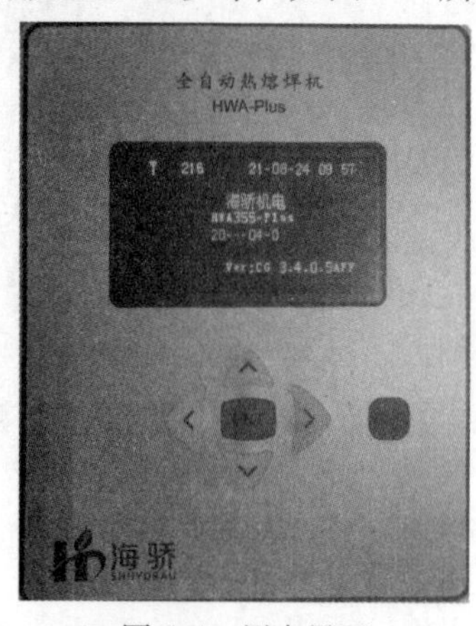

图 6-4 用户界面

图 6-5 泵站和电气控制箱

2）机架。机架由机架本体、加热板翻转装置等组成，翻转装置为可拆卸式，以方便设

备搬运。机架的安装过程如图 6-6 所示，主要包括插入并安装加热板翻转装置、锁紧翻转装置、安装加热板和安装加热板防护罩等。安装加热板前，需检查并清洁加热板，当涂层损坏时，加热板应当更换。加热板表面聚乙烯的残留物只能用木质工具去除，油污油脂等必须用洁净的棉布和酒精进行处理。

① 机架本体就位

② 插入并安装加热板翻转装置

③ 锁紧翻转装置

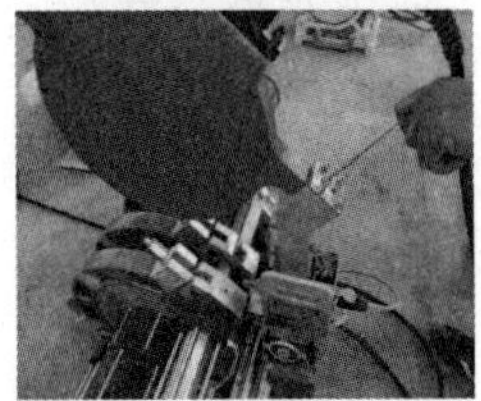

④ 安装加热板

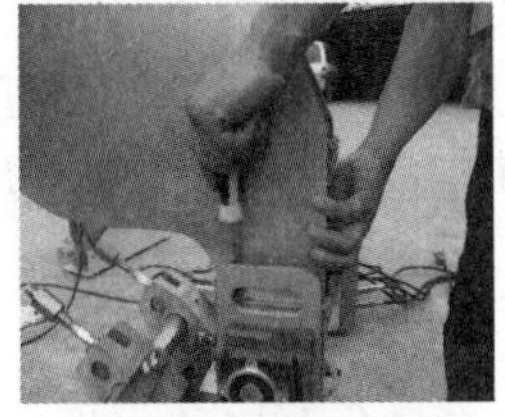

⑤ 安装加热板防护罩

⑥ 机架安装完毕

图 6-6　机架的安装过程

加热板翻转装置通过滑杆机构在不同焊接工位实现转换，方便地与弯头、三通、法兰等管件进行焊接。加热板的安装过程如图 6-7 所示，主要包括拆除机架固定段上下定位板，第三组卡瓦座用定位板与机架活动段相连，拆除机架滑杆上加热板拉脱板，翻转装置移至机架固定段并安装加热板拉脱板等。

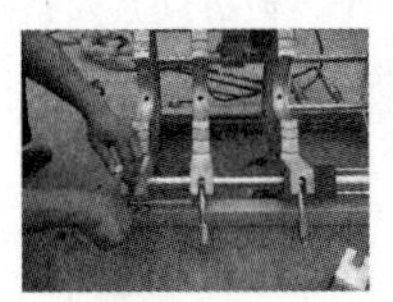

① 拆除机架固定段上下定位板

② 卡瓦座定位板与机架活动段相连

③ 拆除加热板拉脱板

④ 安装加热板拉脱板

图 6-7　加热板的安装过程

自动热熔焊机跟普通热熔焊机相比，具有如下优点：加热时间自动控制；加热板温度自动调节；冷却时间自动控制。加热板自动弹出。加压压力自动设定。根据环境温度自动补偿加热时间。能保存熔接参数及操作者代码，可随时查阅，可在打印机上打印输出，入档备查。

2. 操作步骤

（1）典型的热熔对接焊步骤　普通半自动热熔对接焊的过程是一个需要掌握一定技术且精心控制的过程，具体过程描述如下：

1）选定焊机设备。根据工程中所需焊接的管材直径确定所用的焊机：315 型焊机可焊接的管材直径为 315mm、250mm、200mm、160mm、110mm，250 型焊机可焊接的管材直径为 250mm、200mm、160mm、110mm，160 型焊机可焊接的管材直径为 160mm、110mm。

2）焊机及附件就位。将热熔焊机从运输车上抬下后放在水平地面上，以确保焊接过程不出现滑动，避免因此而引起的焊接质量问题。将液压泵站放在可以看清压力读数的位置，铣刀和加热板放在焊机旁边，连接液压系统和电源。将辊轮支架就位。

3）起动。检查焊机输入电压，用快速接头将液压泵站与机架连接，连接加热板电源和铣刀电源，用温控器选择温度。

4）焊接准备。

① 将铣刀和加热板擦拭干净。

② 将管材距离待焊端面 30cm 区域的外表面擦拭干净。

③ 按照所焊管材的直径将卡具装好，移动管材端下方夹垫辊轮支架。

④ 取下卡盘上半部分，用螺钉固定卡具。

⑤ 将所焊管材或管件就位，使其伸出部分为 30mm 左右，扣好卡盘上半部分并拧紧。

⑥ 检查泵站阀块侧面的保压截止阀是否打开，若已打开，可以起动泵站。

⑦ 根据待焊管材材质、直径、SDR 值，按照管材厂提供的焊接参数和所选焊机的型号确定焊接参数，检查加热板的温度。

5）铣削。

① 打开机架，使活动夹具与固定夹具分开以留出地方放置铣刀。

② 放置铣刀，锁上铣刀安全锁，起动铣刀。

③ 操纵换向阀换向手柄，使机架合拢。

④ 旋转调压阀旋钮，调整铣削压力，使铣削厚度 <0.2mm，当形成连续的长屑且宽度等于壁厚后，适当降低压力。

⑤ 停止铣削，打开机架，关闭铣刀，打开铣刀安全锁，取出铣刀。

⑥ 清理铣削后留下的铣屑。

注意：不得触摸已处理好的待熔焊端面，如果触碰必须重新清理接口。碎屑应从管材下方清理，不得从管材上方清理。

6）拖动压力检测。按照以下方式检测拖动压力 $p_{拖}$：

① 起动泵站，操纵换向阀换向手柄，保持在机架合拢的位置。

② 逆时针方向缓慢调节调压阀旋钮，直至活动夹具开始运动。

③ 读取并记录此时压力表指针指示的压力，即拖动压力 $p_{拖}$。

④ 检查焊接端面间隙，应小于 0.3mm。

⑤ 检查两焊接端面错边量，错边量要小于管壁厚的 10%。

⑥ 检查管材（管件）是否夹紧。

⑦ 若不合格，应通过调整夹装工具进行调整，调整合格后重复 5）和 6）的操作步骤；合格后，降压力，打开机架。

注意：拖动压力不是固定的，每次焊接前都必须进行测量。

7）卷边阶段。

① 在加热板达到要求的温度后，将加热板就位，置于机架上。

② 合拢机架，当待焊接端面与加热板贴合时，迅速调整压力至焊接总压力（$p_1=p_{拖}+$熔接压力 p_2）。

③ 注意加热板焊接面的整个圆周凸起高度。

8）吸热阶段。

① 当卷边凸起高度达到规定值时，迅速将压力降至拖动压力 $p_{拖}$，开始吸热计时。

② 在规定的吸热时间内，保持吸热状态，吸热时，要确保加热板与焊接端面始终紧密贴合。

9）切换阶段。

① 吸热结束后，打开机架，取出加热板。

② 合拢机架，在规定的时间内，将压力匀速升至焊接总压力。

③ 切换时间必须控制在规定的时间内，时间越短越好。

10）冷却阶段。

① 当合拢机架后在规定的时间内，将压力匀速升至焊接总压力，同时按下冷却时间按钮，开始冷却计时。

② 拧紧保压阀后，再关闭泵站电动机，开始保压。

③ 到达冷却时间，蜂鸣器发出连续的“嘀嘀”声，按一下冷却时间停止按钮后声音消除。

④ 打开保压截止阀，启动泵站将工作压力降至“0”。

⑤ 拆下夹具盖，取下焊好的管子，准备下一根管子的焊接。

注意：焊接－冷却过程中不可用风冷、水冷或其他方式进行强制冷却。

焊接完成后，建议对以下数据进行跟踪记录：施工单位和操作者名称；工程编号；焊接设备型号、数量；环境温度及环境状态；管件直径及壁厚；加热和焊接时间。

（2）典型的全自动热熔焊机操作

1）焊前准备工作。

① 熟悉焊机。在连接焊机电源前，焊接操作人员应熟悉和掌握焊机的各个方面，并阅读和弄懂焊机的操作使用说明书。在开始焊接工作前，焊接操作人员应检查输入电源电压状况，如果使用发电机供电，应检查和确保发电机功率足够大、燃油足够多。

② 夹具。夹具随对接焊机一起供应。夹具用于夹持比正常焊机口径小的管道，例如，HWA－250 可能随机供应 200 夹具，用于夹持 200mm 口径的管道。夹具也可以配装，160mm 口径的管道可以将 200 夹具和 160 夹具叠放在一起组成 160 夹具。每套夹具都备有适合的螺栓，用于夹具与机架的固定，随机提供的内六角专用扳手用来拧这些螺栓，请注意选择使用合适长度的螺栓。

③ 输入参数。可以通过分布在面板上的触摸式按键输入所需的相关参数，并使用“→”“←”“↑”“↓”和“确认”键，输入信息后，可按“复位/停止”键终止输入操作。

2）操作步骤。

① 焊接前准备。焊接前焊接设备的准备工作主要包括：安装热熔焊机、检查信号线与液压油管、清洁并连接液压油路快速接头、连接翻转装置信号及动力线、连接位移信号线、连接与机架相连的信号线和机架液压缸快速接头、连接加热板插头和铣刀插头等，如图 6-8 所示。

② 装夹管道元件。管道元件的装夹有两个步骤：首先，用辊杠、支架或短管将管材垫平，用机架（或变径夹具）将待焊管材进行固定夹紧；其次，利用夹具校正管材不圆度，调整同心度，并且留有足够的焊接距离，如图 6-9 所示。

③ 开机及输入焊接施工信息。开机前测量并检查电源电压，确认电压符合焊机要求，

① 安装热熔焊机

② 检查信号线与液压油管

③ 清洁并连接液压油路快速接头

④ 连接翻转装置信号及动力线

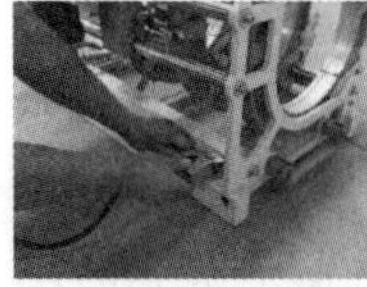
⑤ 连接位移信号线

⑥ 连接与机架相连的信号线和机架液压缸快速接头

⑦ 连接加热板插头

⑧ 连接铣刀插头

图 6-8　焊接前的准备

① 管材固定夹紧

② 调整同心度，预留焊接距离

图 6-9　装夹管道元件

开机后输入焊接施工信息。打开开机界面以显示设备型号、编号等信息，选择设备操作语言，进入操作页面并选择修改参数，输入焊接施工信息。进入焊接施工信息输入页面，选择项目输入，依次输入焊工信息、管材管径、SDR 值、强度等级、工程编号、企业编号、项目经理编号、管材一端的生产批号和生产厂家、管材材料牌号等。如果焊接为连续作业，施工过程中焊接施工信息无变化，则上述步骤可省略。

④ 手动操作调整。若采用手动操作，需进入手动操作界面，进行手动状态调整，在手动操作界面，可进行机架打开、合拢，以及加热板翻转、铣刀铣削等调试，方便设备运行前的调整和检测，如图 6-10 所示。

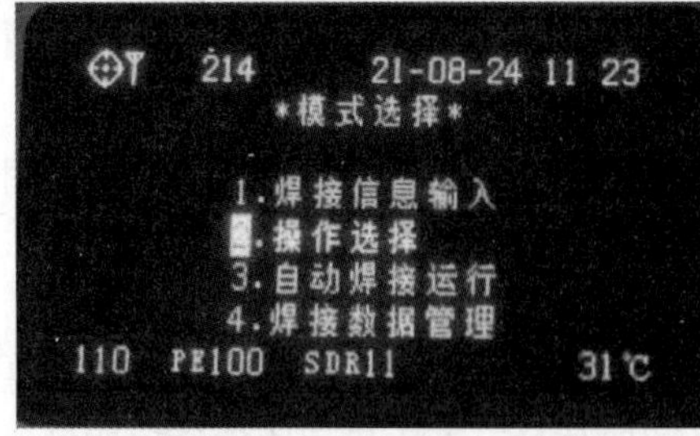

① 进入手动操作界面

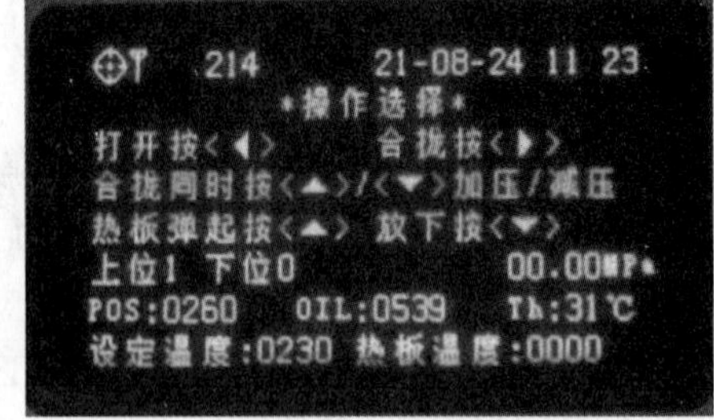

② 在手动操作界面进行调整和检测

图 6-10　手动操作调整

⑤ 自动操作运行。管道热熔焊自动操作运行过程包括：进入自动操作界面，进行自动状态操作，然后打开夹具。

第一步管材切削过程。在进入铣削状态前，自动进行拖动压力检测，安装铣刀并锁紧，铣刀安装后进行管材铣削，切削时可以手动进行压力调节。为保证焊接端面平面度、光洁度和平行度，铣削需要足够的厚度，铣削至两端出现连续的带状刨屑，铣削才停止，并取下铣刀，检查铣削端面，确保对接端面间隙小于0.3mm，错边量小于焊接处壁厚的10%。从机架下取出刨屑，清理铣削端面。重新装夹时必须重新铣削。

第二步输入实际操作焊工编号，并进行夹管检测和拖动压力检测。若夹管检测显示尺寸太大（小），说明管口之间距离过大（小），需重新调整；夹管检测显示管子滑移，说明管子未夹紧，需重新调整。

第三步焊接过程，夹管检测合格，进入自动焊接。若加热板温度未到规定值，机架保持合拢状态，等待加热板温度达到规定值；若加热板温度已到规定值，机架打开，等待放下加热板。加热板达到温度后自动下降，进入焊接自动运行状态，管口开始卷边，卷边时间到后自动转入吸热状态。吸热时间到后，机架自动打开，加热板自动弹起，然后机架自动合拢，进入冷却阶段。冷却时间到，蜂鸣器响，焊接完成。

第四步系统卸压，消音，拆卸夹具，取出管道，机架打开，进行下一管道焊口的焊接。部分操作如图6-11所示。

a) 两端出现连续的带状刨屑

b) 取下铣刀，检查铣削端面

c) 取出刨屑，清理铣削端面

d) 加热板自动下降，进入焊接自动运行状态

e) 开始卷边

f) 卷边时间到后自动转入吸热状态

g) 吸热时间到后，机架自动打开，加热板自动弹起

h) 机架自动合拢，进入冷却阶段

i) 冷却时间到，焊接完成

j) 拆卸夹具，取出管道

k) 机架打开，进行下一管道焊口的焊接

图6-11 管道热熔焊自动操作运行过程

⑥ 焊接记录存档。为了保证焊接质量，使焊接数据可查，需对焊接记录进行存档，存档操作过程和方法包括：在初始界面中选择“修改参数”，选择打印机输出、U 盘输出或直接查看，焊接数据可通过 U 盘进行传输后到电脑上管理，并且可以运用“燃气工程 PE 管焊接数据分析管理系统”进行焊接数据分析管理，部分操作如图 6-12 所示。

a) 选择打印，安装打印机

b) 打印，并返回初始界面

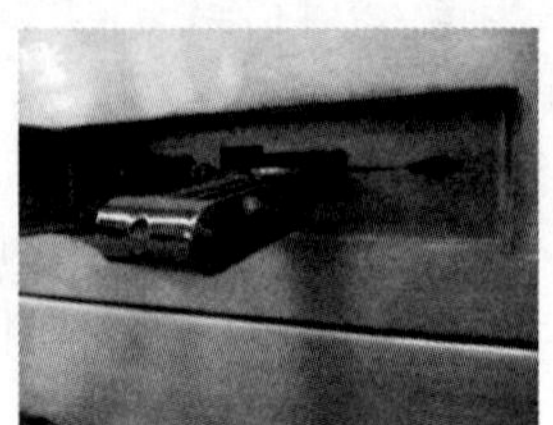
c) 选择输出，插入U盘

图 6-12　焊接记录存档

3. 热熔焊机使用和维护保养

（1）使用注意事项　使用热熔对接焊机时，应认真阅读并遵守设备说明书的要求，对机器进行良好的保养。应保持加热板的清洁，使用酒精擦拭，避免在搬运过程中划伤表面涂层，影响加热板表面温度的均匀性和塑料的涂层特性。起动液压系统时，应使操作手柄处于卸荷的位置，以免在高压下起动而损坏液压泵。液压系统应使用高质量的、清洁的液压油，脏的液压油会堵塞油路，损坏液压元件。

1）加热板。加热板最高温度可达 250℃，因此有必要注意以下各项：

① 戴防护手套。

② 加热板在焊接完成后应放入专用的加热板支架。

③ 加热板在运输前应使其冷却，以免着火。

④ 焊接完成后，将加热板放在安全的地方，以免他人意外接触烫伤。

⑤ 提加热板时应提住把手。

⑥ 身体切勿直接接触加热板。

⑦ 焊接完成后，切记切断加热板电源。

⑧ 切勿用手触摸加热板。

2）铣刀。管件铣削前，应确保管件端面清洁无杂物，以免损伤铣刀，铣削完毕后，待铣刀盘停止转动后，再取下铣刀盘进行存放。提取铣刀盘时应提住把手，铣刀盘只有装在机架上时才可转动工作，铣刀应放在机架的安全位置上，使其主开关处于锁定位置即可，切勿乱调整铣刀上的微动开关。

3）液压泵站。工作时将液压部件水平牢固安置，搬动时提两侧把手，切不可将液压部件竖直放置，以免发生漏油现象。在对液压泵站进行调试时，应遵守使用说明书的相关规定。

4）机架。检查待焊管件/管材，确保其已准确夹装在机架上，以保证焊接质量。加热时操作人员适当离开焊机一定距离。焊接时，如果活动卡盘与固定卡盘碰在一起，不要使用焊机总开关停机，仅搬动压力调节杆打开卡盘即可。在运输机架时，应确保卡具均已牢靠紧固，以避免摔落。

在实施焊接操作之前，必须检查下述各项并进行必要的调整。所有有关电气的操作都要由专业人员来完成。

1）机器不带电且与主电源断开。

2）检查输入电源的适应性。

3）在连接之前擦拭快速接头（使用煤油擦拭，然后用干净的布擦干），如果不再使用，一定要将其用保护罩罩好，避免沙子或灰尘进入液压系统引起不可修复的损坏。

4）应将压力全部卸载完再将液压软管断开。

5）检查连接软管或机器是否有漏油现象。

焊机使用过程中有关危险情况分析见表6-1。

表6-1　焊机使用过程中有关危险情况分析

危险事项	危险程度	安全措施
触电致死	小概率的严重危险	漏电保护开关
附件掉下压碎	小概率的普通危险	紧固相应部位的螺栓
卡盘撞击	小概率的中等危险	仔细阅读注意事项
火灾或爆炸引起的烧伤	极小概率的严重危险	安全着装
加热板引起的烫伤	小概率的中等危险	戴好防护手套
物品等卷入焊机	小概率的普通危险	仔细阅读注意事项，安全着装
眼睛被抛射物弄伤	小概率的中等危险	保护眼睛，焊帽
铣刀引起的割伤	小概率的中等危险	手套，微动开关和紧急停止按钮

（2）维护保养要点

1）机架。机架要保持支撑轴清洁，经常进行润滑，并检查夹具是否可以牢固夹装。

2）液压系统。液压系统中的液压油每工作1000次应进行更换（当焊机不使用或很少使用时，应至少每年更换一次）；应检查压力表是否运行良好（指针应缓慢移动）；检查微动触点的状态是否良好、有无因机械冲击造成的位移；压力蓄力器的状态是否良好，以及当内膜片有缺陷时，压力表的指针断续反应等。

3）铣刀。检查铣刀切削下来的PE层的最大厚度（不得大于0.2mm）；检查刀片状态是否良好锋利。

4）加热板。每次焊接完成后，当加热板处于热状态时，用浸有甲醇的纸擦拭清理加热板特氟隆表面；检查加热板表面有无刮伤现象，用标准温度计检查加热板加热温度及其温度显示是否正常。焊接前应观察温度表，以确定温度已达到设定温度至少5min以上。

热熔对接焊机维护保养要求见表6-2。

表 6-2　热熔对接焊机维护保养要求

维护步骤	维　护　内　容	日检	月检	半年检	年检
M1	检查电源供应的适用性	⊕			
M2	检查电源情况	⊕			
M3	擦拭快速接头	⊕			
M4	检查压力损失情况		⊕		
M5	检查液压油漏油情况		⊕		
M6	擦洗润滑滑动轴	⊕			
M7	检查紧固螺栓的紧固情况		⊕		
M8	检查液压油油位		⊕		
M9	更换液压油				⊕
M10	检查压力表			⊕	
M11	检查蓄能器	⊕			
M12	检查铣刀电动机	⊕			
M13	检查铣削厚度	⊕			
M14	检查铣刀刀片锋利度		⊕		
M15	检查加热板的表面清洁度	⊕			
M16	检查加热板的温度			⊕	
M17	检查加热板表面的状态		⊕		

4. 热熔对接焊口的质量检查

为保证对接接口的质量，熔接完毕后，应对接口的质量进行检查。到目前为止，尚没有一种方便、可靠的非破坏性检测手段用于实际工程的接口检验。在大多数情况下，要凭借对接时形成的焊环判断接口质量。因此，凭借焊环判断接口质量几乎成为检查接口质量最主要的方法，也是操作与质检人员必须具备的技能之一。凭借焊环检验接口质量主要从以下几方面考虑：

（1）焊环的几何形状　热熔焊接接口应具有沿管材整个外圆周平滑对称的焊环（也称翻边），焊环应具有一定的对称性和对正性。在标准条件下评价接头试验的结果时，应确定不对称性和不对正性的可接受水平。

工艺条件和材料的不同会引起焊接环的形状发生变化。实践表明，非金属材料管道按照下列几何尺寸控制成环的大小，一般可以保证接口的质量：

环的宽度　$B=0.35\sim0.45S$

环的高度　$H=0.2\sim0.25S$

环缝高度　$h=0.1\sim0.2S$

对上述系数的选取应遵循“小管径，选较大值；大管径，选较小值”的原则。如 ϕ63mm 以下的管子焊环的宽度可以选 0.45S，而 ϕ250mm 管子焊环的宽度则应选 0.35S，其

中 S 是管子厚度。图 6-13 所示是一个合格热熔对接焊焊口的图形，箭头处高度为环缝高度。

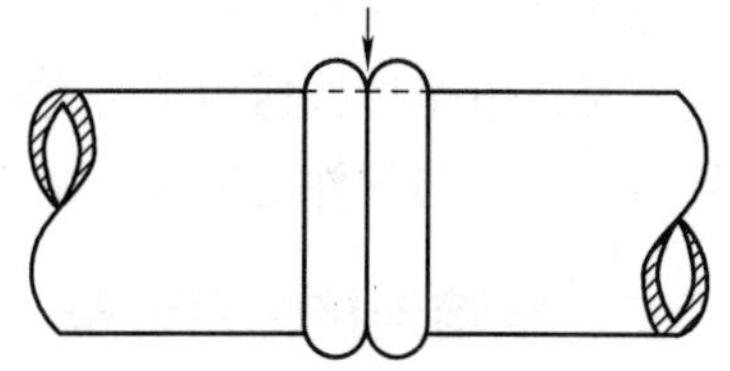

图 6-13　合格热熔对接焊焊口的图形

焊环不合格一般都是由于施工条件不正确造成的，实际施工中应切除并重新焊接。图 6-14 为不合格翻边的示意图，其中图 6-14a 所示的焊环尖端没有与管壁接触，焊环高度过低，这是由于对接力不足或加热温度过低造成的，必须去掉重做；图 6-14b 所示的两环高度过大，这是由于对接压力过大引起的，这种接口潜在危害很大，必须去掉重做；图 6-14c 所示的两环宽度差距过大，可能是由于两段管材材料牌号不同造成的，不允许如此操作；图 6-14d 所示的两环轴线不在同一条直线上，主要原因是装卡管材时未能很好地保证同心度或同轴度，另外管材外径的偏差也会造成上述情况，装卡管材时管材外径的偏差不超过壁厚的 5% 即可；图 6-14e 所示的环不均匀，原因是对接端面铣削不平或对接卡装夹具轴向间隙过大。

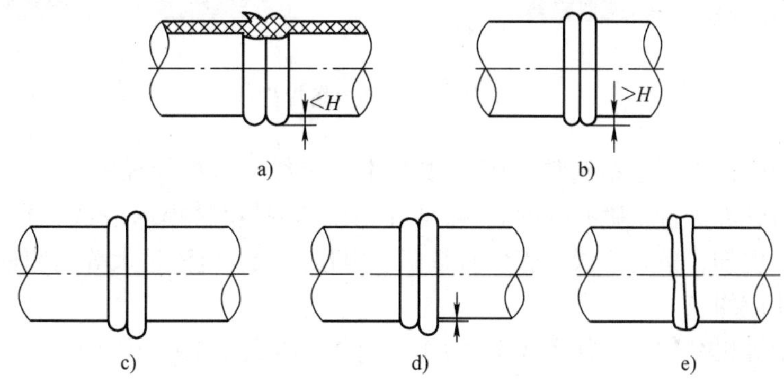

图 6-14　不合格翻边的示意图

（2）翻边检验

1）切除翻边。使用合适的工具，在不损害管材的情况下切除外部焊接翻边，然后进行翻边检查。

2）翻边检查。在翻边的下侧进行目视观察，若发现有杂质、小孔、偏移或损坏，应拒收该接头。翻边应是实心和圆滑的，根部较窄且有卷曲现象的中空翻边可能是由于压力过大或没有吸热造成的。

3）翻边后弯试验。将翻边每隔几厘米进行后弯试验，以检查有无裂缝缺陷。存在裂缝缺陷表明在焊接界面处有细微的灰尘杂质，这可能是由于接触脏的加热板造成的。

第三节　电熔焊机

一、电熔连接焊原理及特点

电熔连接焊通过对预埋于电熔管件内表面的电热丝通电而使其加热，从而达到熔接的目的。电熔连接焊具有的特点有：电熔熔接施工迅速；焊口可靠性高；保持管道内壁光滑，不影响流量；电熔熔接适用于所有规格尺寸的管材、管件连接，适用于同种牌号、材质的管材与管材、管材与管件的连接，也适用于不同牌号、材质的管材与管材、管材与管件的连接。

二、电熔连接焊用设备、操作及维护

1. 电熔连接焊的施工设备

电熔焊机是用来实施对电熔管件进行熔接的专用设备，可根据自动化水平分为半自动电熔焊机和全自动电熔焊机。为保证熔接质量，应选用全自动电熔焊机，如图 6-15 所示。

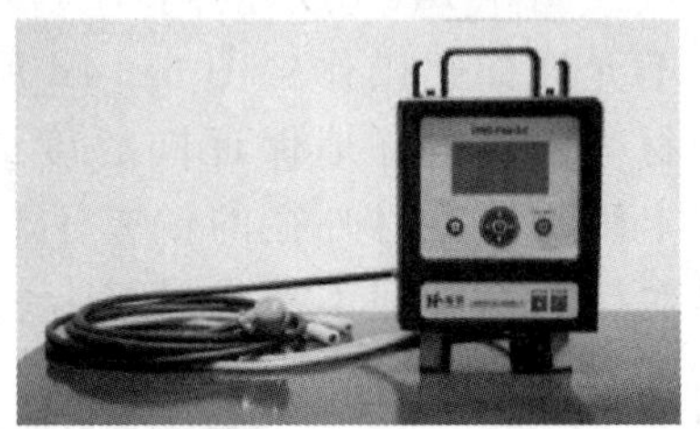

图 6-15　全自动电熔焊机

全自动电熔焊机无须手动调整电压（或电流）等级，可以扫描管件上的条码读入管件的焊接参数，对管件进行正确有效的焊接，同时具有多种报警提示信息功能，以方便操作，提高焊接质量。例如，条码错误、管件有缺陷、电压过低、电流过大等问题都可通过焊机监控及时报警并相应纠正。

典型的电熔焊机结构组成如图 6-16 所示。电熔焊机通信接口位于机身右侧，将接口盖板螺钉旋转 90°，接口盖板即可向上打开，关闭盖板时将盖板压下，压下锁紧螺钉旋转 90°即可。打开后的通信接口如图 6-17 所示。

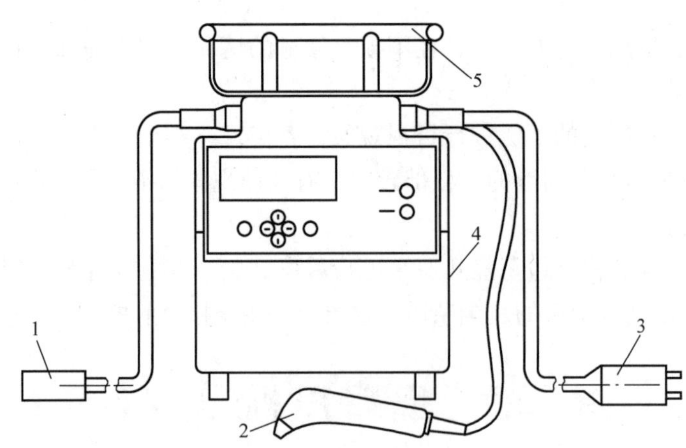

图 6-16　电熔焊机结构组成

1—输出插头　2—条形码扫描器　3—输出插头　4—通信接口　5—绕线架

电熔焊机的操作面板如图 6-18 所示。操作面板有 4 个 LED 指示灯，分别指示电源、报警、过电压、欠电压。LCD 液晶显示屏用于显示操作菜单及各种参数。ESC 键用于系统总复位或终止焊接，在任何状态下，按下该键后焊机将回到初始界面。左、右键在输入参数时，用于光标左、右移动。上、下键在输入参数时，用于数字的增和减。ENT 键用于进入菜单或确认当前操作。ON 键是焊机开机按键。OFF 键是焊机关机按键。

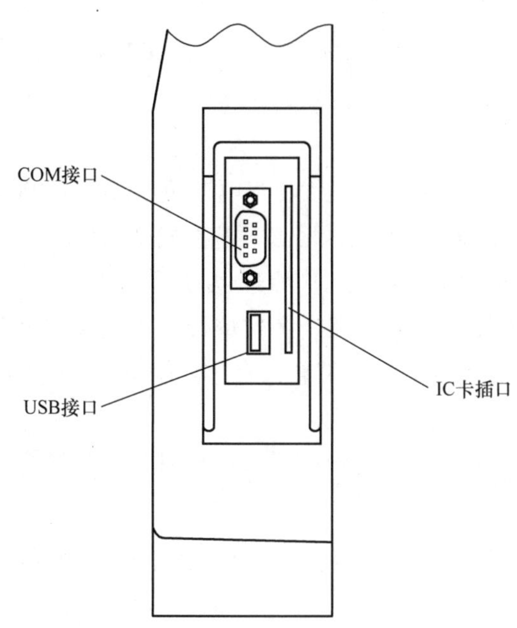

图 6-17　打开后的通信接口

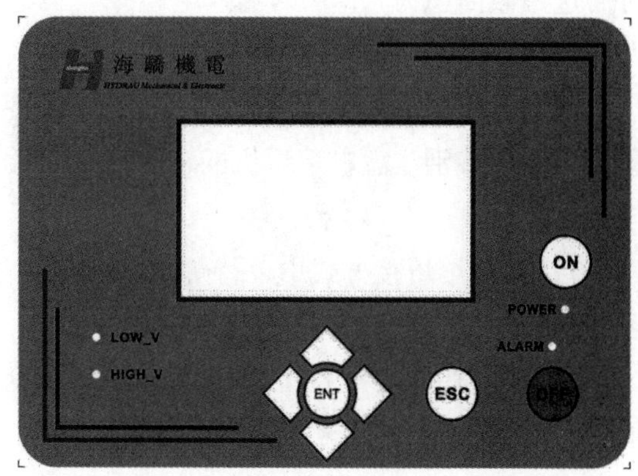

图 6-18　电熔焊机的操作面板

2. 电熔连接焊的操作步骤

电熔连接焊的操作步骤如下：

1）将电熔焊机就位，接好电源，设备必须有接地保护；备好记号笔、平板刮刀、平板尺及固定夹具等辅助工具。

2）备好待焊管材及管件，注意不要过早打开管件的封装。

3）根据管件尺寸确定刮削区长度，用刮刀刮去管材待熔接区域外表面的氧化层，去除碎屑。用记号笔做好标记（插入深度）。

4）三个安装。将管件的外封装拆去，将刮好的管材插入待焊管件至已做好的标记处安装好。安装固定夹具，将待焊组合件用固定夹具固定好。打开管件电极护套，把电熔焊机的输出电极安装到管件电极上。

5）按照操作程序操作，电熔焊机面板显示输入焊接参数，用手动方式（参数由管件自身标签提供）或自动方式（参数由条码携带，焊机自动识别）输入焊接参数。

6）起动电熔焊机开始焊接过程，机器自动监测环境温度并调整焊接参数。焊接过程完成后机器自动终止焊接并开始冷却计时，冷却过程完成后方可拆卸电极及固定夹具，进行下一个焊口的焊接。

7）操作人员可根据施工管理规定要求，立即打印该焊接过程的参数记录或以后集中打印。

3. 电熔连接焊的工作模式

（1）条形码扫描模式　这种模式下，用户只需对管件上的条形码扫描，焊机将根据扫描得到的参数（焊接电压、焊接时间、补偿时间等），自动完成焊接任务，并对焊接过程进行自动检测，从而最大限度地降低人为因素对焊接质量的影响。

（2）手动模式　这种模式下，用户需根据焊机提示，输入焊接电压、焊接时间、管径、材质等参数，然后焊机按照输入参数自动完成焊接任务，同时自动检测焊接过程。

4. 电熔焊机使用注意事项

1）一般当电源距焊机50m内时需选用2.5mm^2的输入电缆线，当电源距焊机50～100m时需选用截面积为4mm^2的输入电缆线。当电网电压不符合要求时必须选择发电机供电。

2）由于每个电熔焊机制造商所采用的技术不完全一样，工作原理也有所不同，所以生产出的电熔焊机的输出伏安特性等不尽相同，在熔接过程中就会产生熔接不牢固或过熔现象，因此应特别注意电熔焊机的输出功率及输出电压的稳定特性，只有这样才能保证达到最佳的熔接质量。

3）在电熔熔接方式中，待焊部分的氧化层必须清除；电熔鞍形管熔接时至少管材熔接区域的氧化层必须清除。

4）只有在一切准备工作完毕后，才能从包装中取出电熔管件，并保持其表面清洁和干燥。

电熔焊接的工作程序如图6-19所示。

5. 影响电熔焊接接口质量的因素

（1）电压波动对接口质量的影响　对一个给定的电熔管件，其内部预加热电阻丝的电阻值一定，此时，电阻丝的发热功率仅与焊接电源提供的焊接电压有关。当电压波动时，加热功率即随之改变，焊接接口的质量由于受加热功率波动的影响而变坏。

（2）熔接时间对接口质量的影响　在热传递时间相同时，每种规格的管件熔接所消耗的能量应当是相同的，如果加热功率恒定，所消耗的能量大小仅与时间有关。理论与实践证明，特定材料特定规格的管件熔接时间必须控制在一个合理的区间，这与材料的热态特性有关，所以应选定与之匹配的加热功率，即电源输出电压，否则，熔接接口会因加热时间不同而引起热传递条件改变，进而影响焊接质量。因此，必须准确地控制加热时间。

（3）环境温度对接口质量的影响　焊接过程中环境温度的变化，直接影响熔接区的热传递条件，进而影响熔接质量。因此焊机电源应能监测环境温度，并根据环境温度偏差对输出参数作相应调整。

（4）不良操作对接口质量的影响　所谓不良操作一般指两方面的情况：一是熔接前，装卡定位管材与管件时，或者在管材刮削或清洗时有不符合规范要求的行为，这一问题目前只能靠提高操作者的技术水平来解决；二是输入熔接参数时发生错误，这一问题应能通过焊机本身的设置来避免。

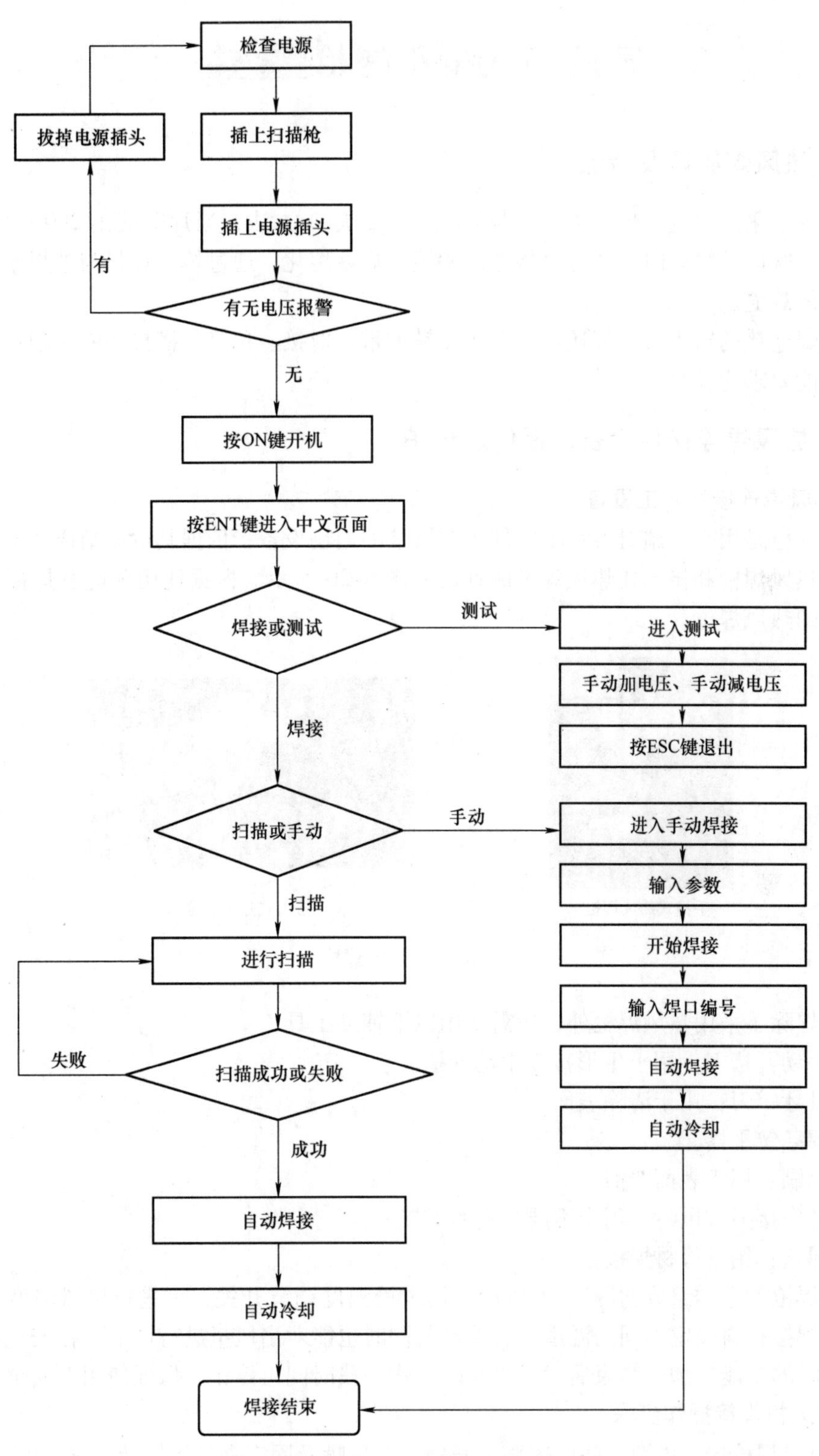

图6-19 电熔焊接的工作程序

第四节 热风焊枪

一、热风焊原理及特点

热风焊是采用热空气焊枪进行塑料管道黏合的施工方法，当焊嘴喷出200～300℃的热风气流直接吹向接缝区时，使母材接缝区和填充焊条熔化，通过填充焊料与被焊塑料熔化在一起而形成焊缝。

热风焊连接的特点有：焊接设备轻巧容易携带；对接、角接、搭接均能实现；对操作者的焊接技能要求比较高。

二、热风焊连接用设备、操作及维护

1. 热风焊连接的施工设备

热风焊枪是用来实施对各种塑料件进行熔接的通用设备，依据其机械结构的不同，可分为手持式热风焊枪和挤出式热风焊枪两种，如图6-20所示。根据使用环境及焊接对象不同选择不同的热风焊枪。

手持式热风焊枪

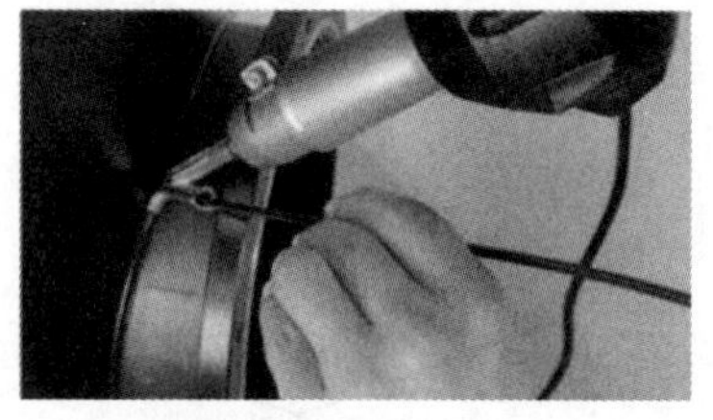

挤出式热风焊枪

图6-20 热风焊枪

热风焊除了采用热风焊枪外，还需使用以下辅助工具：

1）手动开槽刀：用于T形接头手动开槽。

2）月牙铲刀：用于清除表面。

3）焊条铲平器。

4）铜刷：用于表面清洁。

5）各类接插式风嘴：用于不同方式的焊接。

6）焊条：用于母材焊接。

热风焊枪的结构组成如图6-21所示。热风枪温度调节开关，可进行出风温度调节，根据不同的焊接材料设定不同的温度。有些设备同时也能对出风量进行调节。在安全性上，具备出风延时的功能，加热结束后，风机延时工作一段时间再停止，保证使用者安全。

2. 热风枪焊接操作步骤

1）热风焊枪接入电源，备好铜刷、开槽刀、风嘴及固定夹具等辅助工具。

2）备好待焊材料。

3）选定焊接参数。

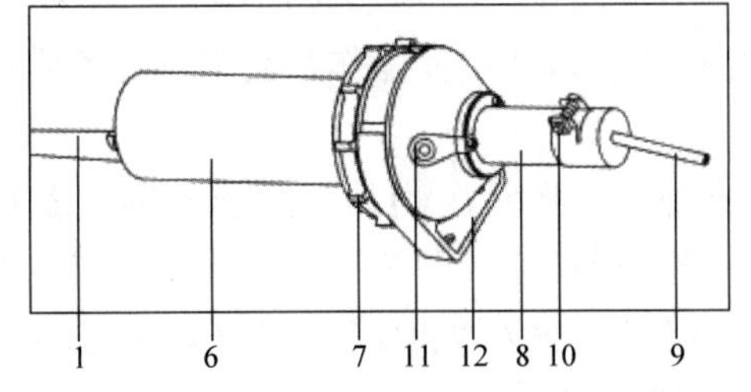

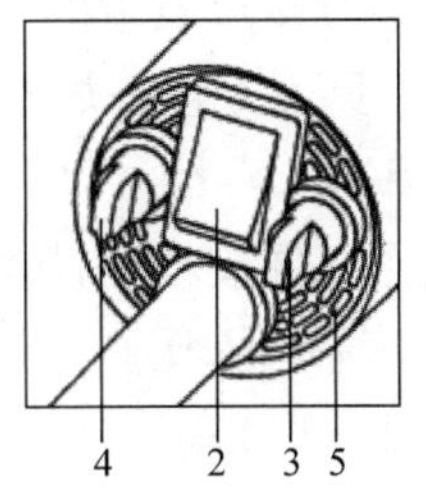

图 6-21　热风焊枪的结构组成

1—电缆至电源　2—电源开关　3—温度调节开关　4—气流调节开关　5—空气过滤器　6—手持壳体　7—橡胶支架　8—发热元件外壳　9—喷嘴　10—带螺钉卡箍　11—静电放电引线　12—支架

① 焊接温度：热风温度在 230 ~ 270℃之间。

② 焊条：材质应和母材相同，直径不宜过大，一般不大于 4mm。

③ 喷嘴：直径应和焊条直径相匹配，若直径过小，焊条会受热不均，不充分。喷嘴直段长度应大于喷嘴内径的 10 倍，以防止热风扩散，使热量集中。

④ 焊接速度：以 150 ~ 250mm/min 为宜。

4）施焊。

① 开机预热，等待 5 ~ 10min，温度到达规定值后方可焊接。

② 把焊条端部削成（热刀）30° ~ 45°斜坡，焊条垂直于焊缝坡口，相距 50 ~ 80mm，焊嘴对准焊条，焊件坡口做扇形运动，待焊条软化后，施以稳定的压力，把软化部分的焊条压入软化了的坡口内形成一层焊缝，加热、施力、压入坡口的操作是连续的。待一根焊条用完时用热刀削成 30° ~ 45°斜坡，同法削另一根待用焊条，稍加热搭接处后继续施焊。

③ 有关数据的把握。多层焊时，第一层用焊条直径宜小，一般为 2 ~ 2. 5mm；焊嘴与母材的倾角，母材厚度大于 5mm 时为 20° ~ 25°，母材厚度为 10 ~ 20mm 时为 30° ~ 45°；焊嘴与焊缝间的距离为 5 ~ 6mm，摆幅为 10mm，焊条与焊缝的夹角大于 90°但小于 100°；施加的压力，直径为 2mm 的焊条焊接时施加的压力为 5N，直径为 3mm 的焊条焊接时施加的压力为 7N，直径为 4mm 的焊条焊接时施加的压力为 10N。

④ 焊接缺陷及修补。发现如下缺陷时必须修补：裂纹、未熔合、夹渣。方法是借助热风，用刀具切去缺陷，形成 60° ~ 80°坡口，重新补焊口。缺陷严重的，把焊口切掉，加套管用承插连接取代。

⑤ 塑料管道焊接后依据设计的不同要求做如下检验：外观检查、电火花试验、气压或水压试验，检测结果应达到设计图样要求。

3. 影响热风焊焊接接口质量的因素

（1）温度波动对接口质量的影响　温度过低，熔化不充分，焊接不牢固；温度过高，使塑料焦化或变色，造成结晶度下降。

（2）移动速度对接口质量的影响　速度过快，焊条和母材软化不充分焊接不牢；速度过慢则温度过高，塑料分解，颜色变黄，性能变脆，强度下降。

（3）施加压力对接口质量的影响　压力过大，焊条和母材软化部分被挤出，焊接不牢；压力过小则焊条和母材软化部分熔接不充分，强度下降。

（4）不良操作对接口质量的影响　不良操作主要指焊接前准备工作不充分，例如，材料未清洁、配套工具不完善、焊枪不合适等，这些不良操作都会影响焊接质量。

4. 焊接注意事项

（1）准备工作　焊接场地严禁有火源、易燃易爆物品，严禁吸烟、烧电炉，并需设置两个以上灭火器，场地必须通风良好。敷设线缆连接电源，使用插座时应注意防水，防止漏电。检查待焊材料坡口是否干燥清洁，坡口一般为 V 形或 X 形。焊接材料使用前必须判断其是否老化、变质。起动热风焊枪，测试焊枪出风温度，热空气温度一般为 230～270℃。

（2）焊接　一般焊接工艺流程是焊前准备→组对→焊接→检查→交工。焊接速度一般根据焊条和喷嘴直径大小来选择，一般以 150～250mm/min 为宜；焊接时一般选用左焊法，焊条与焊接速度方向成 90°角，焊枪与工件夹角为 30°左右，焊枪与工件的距离为 5～6mm，摆动频率为每秒两次，摆动幅度为 10mm 左右；焊条一般用力送进，与熔池呈黏稠状态但不熔化，焊条在焊口上的布置清晰可见。

（3）质量标准

1）必须保证的质量项目有：焊缝外观严禁有裂纹、未焊透、焊穿、夹渣、气孔、焊缝过渡区与母材减小、焊缝加强度不够、母材出现分层级凸起的现象；焊缝严禁有烧焦烧黑现象；焊缝中严禁有夹渣。

2）基本质量项目可分为合格和优良。其中合格是咬边深小于 0.5mm，长度小于焊缝全长 10%，且小于 100mm；优良是咬边深小于 0.5mm，长度小于焊缝全长 5%，且小于 50mm。检查方法主要是用焊接检验尺；检查数量应抽查 10%且不少于 3 处。

3）允许偏差项目。焊口余高。错边接头平直度允许偏差见表 6-3。

表 6-3　错边接头平直度允许偏差　（单位：mm）

检查内容		允许偏差	检验方法
余高 b		$b \leq 4S$ 且小于 4	检验尺
外壁错边量		<15% 且小于 3	
接头平直度	$h \leq 10$	$0.2S$	用楔形塞尺
	$10 < h \leq 20$	2	
	$h > 20$	3	

第五节　焊接辅助工具

非金属材料管道输配系统的施工，管沟开挖的土方、破路工程与一般管道施工所用的设备及工具基本相同，包括挖掘机、装载机、空气压缩机、夯土机、发电机、路面切割机、路面破碎机、吊车、风镐等一些通用设备和自制工具，此外，还需要一些专用施工工具、辅具应用于管道的施工。

一、热熔焊和电熔焊常用的辅助工具

1. 切管工具

（1）旋转切刀　旋转切刀是用来切断管材的专用工具，如图 6-22 所示，特点是切断后

的管材端面平整、垂直于轴线、无屑，其结构有不同形式。链条旋转切刀可根据管径大小，确定需要的滚轮链条数量。

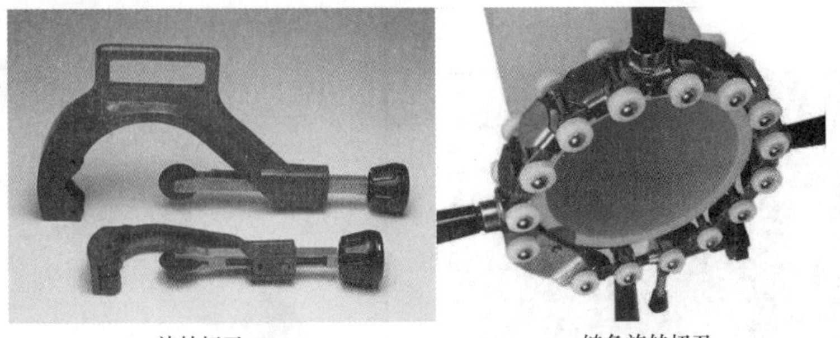

旋转切刀　　链条旋转切刀

图 6-22　旋转切刀

（2）闸刀式切刀　闸刀式切刀是用于快速切断管材的专用工具，如图 6-23 所示，可以切割直径小于 315mm 的管道，其切割后的偏移量小于 3mm。

（3）剪刀式切刀　剪刀式切刀如图 6-24 所示，适用于直径不大于 63mm 的管材切割。

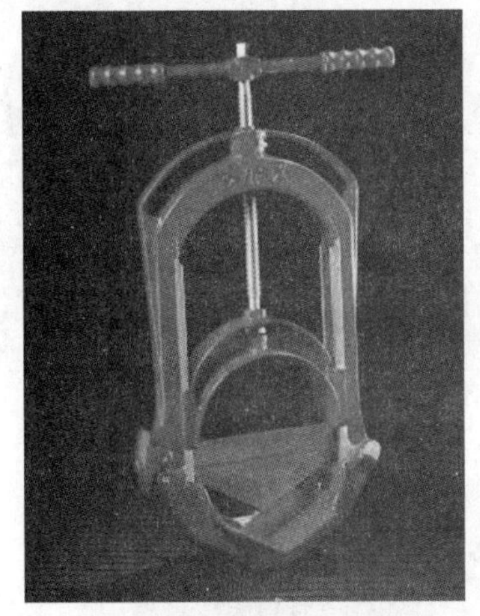

图 6-23　闸刀式切刀

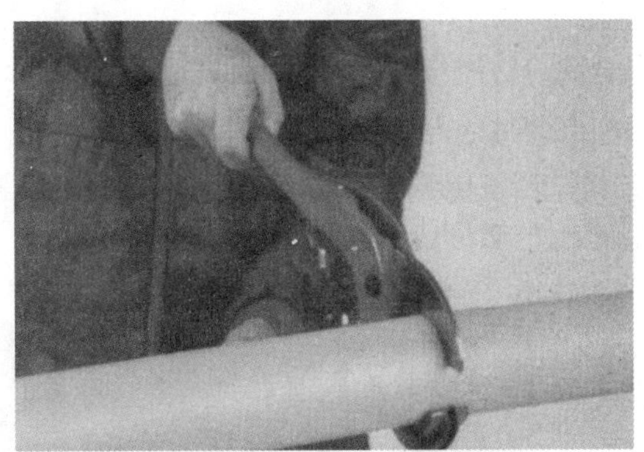

图 6-24　剪刀式切刀

（4）电动圆盘锯　电动圆盘锯俗称无齿锯，如图 6-25 所示，适用于大口径管子的切割。

（5）电动往复锯　电动往复锯如图 6-26 所示，适用于各种规格聚乙烯管道的切割。

图 6-25　电动圆盘锯

图 6-26　电动往复锯

（6）电动伐木锯　电动伐木锯如图6-27所示，适用于大口径管材的切割。

（7）木工刀锯　木工刀锯如图6-28所示，一般用于管道的抢修，适应性较广。

图6-27　电动伐木锯

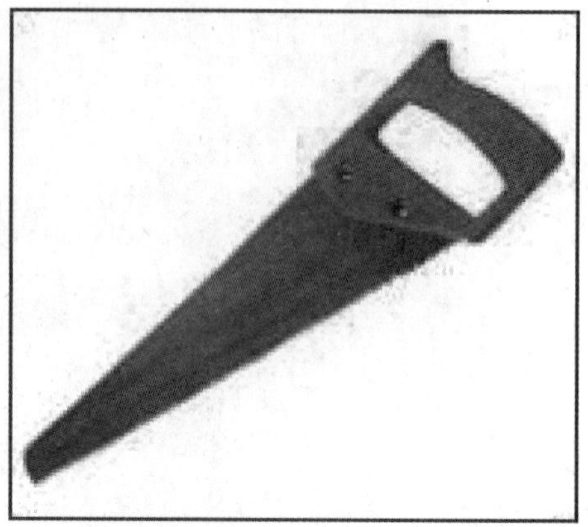

图6-28　木工刀锯

2. 刮刀

（1）平板刮刀　平板刮刀如图6-29所示，一般用于刮除直径大于63mm的管材（管件）外表面的氧化层。其缺点是操作者劳动强度高，刮削效果差。

图6-29　平板刮刀

（2）旋转刮刀　旋转刮刀以管材内壁为基准固定刀刃，如图6-30所示，刮刀通过弹簧压在管材表面进给，调整压簧螺栓确定进给量，旋转摇把，靠摇把上的螺母使刀具在螺杆上进给，刮去管材表面的氧化层。

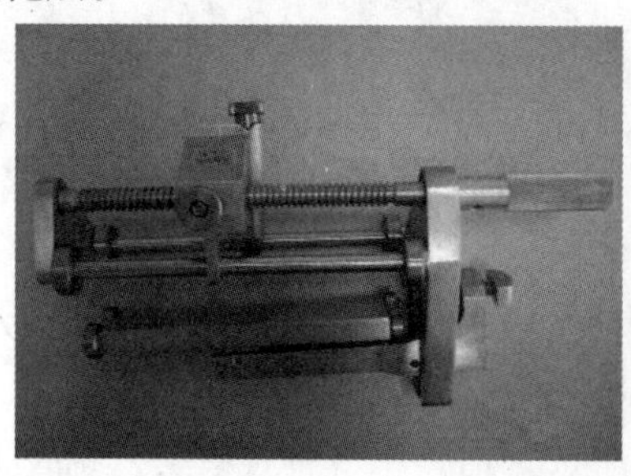

图6-30　旋转刮刀

（3）爬壁刮刀　爬壁刮刀以管材外壁为基准固定切削刃，如图6-31所示，旋转手轮，刮刀靠弹簧压在管材表面进给，旋转摇把，靠摇把上的螺母使刀具在螺杆上进给，刮去管材表面的氧化层。

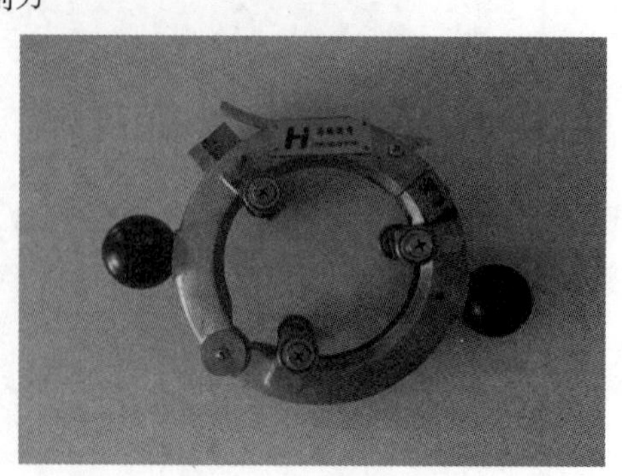

图6-31　爬壁刮刀

3. 电熔夹具

电熔夹具用于电熔熔接过程中固定管材，使待焊的管材同心，在熔接和冷却过程中不产生位

移，保证良好的气密性，如图 6-32 所示。

4. 翻边切除刀

（1）外翻边切刀　外翻边切刀是在不损伤管材的情况下，切除焊环内外部焊接翻边的工具，如图 6-33 所示。外翻边切刀可分为框架式和棘轮式两种。

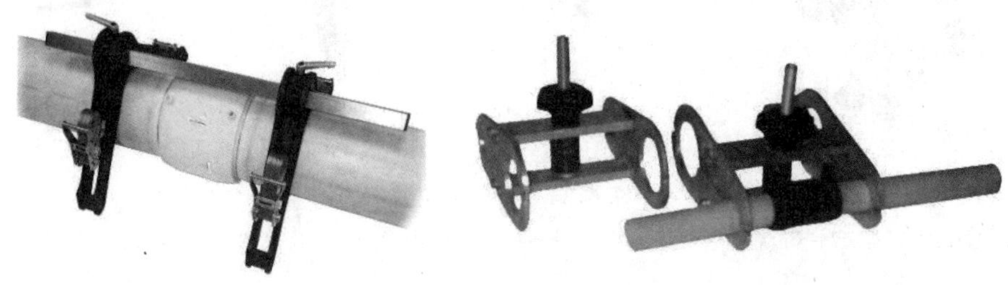

图 6-32　电熔夹具

框架式

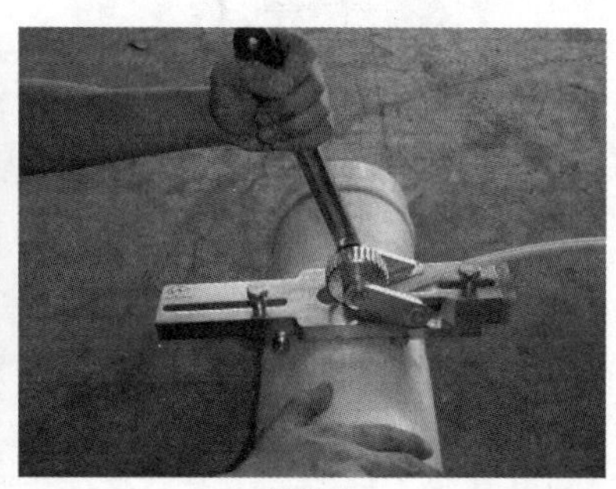

棘轮式

图 6-33　外翻边切刀

框架式外翻边切刀需根据管径选用相应规格的切刀，使用时将管径调整螺栓调整到所需管径刻度上旋紧，移动手柄插入适当的位置，搬动手柄进给后即可将外翻边切除。其特点是结构简单，得到的翻边完整无损，缺点是需要根据管径更换相应规格的切刀，使用时较为吃力。

棘轮式外翻边切刀的工作原理是用锤击切刀尾部进给到一定深度，搬动棘轮手柄，棘轮在翻边表面形成压痕，成为进给的摩擦力将翻边切除。特点是适用于管径在 110mm 以上的对接焊焊口的翻边切除。

（2）内翻边切刀　内翻边切刀由切刀、切刀固定杆、导向支撑架、加长杆、扳手等部件组成，如图 6-34 所示，可以切除 90 ~450mm 口径、长度小于 12m 管道的内翻边。

5. 夹扁断气工具

夹扁断气工具用于带压的情况下夹扁非金属材料管道，达到断气进行抢修的目的，如图 6-35所示。

6. 辊轮支架

辊轮支架用于焊接管道时的支撑，支撑移动端管材，变滑动摩擦为滚动摩擦，减小拖动压力，降低拖动压力与焊接所需压力的比值，提高焊接质量；另一个作用就是减少焊接过程中管材因滑动造成的表面损伤，如图 6-36 所示。

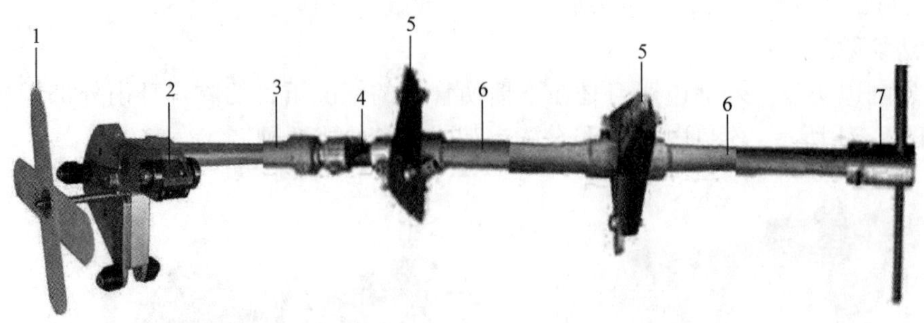

图 6-34　内翻边切刀

1—翻边收集器　2—切刀　3—切刀固定杆　4—万向联轴器　5—导向支撑架　6—加长杆　7—扳手

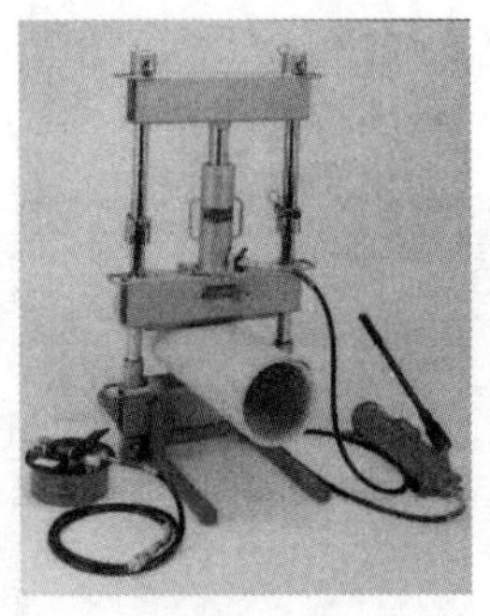

a) 液压式

b) 千斤顶式

图 6-35　夹扁断气工具

图 6-36　辊轮支架

7. 修边器

修边器适用于各种材质的刮边、修边和毛刺清除，如图 6-37所示。

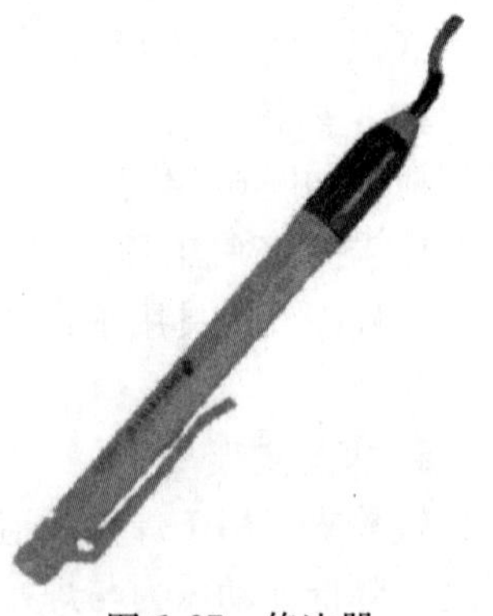

图 6-37　修边器

二、热风焊常用的辅助工具

为保证热风焊的焊接质量，焊接时会用到一些辅助工具，常用的辅助工具有开槽器、月牙铲刀、焊条铲平器和铜刷等。

1. 开槽器

开槽器不用铣切工具就可以完成开槽准备工作，如图 6-38所示。开槽器用很小的力就可以制作出所需的槽宽和槽深，而且开槽规整。

2. 月牙铲刀

月牙铲刀适用于塑料焊接铲平处理，如图 6-39 所示。

图 6-38 开槽器

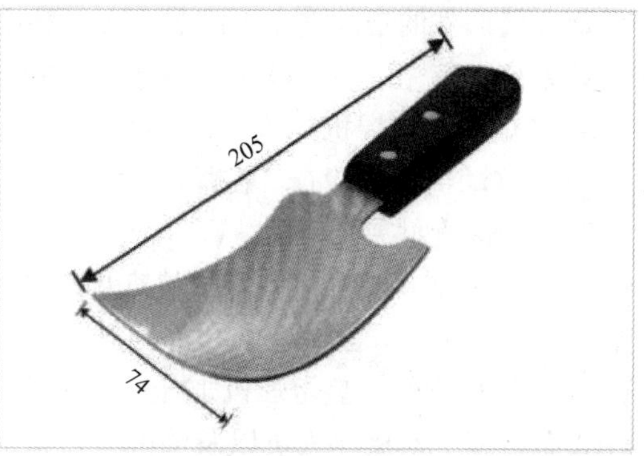

图 6-39 月牙铲刀

3. 焊条铲平器

焊条铲平器用于焊条的铲平，如图 6-40所示。

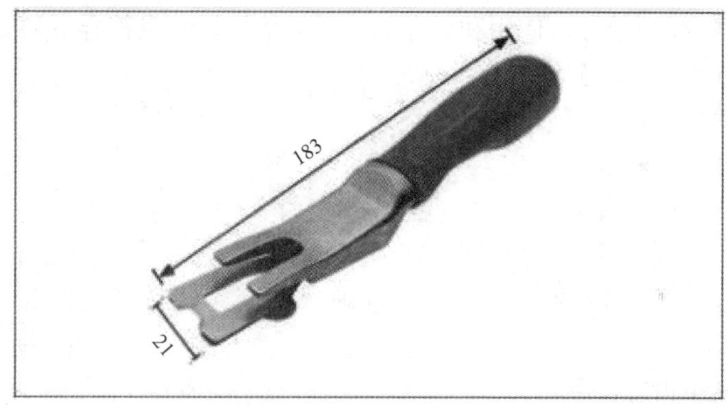

图 6-40 焊条铲平器

4. 铜刷

铜刷用于焊接表面的清理。

第六节 设备使用、存放与保养的注意事项

根据相关规范规定，非金属材料焊接设备应定期校准和检验，并定期进行维修保养，以保持焊接设备处于安全高效的工作状态。干净和良好的设备能保证良好的焊接质量和设备的安全运行。所有有缺陷的、断裂的或被损坏的部件应立即更换。只有正确使用良好的工具才能保证操作人员和设备的安全。在进行焊接操作和设备运输过程中，应遵守以下安全注意事项。

1. 电源

电源箱部分应装有接地保护装置，该装置动作时间不应超过 0.4s，以防止使用者直接或间接接触触电。电熔焊机及热风焊设备应符合绝缘标准。

（1）电源的连接　电源箱同焊接设备之间的电缆性能应符合相关标准，如需加长电缆，则加长部分也应符合相关标准。

（2）接地　整个设备只需一个接地点，接地电阻值需同接地保护装置相匹配，且须保证任何金属部件的带电电压不超过25V。整个接地系统需由专业人员进行加装与检测。只有在接地系统安装完以后，整个设备才具有安全的防触电功能。

2. 热熔和电熔焊机

（1）移动部件的检查　在焊机运输前，应确保所有可移动的部件都固定牢靠，在焊接管材时应确保管材夹装牢固。

（2）接电前　焊机接电前，检查焊机开关是否处于“关”状态，以免对焊接设备电路造成冲击。

（3）焊机操作　热熔焊机加压时，只允许专业人员和有证人员进行操作，非专业人员使用设备可能会对操作人员以及周围人员造成危险。绝不允许未受培训的人员操作设备。

对热熔焊机进行加压操作时，必须由两位操作人员同时进行，一人控制液压系统，另一人控制铣刀和加热板，控制液压系统的操作人员应密切注视另一操作者的操作过程，并相互配合进行全部焊接过程。

（4）为使危险性减到最低，使用和保存热熔及电熔焊机时应符合下列要求

1）确保电源输入连接部分符合相关标准。

2）避免同任何带电器件接触。

3）避免拉拔插头切断电源。

4）勿用电缆直接拖拉设备。

5）勿将重物、锋利物或高温物压在焊机上。

6）勿在潮湿环境下使用焊机，工作时应确保手套、鞋和其他防护工作服处于干燥状态。

7）工作时应避免设备被溅污。

8）定期检查设备绝缘状态。

9）检查线缆绝缘状态，尤其是易受机械磨损的线缆。

10）避免在高温、潮湿、暴雨等环境下使用焊机。

11）如果焊机需在高温潮湿的密闭环境下工作，应使用48V输入电源或进行电气隔离。

12）每月至少检查一次接地漏电保护装置的工作状态。

13）由专业人士检查焊机接地状态。

14）对焊机进行清洁时，勿使用诸如砂纸或腐蚀性气体等易破坏设备绝缘的材料。

15）电气部件应存储于干燥环境中。

16）焊机工作时应远离爆炸性气体、蒸气、烟雾等。

17）焊机工作完成后应确保切断电源。

18）使用焊机前，应确保焊机处于良好状态。

应按照以上要求和相关安全标准进行操作，焊接设备的操作人员必须经过专业人员的培训，考核合格后方可上岗。不可使用机箱破裂或变形的工具设备，否则容易引起电击事故。

3. 热风焊枪

作为一种携带方便的可移动塑料焊接设备，使用方面有以下要求：

1）使用外置气源时，在使用热风焊枪之前需先接通气源，再开启电源。

2）作业时，先将热风焊枪加热器功率调到最低档位，通电后根据焊接需要，再逐步提高档位，达到焊接所需的理想温度。

3）操作时手勿触及枪筒，以免烫伤。用毕要轻放，以免振坏枪内零部件，影响使用寿命。

4）佩戴不同喷嘴，以及档位旋钮箭头指向不同刻度时，距喷嘴 10mm 处的温度要符合规定。

5）在有易燃材料的地方使用热风焊枪时要小心。

6）不要长时间在同一地方使用热风焊枪，热可能会传递到附近的易燃材料上，引起火灾。

7）不要在易爆环境中使用热风焊枪。

8）不要堵塞热风焊枪的进出风口，以免发生安全事故及损坏热风焊枪。

9）停机前应先将旋钮指向 0℃处，吹风数分钟，等枪筒冷却后方可关机，以免余热烫坏机件。

10）使用后把热风焊枪放在支架上使之冷却，然后再保存。

11）如果电源软线损坏，为避免危险，必须由制造厂或其维修部门或类似的专职人员来更换。

4. 危险场合工作

在现场焊接时，应注意防止灰尘、泥土进入焊机，并防止污水或其他液体对焊机和操作人员造成伤害。另外，若焊接工作场合较为狭小，应远离易燃易爆物品且应有第二人在外监护。

在使用提升设备搬运焊机或部件时，应注意焊机各部件放置牢固，同时也应考虑提升设备可提升的最大重量是否适合，以免造成危险。请勿焊接有液体流通的管道，以免焊接时产生有害气体，若必须对此类管道进行焊接，须佩戴防毒面具。

在焊接场所操作时要注意以下几方面：

（1）工作着装　不要穿肥大的服装或戴首饰，操作人员必须戴保护手套、穿工作鞋、穿工作服，应避免口袋、鞋带、长头发或其他部位太靠近机器，以免被卷入机器对操作人员或设备造成危害。

（2）保持工作场地干净和无障碍　脏乱和拥堵的工作场地不仅意味着没有效率，而且还会引起事故，因此，保持工作场地的清洁和无障碍是非常重要的。

泥浆和油污可能会引起塌方砸在机器设备上对操作人员造成危害。要特别注意将设备放在一个稳定的空间，以保证焊接质量并保证机器不会对操作人员或设备自身造成危害。

（3）隔离参观者　让参观者与施工现场保持一定的安全距离，参观者有可能会影响操作并对他们自己造成危险。检查工地是否有正确标识和保护措施，以预防非操作人员进入。检查安全防护栏，保证进入工地的参观者有足够的距离，并确保留出安全通道。

第七章 非金属材料焊接工艺评定及技能评定

焊接工艺评定是确保产品质量的重要措施，无论国内还是国外，都已经有很多有关此方面的规范。在特种设备的制造或安装工程项目中，焊接工作对特种设备的制造和安装质量具有重要的影响，都需要有焊接工艺评定及焊工或焊接操作工资格评定。这是制造工序中最重要的准备步骤之一。特种设备的制造人员包括焊接工程师、焊接检验人员和焊接操作人员，了解或熟知焊接工艺评定和焊接人员资格评定的步骤是比较重要的。

第一节 焊接工艺评定方法与程序

大多数规范或标准为制造商或承包商规定了评定的职责。因此，公司必须通过焊接评定以证明其焊接工艺及焊接人员资格已经按照适宜的规范和技术标准进行试验，并已经合格。焊接工艺评定的目的是验证施焊单位拟定的焊接工艺的正确性，评定施焊单位焊制焊接接头的使用性能符合设计要求的能力。针对特种设备非金属焊接的工艺评定，国内外都有相关的规定，如 TSG D2002—2006《燃气用聚乙烯管道焊接技术规则》、HG/T 4280—2011《塑料焊接工艺评定》、DB41/T 1825—2019《燃气用聚乙烯管道焊接工艺评定》、美国 ASME 锅炉压力容器法规第九卷中的塑料粘接工艺评定等，都有非金属材料焊接工艺评定方面的内容。因非金属焊接工艺的规范标准较多，应用时应根据设计施工规范进行选择，另外各种规范和标准中有关焊接工艺评定的规定稍有不同，应注意这些区别。

一、工艺评定的方法

工艺评定的前提是焊接工艺规程的完善，焊接工艺评定规程必须在焊工资格评定及产品焊接以前完成，工艺评定是用来衡量实际焊接工艺与材料是否匹配的。一般情况下，进行焊接工艺评定是判断母材、填充材料、焊接工艺、技术措施等的匹配性。

一般在标准中没有对评定试验焊工的技能水平提出要求，但不同的标准或规范的要求也稍有不同，HG/T 4280—2011《塑料焊接工艺评定》规定“提供焊接工艺评定的试件和试样应由持特种设备作业人员证的焊工焊接完成”。即使每个标准对焊接工艺的评定要求都稍有差别，但其基本目的是一样的。工艺评定的方法比较多，ISO 15607—2019《金属材料焊接程序规范和合格鉴定　总则》给出了焊接工艺评定的五种方式，包括焊接工艺评定试验、焊接材料试验、焊接经验、标准焊接规程和预生产焊接试验等。美国焊接学会标准提出的焊接工艺评定方法包括免除评定工艺试验、工艺评定试验和特殊应用的模拟试验，模拟试验作为工艺评定其他标准方法的补充。我国非金属焊接的工艺评定方法采用了工艺评定试验方式。

二、工艺评定顺序

实际工艺评定试验的一般过程是：拟定预焊接工艺规程（pWPS），焊接试件和制取试样，检验试件和试样，测定焊接接头是否具有所要求的使用性能，提出焊接工艺评定报告对拟定的预焊接工艺规程进行评定。

1. 拟定预焊接工艺规程（pWPS）

焊接技术人员根据相关产品法规、技术要求，以及相关的焊接技术资料，编制相应的预焊接工艺规程（pWPS），该焊接工艺规程的内容用来指导焊接工艺评定试验。该焊接工艺评定合格后，证明拟定的焊接工艺规程是正确的，根据合格的焊接工艺评定报告（PQR），还可编制多份焊接工艺规程（WPS）指导生产。

2. 焊接试件并检查

工艺评定所用试件的数量与尺寸，由试样的试验需要来决定，焊接试件时应按照预焊接工艺规程（pWPS）为指导，由本单位技能熟练的焊接人员使用本单位的焊接设备焊接试件。检查试件，主要是外观检查和无损检测。

3. 试样制取与检验

根据工艺评定标准的要求，确定标准所需的试样尺寸和数量，并进行检验，记录各项检测结果。如果性能试验不合格，应分析原因，重新编制预焊接工艺规程，重新焊接试件，制取试样并检验。检测所用的设备、仪器应定期检验和校准，检验后的试样应保存。

4. 编写焊接工艺评定报告（PQR）

所要求评定的项目全部检验合格后，即可编写焊接工艺评定报告，焊接工艺评定报告应由制造单位焊接责任工程师审核，总工程师批准，并存入技术档案。焊接工艺评定报告包括焊接工艺试验条件和各项检验结果，该部分资料应保存至工艺评定失效为止。

5. 编制指导生产的焊接工艺规程（WPS）

焊接工艺规程是为制造符合规范要求的产品焊缝而提供的，是具有指导性的、经过评定合格且结合实际结构编制的焊接工艺文件，作为焊工操作和检验人员对产品质量控制的依据。

不同公司的工艺评定过程可能稍有不同，但上述这几项很重要而且必须考虑。有的标准对工艺评定的程序进行了规定，如 HG/T 4280—2011《塑料焊接工艺评定》附录 A 给出了塑料焊接工艺评定流程，如图 7-1 所示。

三、焊接工艺评定报告（PQR）和焊接工艺规程（WPS）

焊接工艺评定中最重要的部分之一就是将工艺规程应用于产品焊接。许多公司进行评定试验常常只是为了满足客户或第三方检验的要求。工艺评定一旦完成，这些文件就会被放置于文件橱中。这对在现场工作中需要了解焊接工艺规程（WPS）的焊工是没有帮助的。

焊接工艺规程即焊接指导书（WPS），一份完整的 WPS 应包括采用的每一种焊接方法，对每一种焊接方法而言的所有重要变素、非重要变素和当需要时的附加重要变素。WPS 中应注明支持文件 PQR 的编号。制造商也可在 WPS 中编进其他可能有助于制造规

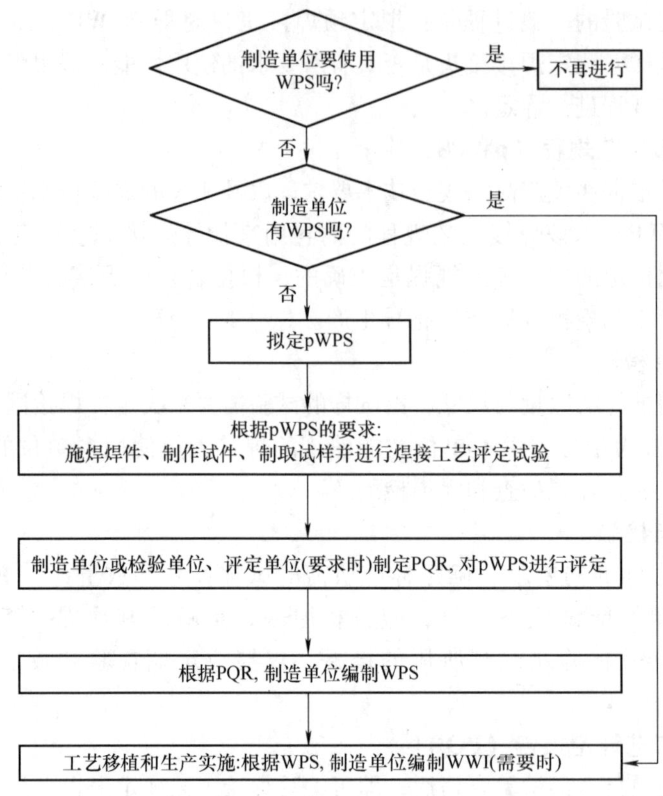

图 7-1　塑料焊接工艺评定流程

范焊接结构的资料。为适合生产的需要，可以变更 WPS 中的一些非重要变素而无须重新评定，但要书面表示，可以是 WPS 的修正页，也可以是新的 WPS。重要变素或附加重要变素（当需要时）的变更，WPS 需进行重评（即以新的或补充的 PQR 验证重要变素或附加重要变素的变更）。用于规范产品焊接的 WPS，应当在制造现场便于获得，以供焊工和检验员使用。

工艺评定报告（PQR）是试件焊接时所有焊接数据的记录。PQR 是焊接试件时记载焊接变素的记录，它同时记有试样的试验结果。记载的变素一般应在实际产品焊接所用变素的窄小范围内。在制造安装过程中焊工应迅速得到这些工艺规程，包含认可的焊接工艺规程中的所有必要信息。焊工容易查阅这些要求，对检验人员也有帮助，检验人员可以检查规程要求，并且将这些要求与焊工在生产中使用的实际参数进行对比。每个规范或标准都有标准格式以帮助总结工艺评定信息，这些标准格式一般比较简单清晰。表 7-1 是 DB41/T 1825—2019《燃气用聚乙烯管道焊接工艺评定》推荐的预焊接工艺规程（pWPS）格式，表 7-2 是 DB41/T 1825—2019《燃气用聚乙烯管道焊接工艺评定》推荐的热熔对接焊焊接工艺评定报告（PQR）格式。

表 7-1 预焊接工艺规程（pWPS）

评定单位（盖章）： 预焊接工艺规程编号：

<table>
<tr><td>基本信息</td><td colspan="11">焊接方法：__________ 机动化程度：__________
所依据焊接工艺评定报告编号：__________ 日期：__________</td></tr>
<tr><td>焊接接头</td><td colspan="3">接头形式：
其他说明：</td><td colspan="8">简图：</td></tr>
<tr><td rowspan="5">接头材料</td><td colspan="2">项目</td><td colspan="2">材料级别</td><td>MFR</td><td>SDR</td><td>d_n</td><td colspan="2">厂家</td><td colspan="2">说明</td></tr>
<tr><td colspan="2">母材 1</td><td colspan="2"></td><td></td><td></td><td></td><td colspan="2"></td><td colspan="2"></td></tr>
<tr><td colspan="2">母材 2</td><td colspan="2"></td><td></td><td></td><td></td><td colspan="2"></td><td colspan="2"></td></tr>
<tr><td colspan="2">母材 3</td><td colspan="2"></td><td></td><td></td><td></td><td colspan="2"></td><td colspan="2"></td></tr>
<tr><td colspan="11">说明：该 MFR 数值是根据该标准进行测试：__________
其他：</td></tr>
<tr><td>焊接机具</td><td colspan="11">型号： 批号或编号：
是否经过认证的焊接机具：</td></tr>
<tr><td rowspan="4">焊接参数</td><td rowspan="2">热熔对接</td><td>焊接温度</td><td>卷边高度</td><td>卷边压力</td><td>吸热时间</td><td>吸热压力</td><td>切换时间</td><td>增压时间</td><td>冷却压力</td><td>冷却时间</td><td>环境温度</td></tr>
<tr><td></td><td></td><td></td><td></td><td></td><td></td><td></td><td></td><td></td><td></td></tr>
<tr><td rowspan="2">电熔焊接</td><td colspan="2">焊接电压</td><td colspan="2">焊接时间</td><td colspan="2">冷却时间</td><td colspan="4">环境温度</td></tr>
<tr><td colspan="2"></td><td colspan="2"></td><td colspan="2"></td><td colspan="4"></td></tr>
<tr><td>工艺曲线图</td><td colspan="11"></td></tr>
<tr><td>焊接工艺过程描述</td><td colspan="11"></td></tr>
</table>

编制： 审核： 批准： 日期：

表 7-2 热熔对接焊焊接工艺评定报告（PQR）

评定单位（盖章）： 焊接工艺评定报告编号：

<table>
<tr><td colspan="2">预焊接工艺规程编号</td><td colspan="4"></td></tr>
<tr><td>试样名称
及编号</td><td colspan="2"></td><td colspan="2">检验标准</td><td></td></tr>
<tr><td>检验与试验单位</td><td colspan="2"></td><td>送样数量</td><td>送样日期</td><td></td></tr>
<tr><td>管材制造单位</td><td colspan="2"></td><td>规格系列</td><td colspan="2">d_n：　SDR：</td></tr>
<tr><td>原材料</td><td colspan="2">牌号：</td><td colspan="2">等级：</td><td>生产厂家：</td></tr>
<tr><td>焊工姓名及编号</td><td></td><td>焊机型号</td><td></td><td>焊接日期</td><td></td></tr>
<tr><td colspan="6">接头简图：</td></tr>
<tr><td rowspan="4">焊接工艺</td><td>焊接温度/℃</td><td>卷边高度/mm</td><td>卷边压力/MPa</td><td>吸热时间/s</td><td>吸热压力/MPa</td></tr>
<tr><td></td><td></td><td></td><td></td><td></td></tr>
<tr><td>切换时间/s</td><td>增压时间/s</td><td>冷却压力/MPa</td><td>冷却时间/s</td><td>环境温度/℃</td></tr>
<tr><td></td><td></td><td></td><td></td><td></td></tr>
<tr><td>检验项目</td><td>外观</td><td>卷边切除检查</td><td>卷边背弯试验</td><td>拉伸性能试验</td><td>耐压（静液压）
强度试验</td></tr>
<tr><td>检验结果</td><td></td><td></td><td></td><td></td><td></td></tr>
<tr><td>结论</td><td></td><td></td><td></td><td></td><td></td></tr>
<tr><td colspan="6">综合结论：本评定按 DB41/×××××—××××规定焊接试件、检验试样、测定性能，确认试验记录正确

评定结果：（合格、不合格）</td></tr>
<tr><td colspan="6">覆盖范围：</td></tr>
<tr><td colspan="6">备注：</td></tr>
</table>

编制： 审核： 批准： 日期：

附：检验与试验单位的报告原件。

第二节 热熔对接焊焊接工艺评定

一、焊接工艺评定的要求

热熔对接焊焊接工艺评定的目的是通过对管道热熔对接焊接接头性能的评价，验证拟定焊接工艺及参数的正确性。焊接工艺评定所用管材、管件应符合 GB 15558.1—2015《燃气用埋地聚乙烯（PE）管道系统 第 1 部分：管材》、GB 15558.2—2005《燃气用埋地聚乙烯（PE）管道系统 第 2 部分：管件》的规定，并应有出厂质量证明书或复验报告，焊接工艺评定试件应由本单位技能熟练并持证的焊工焊接完成，焊接工艺评定所用焊接设备、检验与试验设备应符合相关标准规定并处于完好状态，并按 CJJ 63—2018《聚乙烯燃气管道工程技术标准》的相关规定校准或检定合格。所用试件的切割、刮削、组对以及清理等工艺措施的操作规程应符合相关规范标准的规定，焊接工艺评定试件的检验与试验，必须做好相关检验与试验记录，并出具检验与试验报告，制造安装单位根据检验与试验报告编写焊接工艺评定报告。

管道元件制造单位和管道安装单位进行热熔对接焊接，有以下情况时应当进行焊接工艺评定：

1）首次采用TSG D2002—2006《燃气用聚乙烯管道焊接技术规则》推荐的焊接工艺或者其他焊接工艺。

2）不同原材料级别（如PE80与PE100）的管道元件互焊。

3）同一原材料级别的管道元件，熔体质量流动速率（MFR）差值大于0.5g/10min（190℃，5kg）。

4）管道元件对焊接有特殊要求。

5）施工环境与焊机工作条件有较大差距。

二、焊接工艺评定覆盖准则

非金属焊接与金属焊接一样，也有影响焊接接头质量的基本变素，基本变素是焊接方法的主要参数。如果其变化超过一定的限值，就必须制定一项新的焊接工艺。这就是说，这些变素非常重要，如果其发生变化，会导致不合格的焊缝。非金属热熔焊的基本变素，各个标准都有列出，并且稍有不同，就像在金属焊接工艺评定标准体系中一样，这些基本变素决定了工艺评定的范围，一旦超出了这些规定的极限，就必须开展另一种工艺评定。非金属焊的基本变素包括焊接方法、焊接参数、材料种类和级别、机动化程度和标准尺寸比（SDR）等。

热熔对接焊的焊接工艺评定主要包括：

1）改变非金属材料的类别要重新评定。

2）相同级别材料的焊接工艺评定可相互覆盖。

3）改变机动化程度，应重新进行焊接工艺评定。

4）不同SDR系列管道（SDR11、SDR17.6）的焊接工艺评定可以相互覆盖。

5）当DN≤250mm时，在110mm≤DN≤250mm规格范围任选一个规格进行评定，可以覆盖DN≤250mm所有规格。

当250mm < DN≤630mm时，在其范围内任选一个规格进行评定即可覆盖250mm < DN≤630mm的所有规格。

6）接头形式改变需重新评定。

7）焊接参数（焊接温度、焊接压力、焊接时间）改变要重新评定。热熔焊的焊接温度指加热板表面区域的真实温度 T；焊接压力有加热压力和对接压力；焊接时间有加热时间、吸热时间、切换时间、增压时间和冷却时间。

三、焊接工艺评定试验要求和结果评价

1. 检验方法

焊接工艺评定试验项目和方法原则上应完全按照焊接工艺评定标准进行，不得任意增加或缩减试验项目，也不得任意改变试验方法，否则就失去了焊接工艺评定的合法性和合理性。热熔对接焊接检验与试验可分为非破坏性检验和破坏性检验，非破坏性检验主要手段为目测和外观检查，用于管道元件制造过程中或者管道安装现场的质量控制和操作人员的自检；破坏性检验主要用于焊接工艺评定及对焊接质量有争议的焊口试验。

2. 热熔对接焊的检验项目与标准

焊接工艺评定试件不同，检验项目也不同。其中，热熔对接焊缝工艺试件的检验项目较多，标准的规定内容也较多。这里重点介绍TSG D2002—2006《燃气用聚乙烯管道焊接技术规则》中关于热熔对接焊的非破坏性检验的检验项目和合格标准的规定。

（1）宏观（外观）检查　对工艺评定试件进行宏观（外观）检查，宏观（外观）检查应当符合以下要求：

1）几何形状：卷边应沿整个外圆周平滑对称，尺寸均匀、饱满、圆润。翻边不得有切口或者缺口状缺陷，不得有明显的海绵状浮渣出现，无明显的气孔。

2）卷边（见图7-2）的中心高度K值必须大于零。

3）焊接处的错边量不得超过管材壁厚的10%。

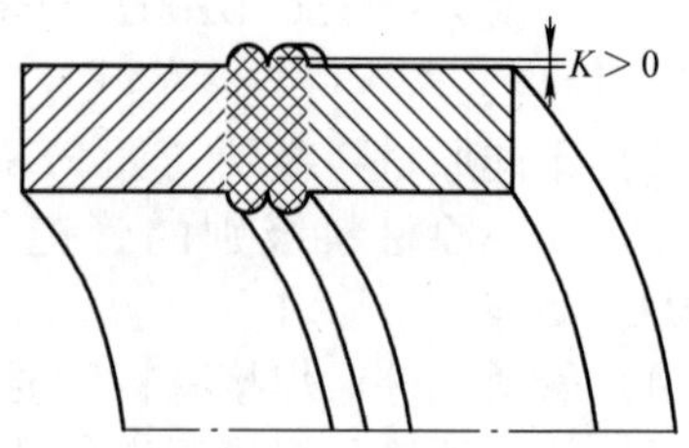

图7-2 对接焊卷边示意图

（2）卷边切除检查 宏观检验合格的评定试样，使用外卷边切除刀切除卷边，对卷边进行外观检查，并将卷边每隔几厘米进行180°的背弯试验，试验结果应符合以下要求：

1）卷边应当是实心圆滑的，根部较宽（见图7-3）。卷边底面不得有污染、孔洞等，若发现杂质、小孔、偏移或者损坏，则判定为不合格。

2）卷边背弯后有开裂、裂缝缺陷时，则判定为不合格（见图7-4）。

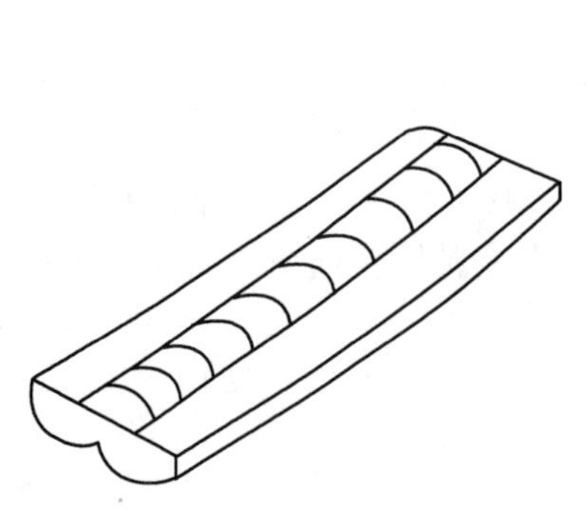

图7-3 合格实心的卷边

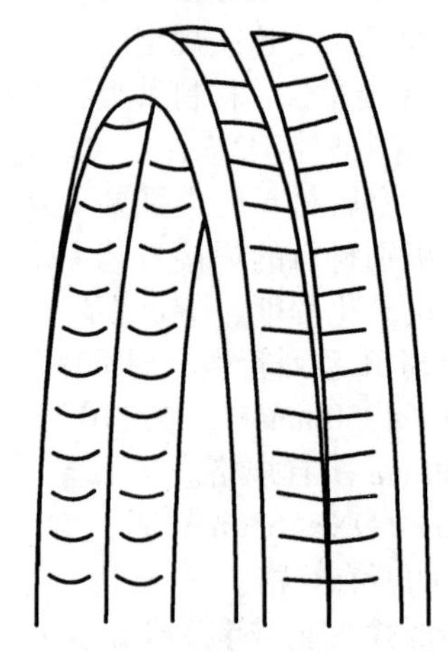

图7-4 卷边背弯试验开裂示意图

（3）接头拉伸性能试验 拉伸性能试验测试方法应当符合GB/T 19810—2005《聚乙烯（PE）管材和管件热熔对接接头拉伸强度和破坏形式的测定》标准。拉伸试验是检验对接焊焊口的基本试验，很容易得到焊接质量的基本评价。

试验方法：直接从需要进行测试试验的管材焊口处取样，取样的数量根据管材规格不同其数量也不同，如图7-5所示。

拉伸试样要求：为哑铃型，其形状需要进行机械加工，但是壁厚无须进行加工；加工时注意铣削的转速，严禁由于铣削转速高或进给量大而产生高温，使样件降解，影响试验结果，如图7-6所示。试样的形状和尺寸根据管材的规格和壁厚而定。焊接24h后进行取样，试样可以去除翻边。当管壁厚<25mm时，拉伸试样为A型；当管壁厚≥25mm时，拉伸试样为B型；试样在（23±2）℃的环境温度下放置不少于6h进行试验，以（5±1）mm/min的恒定速度拉伸，试验温度控制在（23±2）℃。

拉伸试验的合格判据：其应力不应小于管材本体的应力强度，断口破坏应是韧性破坏，不能是脆性破坏，如图7-7和图7-8所示。

（4）静液压强度试验 静液压强度试验直接反映了焊接性能，是考核焊接情况最有效的方法。静液压强度试验方法应当符合现行国家标准GB/T 6111—2018《流体输送用热塑性塑料

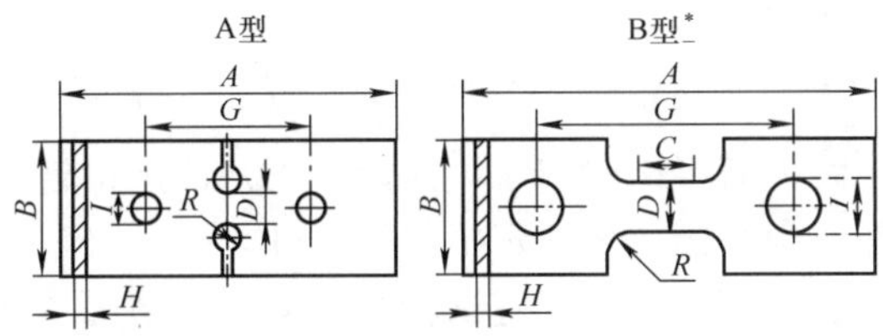

符号	A型尺寸		B型尺寸
	管外径≤160	管外径 >160	
A	170	180	250
B	60±3	80±3	100±3
C	–	–	25±1
D	25±1	25±1	25±1
R	5±0.5	10±0.5	25±1
G	90±5	90±5	165±5
H	全壁厚	全壁厚	全壁厚
I	20±5	20±5	30±5

试样数量

$90 \leqslant d_n < 110$　2个

$110 \leqslant d_n < 180$　4个

$180 \leqslant d_n < 315$　6个

$d_n \geqslant 315$　7个

图 7-5　试样及尺寸

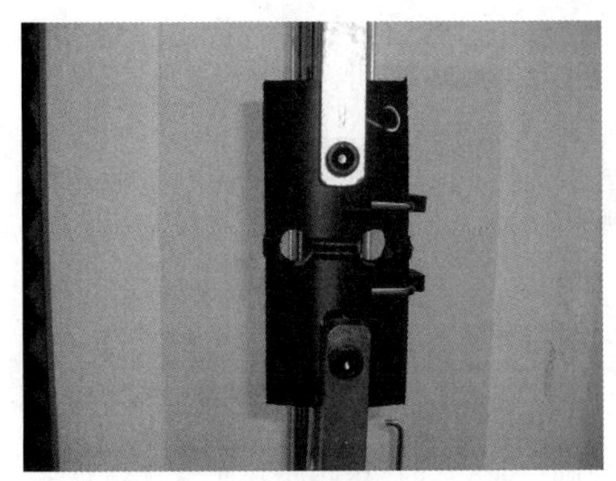

图 7-6　拉伸试验

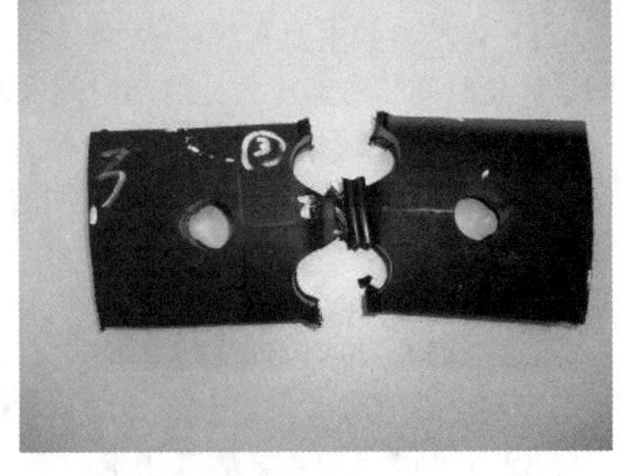

图 7-7　合格焊口

管道系统耐内压性能的测定》的要求。静液压强度试验取样方法：取样以焊缝为中心线，试样端面平整，试样的长度要求见表 7-3，根据管材的级别确定其环应力，PE80 环应力为 4.5MPa，PE100 环应力为 5.4MPa，试验温度为 80℃，试验时间为 165h，国家标准 GB/T 6111—2018《流体输送用热塑性塑料管道系统耐内压性能的测定》中，耐压（静液压）强度试验的合格标准是焊接处无破坏、无渗漏。

图 7-8　不合格焊口

表 7-3　静液压强度试验取样长度

管外径/mm	试样长度/mm
≤75	400
90～225	600
≥250	1000

四、焊接工艺评定报告

焊接工艺评定试验完成后，需将试验结果填入焊接工艺评定报告。通常为便于对照，将事先编制的预焊接工艺规程作为焊接工艺评定报告的附件。

一份完整的焊接工艺评定报告应记录评定试验时所使用的全部重要参数，其内容包括下列各部分：

1）评定报告编号及相对应的预焊接工艺规程编号。

2）试件名称及编号、规格系列。

3）试件检验标准。

4）检验试验单位、试件数量及试验时间。

5）试件母材的牌号、等级以及生产单位。

6）试件的施焊日期及施焊焊工。

7）焊接设备型号及自动化程度。

8）试件的接头形式。

9）焊接参数主要有焊接温度、卷边高度、卷边压力、吸热时间、吸热压力、切换时间、增压时间、冷却压力、冷却时间和环境温度等。

10）检验及试验结果，主要包括外观检查、卷边切除检查、卷边背弯试验、拉伸性能试验和耐压（静液压）强度，应注明检验及试验结果和结论，并注明检验及试验报告的编号和试样编号。

11）评定结论。

12）编制、校对、审核人员签名，编制日期。

13）企业管理者代表批准，以示对报告的正确性和合法性负责。

TSG D2002—2006《燃气用聚乙烯管道焊接技术规则》推荐的热熔焊焊接工艺评定报告格式见表7-4。

表7-4　热熔焊焊接工艺评定报告格式

评定单位：　　　　　　　　　　　　　　　　　　　　工艺评定编号：

<table>
<tr><td>试件名称及编号</td><td colspan="2"></td><td colspan="2">规格系列</td><td colspan="2"></td><td colspan="2">检验标准</td><td colspan="2"></td></tr>
<tr><td>检验与试验单位</td><td colspan="2"></td><td colspan="2">送样数量</td><td colspan="2"></td><td colspan="2">送样日期</td><td colspan="2"></td></tr>
<tr><td>管道元件制造单位</td><td colspan="2"></td><td colspan="2">原材料</td><td colspan="2">牌号：</td><td colspan="2">等级：</td><td colspan="2">生产厂家：</td></tr>
<tr><td>焊工姓名及编号</td><td colspan="2"></td><td colspan="2">焊机型号</td><td colspan="2"></td><td colspan="2">焊接日期</td><td colspan="2"></td></tr>
<tr><td rowspan="2">焊接工艺</td><td>焊接温度/℃</td><td>卷边高度/mm</td><td>卷边压力/MPa</td><td>吸热时间/s</td><td>吸热压力/MPa</td><td>切换时间/s</td><td>增压时间/s</td><td>冷却压力/MPa</td><td>冷却时间/min</td><td>环境温度/℃</td></tr>
<tr><td></td><td></td><td></td><td></td><td></td><td></td><td></td><td></td><td></td><td></td></tr>
<tr><td>检验项目</td><td colspan="2">宏观（外观）</td><td colspan="2">卷边切除检查</td><td colspan="2">卷边的背弯试验</td><td colspan="2">拉伸性能试验</td><td colspan="2">耐压(静液压)强度试验</td></tr>
<tr><td>检验结果</td><td colspan="2"></td><td colspan="2"></td><td colspan="2"></td><td colspan="2"></td><td colspan="2"></td></tr>
<tr><td>结　论</td><td colspan="2"></td><td colspan="2"></td><td colspan="2"></td><td colspan="2"></td><td colspan="2"></td></tr>
</table>

评定结论：

备注：

报告：　　　　　　审核：　　　　　　批准：　　　　　　报告日期：

附：检验与试验单位的报告原件。

第三节　电熔连接焊焊接工艺评定

一、焊接工艺评定的要求

电熔连接主要包括电熔承插连接和电熔鞍形连接两种。相对于热熔对接，电熔连接的工艺过程比较简单。目前，电熔管件规格范围为 DN20 ~ DN500mm。电熔承插连接适用于各种规格的管道连接；电熔鞍形连接主要用于干线上接支线和管道修补。与热熔对接焊接工艺评定的目的一样，通过对电熔承插焊和电熔鞍形焊焊接接头性能的评价，验证拟定焊接工艺及参数的正确性。电熔承插焊和电熔鞍形焊焊接工艺评定所用管材、管件应符合 GB 15558.1—2015《燃气用埋地聚乙烯（PE）管道系统 第1部分：管材》、GB 15558.2—2005《燃气用埋地聚乙烯（PE）管道系统 第2部分：管件》的规定，并应有出厂质量证明书或复验报告。电熔承插焊接和电熔鞍形焊接的焊接工艺评定由管道元件制造单位在产品设计定型时进行，管道安装单位应当对其进行验证，验证项目为工艺评定规定的全部项目，验证的检验与试验应符合相关规定。电熔承插焊和电熔鞍形焊焊接工艺评定的其他要求，如试件焊接对焊工的要求、焊接设备的要求、检验机构的要求、检验记录和报告的要求与热熔对接焊的一致，同样，制造安装单位应根据检验与试验报告编写焊接工艺评定报告。

进行电熔焊接工艺评定时，应当符合以下要求：

1）对所有规格的电熔管件和电熔鞍形管件，管道元件制造单位在设计生产时逐一进行焊接工艺评定，并且向管道安装单位提供相应的焊接参数。

2）使用同一管道元件制造单位提供的管道元件时，管道安装单位任选一个 DN≥63mm 的管道元件进行验证即可覆盖所有规格。

二、焊接工艺评定覆盖准则

非金属焊的基本变素包括焊接方法、焊接参数、材料种类和级别、自动化程度和标准尺寸比（SDR）等。电熔焊与热熔焊的焊接原理有所不同，影响焊接接头质量的基本变素也稍有不同。但如果基本变素的改变超过一定的限值，就必须进行另一种工艺评定。电熔承插焊和电熔鞍形焊的焊接工艺评定覆盖范围如下：

1）改变非金属材料的类别要重新评定。

2）相同级别材料的焊接工艺评定可相互覆盖。

3）改变接头形式（承插接头和鞍形接头），应重新进行焊接工艺评定。

4）不同 SDR 系列管道（SDR11、SDR17.6）的焊接工艺评定可以相互覆盖。

5）安装单位任选一个 DN≥63mm 的规格进行验证即可覆盖所有规格。

6）管道元件制造单位逐一进行焊接工艺评定。

7）焊接参数（焊接电压、焊接时间、冷却时间）改变要重新评定。

三、焊接工艺评定试验要求和结果评价

1. 检验方法

管道电熔连接焊接检验与试验可分为非破坏性检验和破坏性检验，非破坏性检验主要手

段为目测和外观检查，用于管道元件制造过程中或者管道安装现场的质量控制和操作人员的自检；破坏性检验主要用于焊接工艺评定及对焊接质量有争议的焊口试验。

2. 电熔承插焊检验项目与标准

焊接工艺评定试件的检验项目要根据相应的规范标准进行，合格指标可能各个规范标准稍有不同，这里重点介绍 TSG D2002—2006《燃气用聚乙烯管道焊接技术规则》中关于热熔承插焊工艺评定试件的检验项目和合格标准的规定。

（1）电熔承插焊外观检验　电熔承插焊外观检验属于非破坏性检验，外观检验合格的指标主要包括以下内容：

1）电熔管件应当完整无损，无变形及变色。

2）从观察孔应当能看到有少量的聚乙烯顶出，但是顶出物不得呈流淌状，焊接表面不得有熔融物溢出，如图 7-9所示。

3）电熔管件承插口应当与焊接的管材保持同轴。

4）检查管材整个圆周的刮削痕迹，如图 7-10 所示。

图 7-9　查看观察孔聚乙烯的顶出情况

图 7-10　检查刮削痕迹

（2）电熔承插焊管件剖面检验　取电熔承插焊后的组件，用锯条与熔接组件端面成 45°角进行切开，对管件剖面检验，合格的标准是：电熔管件中的电阻丝应当排列整齐，不应当有涨出、裸露、错行现象，焊后不游离，管件与管材熔接面上无可见界线，无虚焊、过焊气泡等影响性能的缺陷，如图 7-11 所示。

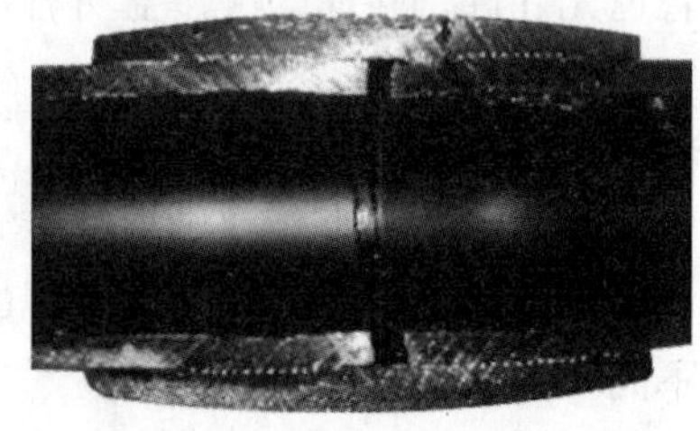

图 7-11　剖面检验合格试件

（3）挤压剥离试验　挤压剥离试验方法按 GB/T 19806—2005《塑料管材和管件 聚乙烯电熔组件的挤压剥离试验》标准进行，挤压剥离试验适用于管材公称外径在 16 ~ 225mm 内的组件。挤压剥离试验的目的是通过挤压试样（管材和电熔管件焊接件），计算其脆性破坏率来评价焊接的质量。

挤压剥离试验的试样制备要求：

1）焊接后：在 23℃ ±2℃放置 12h 后铣削，铣削后在 23℃ ±2℃放置 6h。

2）试验前：在 23℃ ±2℃下最少放置 6h。

3）管材公称外径在 16 ~ 225mm 内的组件：挤压部分尺寸长度为直径的 2 倍或 100mm。

4）试样数量 3 条，试样角度 180°。

5）剥离拉伸速度：（100 ±10）mm/min。

挤压剥离试验的合格指标：剥离脆性破坏百分比≤33. 3%。

（4）拉伸剥离试验　拉伸剥离试验方法应当符合 GB/T 19808—2005《塑料管材和管件 公称外径大于或等于 90mm 的聚乙烯电熔组件的拉伸剥离试验》标准，拉伸剥离试验适用于公称外径大于或等于 90mm 的组件。拉伸剥离试验的目的是通过剥离试样（管材和电熔管件焊接件），计算其脆性破坏率来评价焊接的质量。

拉伸剥离试验试样制备要求：

1）焊接后：在 23℃ ±2℃放置 12h 后铣削，铣削后在 23℃ ±2℃放置 6h。

2）试验前：在 23℃ ±2℃下最少放置 6h。

3）试样尺寸：宽度为 25 ~30mm。

拉伸剥离试验的合格指标：剥离脆性破坏百分比≤33.3%。

（5）静液压强度试验　静液压强度试验方法按国家标准 GB/T 6111—2018《流体输送用热塑性塑料管道系统耐内压性能的测定》的要求进行，静液压强度试验取样方法：取样以焊缝为中心线，试样端面平整，根据管材的级别确定其环应力，PE80 环应力为 4.5MPa，PE100 环应力为 5.4MPa，试验温度为 80℃，试验时间为 165h。耐压（静液压）强度合格的标准是焊接处无破坏、无渗漏。

3. 电熔鞍形管件检验项目与标准

（1）外观检查　电熔鞍形焊外观检验合格的指标主要包括以下内容：

1）电熔鞍形管件与管材焊接后，不得有熔融物流出管材表面，从观察孔应当能看到有少量的聚乙烯顶出，但是顶出物不得呈流淌状。

2）电熔鞍形管件应当与管材轴向垂直。

3）鞍形管件焊接处周围应当有刮削痕迹。

（2）挤压剥离试验　当电熔鞍形焊件 DN≤225mm 时采用挤压剥离试验，挤压剥离试验方法按 GB/T 19806—2005《塑料管材和管件 聚乙烯电熔组件的挤压剥离试验》标准进行。挤压剥离试验的目的是通过挤压试样（管材和电熔管件焊接件），计算其脆性破坏率来评价焊接的质量。挤压剥离试验的合格指标：剥离脆性破坏百分比≤33.3%。

（3）撕裂剥离试验　当电熔鞍形焊件 DN >225mm 时采用撕裂剥离试验，电熔鞍形焊撕裂剥离试验方法按 TSG D2002—2006《燃气用聚乙烯管道焊接技术规则》进行。撕裂剥离试验的目的是通过拔脱试样（管材和电熔管件焊接件）来考查焊接的强度。根据其破坏的性质和比例来描述和评价焊接的质量。

电熔鞍形焊撕裂剥离试验的试样制备要求：

1）试样由一根管材和另一根管材或管件的连接件组成，管件的机械加工部分如图 7-12 所示。在电熔鞍形连接的情况下，应当保证附着管材截面的电阻丝切断后没有明显减少，勿损伤管材面。

2）焊接后：在 23℃ ±2℃放置 12h 后铣削，铣削后在 23℃ ±2℃放置 6h。

3）试验前：在 23℃ ±2℃下最少放置 6h。

4）拉伸速度：90 ~110mm/min。

电熔鞍形焊撕裂剥离的合格指标：剥离脆性破坏百分比≤33.3%。

四、焊接工艺评定报告

电熔焊的焊接工艺评定与热熔焊的焊接工艺评定在试验和基本变素上是不一样的，但工艺评定报告的一些内容是相同的，如评定报告编号、试件名称及编号、规格系列、试件母材的牌号等级以及生产单位、施焊焊工和焊接设备，无论热熔焊还是电熔焊在评定报告中都是必须记录的，记录不同的是焊接参数，电熔焊的工艺参数主要包括焊接电压、焊接时间、冷却时间，检验及试验结果主要包括外观检查、拉伸剥离、挤压剥离、撕裂剥离耐压（静液压）强度等，企业管理者要对评定结论负责。TSG D2002—2006《燃气用聚乙烯管道焊接技术规则》推荐的电熔焊焊接工艺评定报告格式见表7-5。

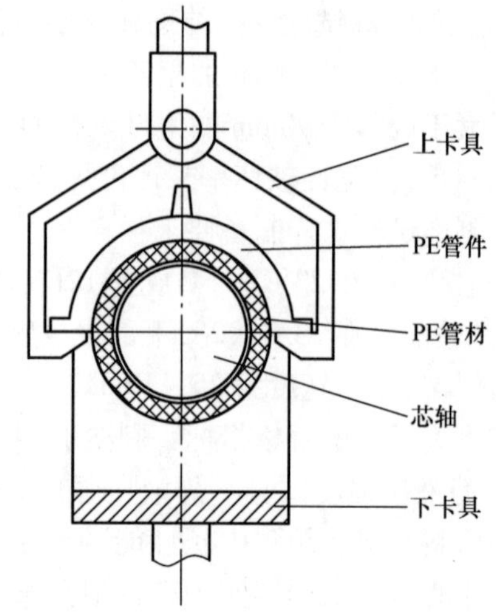

图7-12　管件的机械加工部分

表7-5　电熔焊焊接工艺评定报告格式

评定单位：　　　　　　　　　　　　　　　　　　　工艺评定编号：

试件名称及编号		规格系列		检验标准	
检验与试验单位		送样数量		送样日期	
管道元件制造单位		原材料	牌号：	等级：	生产厂家：
焊工姓名及编号		焊机型号		焊接日期	

焊接工艺	焊接电压/V	焊接时间/s	冷却时间/min	环境温度/℃

检测项目	宏观（外观）	拉伸剥离	挤压剥离	撕裂试验	耐压（静液压）强度试验
检验结果					
结　论					

评定结论：

备注：

报告：　　　　　审核：　　　　　批准：　　　　　报告日期：

附：检验与试验单位的报告原件。

第四节　热风焊焊接工艺评定

一、焊接工艺评定的要求

热风焊是焊接面及塑料焊条或焊丝被热风烘成塑性状态，再通过外压使其连接在一起的焊接方法。相对于热熔对接和电熔焊，热风焊更加灵活，以手工操作为主，焊接接头的形式多样，更加类似于金属焊接。与所有焊接工艺评定的目的一样，热风焊工艺评定也是通过评价焊接接头性能，验证拟定焊接工艺及参数的正确性。工艺评定所用的母材和焊接材料应符合相关标准的规定，并应有出厂质量证明书或复验报告，实施焊接的预焊接工艺规程或焊接

工艺规程应符合相关的规定，评定试件的数量应能满足检验与评定的要求，焊接材料尺寸应适应焊接要求，材质与母材相同或相近，并具有相容性。技术指标符合焊条及填充材料的相关标准。热风焊焊接工艺评定的其他要求，如试件焊接对焊工的要求、焊接设备的要求、检验机构的要求、检验记录和报告的要求与热熔对接焊和电熔焊一致，根据检验与试验报告编写焊接工艺评定报告。

二、焊接工艺评定覆盖准则

热风焊与热熔焊、电熔焊的差别比较大，热风焊的接头形式比较多，需要的焊接材料、工艺参数也不同，应根据工艺或设计的需要，使用需要的坡口形式进行工艺评定。热风焊的基本变素包括焊接方法、焊接坡口、焊接参数、母材材料种类和级别、焊接材料的种类和级别、焊接材料的尺寸等。这些基本变素的改变超过一定的限值，就必须进行另一种工艺评定。

热风焊的焊接工艺评定覆盖范围如下：

1）改变母材的材料类别要重新工艺评定。

2）改变焊接材料的类别要重新工艺评定。

3）改变坡口形式、改变设计要重新工艺评定。

4）改变焊枪，如手持圆嘴焊枪和快速焊枪的变化，需重新工艺评定。

5）焊条规格改变要重新工艺评定。

6）焊接参数（焊接压力、热风温度、风量）改变要重新工艺评定。

三、焊接工艺评定试验要求和结果评价

检验项目与标准

TSG D2002—2006《燃气用聚乙烯管道焊接技术规则》只描述了热熔焊和电熔焊工艺评定要求，没有关于热风焊工艺评定的规定，但可以参考执行。HG/T 4280—2011《塑料焊接工艺评定》中有关于热风焊工艺评定的方法，因此热风焊的工艺评定可以根据 HG/T 4280—2011《塑料焊接工艺评定》，并参照 TSG D2002—2006《燃气用聚乙烯管道焊接技术规则》进行试验和评价，主要试验项目是外观检验、无损检测、拉伸试验和弯曲试验，以评定焊接接头的质量。

焊接工艺评定标准不同，对焊接试件检验和评价要求也不同，这里我们介绍 HG/T 4280—2011《塑料焊接工艺评定》标准中关于热风焊焊接工艺评定试件的检验项目和合格标准的规定。

（1）外观检查　塑料焊接试件的外观应符合相应焊接工艺评定方法中对外观的要求。实际进行外观检查时，可以参照 TSG D2002—2006《燃气用聚乙烯管道焊接技术规则》和相关的设计标准制定相关外观检查的要求。

（2）拉伸检测　根据 TSG D2002—2006《燃气用聚乙烯管道焊接技术规则》、HG/T 4282—2011《塑料焊接试样 拉伸检测方法》、GB/T 19810—2005《聚乙烯（PE）管材和管件热熔对接接头拉伸强度和破坏形式的测定》相关要求制备拉伸试样，进行拉伸检测，拉伸检测应符合相应焊接工艺评定方法中对拉伸检测的要求，或根据下列规则之一进行：

1）每个数据都应该大于或等于产品图样中规定的设计值。

2）大于或等于该母材材料标准中拉伸强度的下限值。

（3）弯曲检测　根据 HG/T 4283—2011《塑料焊接试样 弯曲检测方法》相关要求进行弯曲检测，弯曲检测应符合相应焊接工艺评定方法中对弯曲检测的要求，或每个结果的数据都应该大于或等于 HG/T 4280—2011《塑料焊接工艺评定》附录 C 中最小弯曲角和最小挤压位移的规定。

四、焊接工艺评定报告

热风焊的工艺评定报告应该包括主要因素和焊接检验结果，其内容包括下列各部分。HG/T 4280—2011《塑料焊接工艺评定》推荐的热风焊焊接工艺评定报告见表 7-6。

表 7-6　热风焊焊接工艺评定报告

评定单位：　　　　　　　　　　　　　　　　　　　　焊接工艺评定报告编号：

试样名称及标号			规格系列		检验标准			
检验与试验单位			送样数量		送样日期			
焊件制造单位			原材料	牌号：	等级：	生产厂家：		
焊工姓名及编号			焊机型号		焊接日期			
焊接参数		焊丝规格/mm	焊接压力/MPa		热风温度/℃	风量/（L/min）		
检验项目	编号	1 号	2 号	3 号	4 号	5 号		
	外观							
	拉伸检测							
	弯曲检测							
检验结果								
结论								

评定结论：

备注：

编制：　　　　　　　　审核：　　　　　　　　批准：　　　　　　　　报告日期：

1）评定报告编号及相对应的预焊接工艺规程编号。

2）试件名称及编号、规格系列。

3）试件检验标准。

4）检验试验单位、试件数量及试验时间。

5）试件母材的牌号、等级及生产单位。

6）焊接材料的牌号、等级及生产单位。

7）焊接材料的规格。

8）试件的施焊日期及施焊焊工。

9）焊接设备型号、焊枪的型号。

10）试件的接头形式、坡口形式。

11）焊接参数，主要有焊接压力、热风温度、风量等。

12）检验及试验结果，主要包括外观检查、拉伸检测和弯曲检测，检测试样编号、报

告编号和结论等。

13）评定结论。

14）编制、校对、审核人员签名，编制日期。

15）企业管理者代表批准，以示对报告的正确性和合法性负责。

第五节 焊接技能评定

为了保证产品的质量，根据产品制造法规、规程和标准的要求，从事非金属材料特种设备焊接的作业人员，须经过非金属材料的性能、实际操作技能、国家标准及法规等方面的培训，并且参加考试，考试合格后颁发证书，持证上岗，以能了解相关的国家标准及法规，具备一定的非金属管材、管件性能的知识，能够熟练地在各种环境下进行焊接。焊工技能考试的目的是要求焊工按照评定合格的焊接工艺焊出没有缺陷的焊缝，是对焊工操作技能及焊接材料性能掌握情况的测试。进行焊工技能评定时，要求焊接工艺正确，以保证焊工完成合格的焊缝。

《特种设备焊接操作人员考核细则》（TSG Z6002—2010）对特种设备非金属材料焊工考核的考试机构、考核程序与要求、考试范围、考试内容、考试方法和结果评定等作了明确的规定。承担非金属材料焊工考试的考试机构及其考试类别、项目范围，由省级质监部门审核后报国家市场监督管理总局确定并公布。焊工的考试由经批准的考试机构组织实施，质量技术监督部门对焊工考试进行监督，负责审批、发证和复审。

一、考核程序与要求

申请特种设备作业人员证的焊工，应当向省级质监部门或者国家市场监督管理总局公布的特种设备作业人员考试机构报名参加考试。

报名参加考试的焊工，应当向考试机构提交以下资料：

1）特种设备焊接操作人员考试申请表。

2）身份证复印件。

3）2.5cm×3.5cm 正面近期免冠照片。

4）初中以上（含初中）毕业证书（复印件）或者同等学历证明。

5）医疗卫生机构出具的含有视力、色盲等内容的身体健康证明。

特种设备焊接操作人员考试申请表由用人单位或者培训机构签署意见，并明确申请人经过安全教育和培训的内容及课时，使其能够严格按照焊接作业指导书进行操作，可以独立承担焊接工作。

焊工考试包括基本知识考试和焊接操作技能考试两部分。考试内容应当与焊工所从事的焊接工作范围相适应。基本知识考试采取笔试，焊接操作技能考试采取施焊试件后进行检验评定，检验项目全部符合规定后焊接操作技能考试方合格。

焊工基本知识考试合格后方能参加焊接操作技能考试。焊工基本知识考试合格有效期为1年。基本知识考试和焊接操作技能考试都合格的焊工，由考试机构备齐焊工报名资料和考试资料向发证机关统一申请办理特种设备作业人员证。

持证焊工应当按照规定承担与考核合格项目相应的特种设备焊接工作。有效期内的焊工用特种设备作业人员证在全国各地同等有效。焊工用特种设备作业人员证中的合格项目每四年复审一次。

持证焊工应当在期满 3 个月前，将复审申请资料提交给原考试机构，由焊工考试机构统一向发证机关提出复审申请。逾期未申请复审、复审不合格或者重新考试不合格者，其特种设备作业人员证失效，由发证机关予以注销。

持证焊工中断特种设备某一焊接方法的焊接作业 6 个月以上，再使用该焊接方法进行特种设备焊接作业前，或年龄超过 55 岁的焊工仍然需要继续从事特种设备焊接作业，应当重新参加考试。

二、非金属材料焊工考试的覆盖准则

焊工资格评定和工艺评定一样，也有一些基本变素，金属材料焊工资格评定的基本变素包括焊接位置、接头形式、焊条类型及尺寸、焊接方法、母材类型、母材厚度及某些工艺措施等；非金属材料焊工考试的基本变素主要有焊接方法、材料种类、机动化程度、试件类别和试件规格尺寸等，这些变素直接与焊工的能力有关，这些变素若有改变需重新进行评定。

1. 焊接方法

特种设备非金属材料焊工考试的焊接方法包括热熔对接法、电熔连接法，焊接方法及代号见表 7-7。若变更焊接方法，需重新进行焊接操作技能考试。

表 7-7　焊接方法及代号

焊接方法	代号
热熔对接法	BW
电熔连接法	EW

2. 焊接方法的机动化程度

焊接方法的机动化程度也是基本变素，规范将焊工分为手工焊焊工、机动焊焊工和自动焊焊工，机动焊焊工和自动焊焊工统称为焊机操作工，非金属焊工考试的机动化程度及代号见表 7-8。热熔对接法机动焊操作技能考试合格后，可以免除自动焊考试，反之不可。

表 7-8　机动化程度及代号

机动化程度	代号
机动焊	J
自动焊	Z
手工焊	S

3. 材料类别

特种设备非金属材料焊工考试的材料类别包括特种设备用聚乙烯、聚氯乙烯，热熔对接法和电熔连接法应采用聚乙烯材料进行考试。特种设备非金属材料焊工考试的材料类别及代号见表 7-9，改变材料的类别和级别需重新考试。

表 7-9　材料类别及代号

种类	类别	类别号
热塑性塑料	聚乙烯	Ⅰ
	聚氯乙烯	Ⅱ

4. 试件类别

特种设备非金属材料的焊工评定，试件的类别主要有 3 种，包括热熔对接焊试件、电熔

连接焊承插试件、电熔连接焊鞍形试件，试件类别与代号见表 7-10 与图 7-13。若改变试件类别，需要重新进行焊接操作技能考试。

表 7-10　试件类别与代号

试件类别	代号
热熔对接焊试件	D
电熔连接焊承插试件	C
电熔连接焊鞍形试件	A

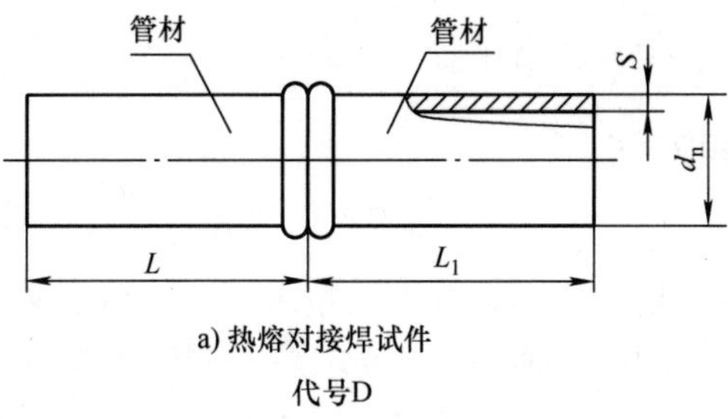

a) 热熔对接焊试件

代号D

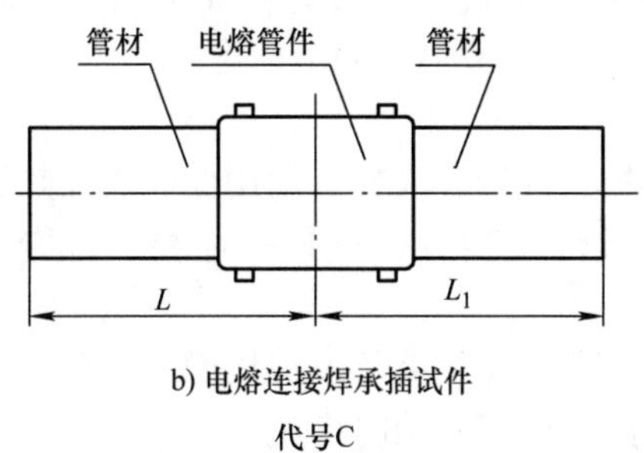

b) 电熔连接焊承插试件

代号C

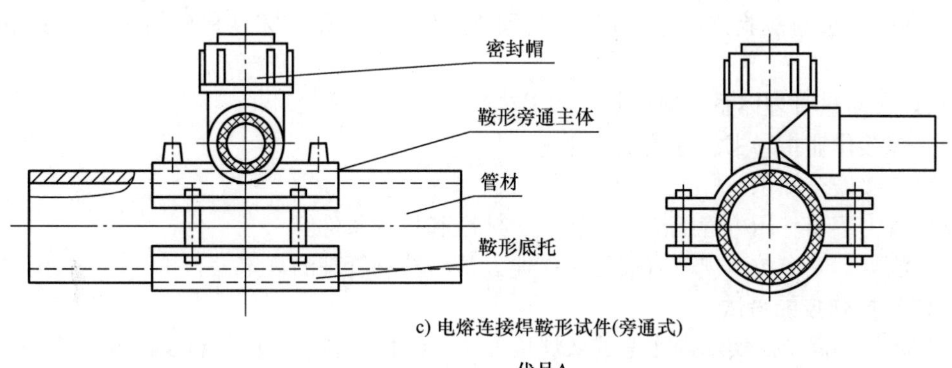

c) 电熔连接焊鞍形试件(旁通式)

代号A

图 7-13　试件类别与代号

5. 试件尺寸与焊件尺寸

焊接操作技能考试合格后，适用于焊件的尺寸范围见表 7-11。

表 7-11 试件尺寸与焊件尺寸 （单位：mm）

试件类别	试件尺寸		适用于焊件尺寸范围	
	外径 d_n	壁厚 S	外径 d_n	壁厚 S
热熔对接焊试件	≥90	≥6	不限	不限
电熔连接焊承插试件	≥63	d_n =63（按 SDR11）	不限	不限
电熔连接焊鞍形试件	≥110	—	不限	不限
挤出焊试件	—	≥6	—	不限
	110	≥6	不限	不限

注：1. 表中各符号的示意如图 7-13 所示。
2. 热风焊（包含挤出焊）管状试件焊接采用水平固定位置。
3. 热风焊（包含挤出焊）管试件和板试件任选一种。

三、焊工考试内容和方法

1. 基本知识考试

焊接是一门基本知识和实践紧密结合的工艺技术，对于焊工考试是否要进行基本知识的考试，一直以来争论较多。ASME、AWS 等不要求焊工进行基本知识考试，因为焊工只要按评定合格的工艺焊接试件，不需焊工本人选择工艺参数。ISO 规范和国内一些规范则要求焊工进行基本知识考试，目的是使焊工了解焊接的基本知识，以提高焊工对焊接工艺规程的了解并提高焊接质量。基本知识的考试一般包括如下内容：

1）特种设备基础知识。

2）非金属材料的分类、型号、牌号、成分、使用性能、加热后的特点。

3）非金属材料的焊接设备、焊接辅具、量具的种类、名称、工作原理、使用方法和维护。

4）非金属材料焊接方法的特点、焊接参数、焊接操作程序。

5）焊接缺陷种类、产生原因、危害与预防措施。

6）焊接接头的性能及其影响因素。

7）焊接质量的影响因素和控制措施。

8）焊接质量的检验方法和评定规定，非破坏性检验和破坏性检验方法的特点和评定规定。

9）焊接质量管理体系、规章制度和工艺纪律。

10）焊接作业指导书、焊接工艺评定。

11）焊接安全知识。

12）压力容器、压力管道法律、法规、标准和技术条件。

13）法规、安全技术规范有关焊接作业人员考核和管理的规定。

2. 焊接操作技能考试

非金属材料焊工的实际操作考试从焊接方法、试件材料、焊接材料及试件形式等方面进行，非金属材料的实际操作考试应符合下面要求：考试前，由考试机构编制焊工考试编号，会同监考人员与焊工共同确认，并且在试件上标注考试编号和项目代号；考试所用的试件、管件必须符合国家标准要求，电熔管件应当是原包装；试件的规格和数量应当符合规范的要求；电熔连接法焊接之前，仔细清除被焊管表面的氧化皮；焊工应当按照考试机构提供的焊接作业指导书焊接考试试件，不得多焊试件，从中挑选；考试用焊机应处于正常工作状态。

四、考试评定与结果

1. 检验与评定

焊工考试的目的是评定焊工焊接合格焊缝的能力。一般情况下，非金属材料焊工考试试件采用非破坏性检验与破坏性检验相结合的方法评定焊缝合格与否。非破坏性检验主要包括外观检查和射线照相等，破坏性检验主要有拉伸性能试验、弯曲试验、挤压剥离试验、拉伸剥离试验和撕裂剥离试验等。

非金属焊工基本知识考试满分为 100 分，不低于 60 分为合格；焊接操作技能考试通过检验焊工操作过程与试件进行评定，焊工操作必须满足焊接工艺过程与所要求的全部技术参数要求；各考试项目的试件，按照规定的检验项目分别制备。焊工焊接操作过程与每个试件的各项检验均合格时，该考试项目为合格。焊工考试的每个试件须先进行外观检查，合格后再进行破坏性检验；考试试件的破坏性检验应在焊接完成 24h 后，在 23℃ ±2℃条件下最少进行 6h 的状态调节后才可进行。考试试件检验项目与数量见表 7-12。

表 7-12　考试试件检验项目与数量

试件类别	宏观（外观）检查	拉伸性能试验	弯曲性能试验		挤压剥离试验	拉伸剥离试验	撕裂剥离试验
			面弯	背弯			
热熔对接焊试件	2 件	任取 1 件	—	—	—	—	—
电熔连接焊承插试件	2 件	—	—	—	公称外径 <90mm，任取 1 件	公称外径 ≥90mm，任取 1 件	—
电熔连接焊鞍形试件	1 件	—	—	—	公称外径 ≤225mm	—	公称外径 >225mm
热风焊试件（包含挤出焊试件）	2 件	1 件	注	注	—	—	—

注：聚氯乙烯材料需做弯曲试验。

2. 焊工操作技能考试项目代号

考试项目表示方法为① - ② - ③ - ④，如果操作技能考试项目中不出现其中某项，则不包括该项。项目具体含义如下：

① 表示焊接方法代号，见表 7-7；

② 表示材料类别代号，见表 7-9；

③ 表示机动化程度代号，见表 7-8；

④ 表示试件类别代号，见表 7-10。

考试项目代号应用举例：

1）某焊工考试使用聚乙烯电熔管件，将两段 SDR11 管材（公称直径为 DN110mm，壁厚为 10.0mm）焊合在一起。项目代号：EW - Ⅰ - Z - C。

2）某焊工考试使用聚乙烯 SDR17 管材对接，公称直径为 DN250mm，壁厚为 14.7mm，夹入热熔对接焊机，手持压力把，待液压拖力稳定后，在规定时间内移开热源，完成焊接操作技能考试。项目代号：BW - Ⅰ - J - D。

3）某焊工考试使用圆嘴热风焊或快速热风焊焊接方法，将开有 V 形坡口，长 300mm、宽 100mm、厚 10mm 的两块 PVC 板材焊合在一起。项目代号：HGW - Ⅱ - S - G。

第八章 非金属管道焊接质量控制

第一节 管道安装的质量保证

聚乙烯（PE）材料化学特性不活泼（即60℃下很难找到一种试剂与其发生化学反应），决定了燃气用聚乙烯管道在工程施工连接上只能通过热熔对接、电熔连接、钢塑接头这三种方式进行连接（给水PE管道还有热熔承插的连接方式）。但是聚乙烯管道在接头质量检测上又不能采用像钢管一样的无损检测（射线检测、磁粉检测、涡流检测），所以为了保证聚乙烯管道的施工质量，对焊接过程中的关键要素进行控制以保证最终接头的质量尤为重要，即我们通常所说的人、机、料、法、环的控制。

输送燃气的聚乙烯管道是承载、受压的管道，是一种特种设备，其制造安装质量对其运行特性和使用寿命起着决定性的作用，而焊接结构的提前失效，轻者造成不可挽回的经济损失，重者造成人员伤亡。因此，对焊接结构的质量必须严格控制，在焊接生产过程中应采取各种切实有效的措施，确保焊接质量符合相应的法律、法规、规章、安全技术规范和标准的有关规定。

根据我国聚乙烯管道制造安装现状及有关标准，其质量保证系统主要涉及以下几个方面。

一、管理职责

制造企业应制定质量方针和质量目标，同时采取必要的措施使各级人员能够理解质量方针和质量目标，并贯彻执行。在制定质量方针和质量目标时，应根据企业的具体情况、企业发展和市场形势进行研究确定，使企业内与质量有关的活动、职责、职权和相互关系明确，企业协调各项活动并加以控制。

从事与质量有关的管理、执行和验证工作的人员，应具备相关知识和一定的资历，同时企业要规定其职责、权限和相互关系。企业内应有一名质量保证工程师，还应包括如下几类责任人员：设计、工艺质控系统责任人员；材料质控系统责任人员；焊接质控系统责任人员；理化质控系统责任人员；热处理质控系统责任人员；无损检测质控系统责任人员；压力试验质控系统责任人员；检验质控系统责任人员等。

二、质量保证体系

质量保证体系要根据我国特种设备焊接结构制造行业的生产现状、规范标准、生产单位的产品特性和本单位实际情况等建立。特种设备质量保证体系是指生产单位为了使产品、过程、服务达到质量要求所进行的有计划有组织的监督和控制活动，质量体系把对质量有影响的技术、管理和人员等因素综合在一起，为达到质量目标而互相配合。编制质量保证体系的原则有：①符合国家法律、法规、安全技术规范及相关标准；②能够对特种设备的安全性能实施有效控制；③质量方针、质量目标适合本单位实际情况；④质量保证体系组织能够独立行使质量监督、控制职权；⑤质量保证体系人员职责、权限及各质量控制系统的工作接口明确；⑥质量保证体系的基本要素及相关质量控制系统的控制范围、程序、内容要记录齐全；⑦质量保证体系文件规范、系统、齐全；⑧满足特种设备许可制度的规定。

特种设备制造安装的质量保证体系控制要素一般包括文件和记录控制、合同控制、设计控制、材料与零部件控制、作业（工艺）控制、焊接控制、无损检测控制、理化检验控制、检验与试验控制、生产设备和检验试验装置控制、不合格品（项）控制、质量改进与服务、人员管理、执行特种设备许可制度等。

三、文件和记录控制

质量管理体系中所需的文件和资料应受控，有关文件和资料的控制规定应包括如下内容：

1）文件和记录管理的规定。

① 明确受控文件类型，包括质量保证体系文件、外来文件以及其他需要控制的文件。

② 特种设备生产过程中形成的记录的填写、确认、收集、归档、保管与保存期限、销毁等的规定。

③ 文件的编制、审核、批准、标识、发放、修改、回收及销毁的规定。

2）应有确保有关部门使用最新版本的受控文件和记录的规定。

3）适当范围的外来文件，如标准和顾客提供的图样。记录的归档、受控记录表格的有效版本，由相应质量控制系统责任人员进行审查确认，并对记录的使用、保管进行定期检查，作出记录。记录应妥善保存，以证明符合规定要求和质量体系的有效运行。与分包商相关的质量记录是这些资料的一部分。所有质量记录必须清晰，并存储和留存在一个合适的环境，防止损坏或丢失，且它们应很容易被查阅。质量记录的保留时间应当符合规范标准要求的期限，质量记录可用于客户或客户代表对产品的评价。记录的形式可能是任何类型的媒体，如硬盘复制或电子媒体。

四、合同控制

质量体系文件、程序文件和工艺指导书应包括合同、订单和招标人的审核，以确保所有各方充分理解合同的所有要求。合同、订单的控制规定应包括如下内容。

1）合同评审的范围、内容主要包括执行的法律法规、安全技术规范和相关标准以及技术条件等，最终形成评审记录并且保存。

2）合同签订、修改、会签程序。

特种设备制造安装单位在订单签订前，必须确保合同或订单与招标要求之间的所有差异得到解决，必须确保能够满足所有要求。合同评审的目的是让特种设备制造安装单位所有相关人员正确理解并确定如何修订合同。合同评审的记录需要保存。

五、设计控制

企业应策划和控制产品的设计，对设计中涉及的不同部门之间的接口进行管理，并按设计的进度完成任务。主要控制点包括：设计部门各级人员的职责应有明确的规定；应有产品制造有关的规程、规定和标准；设计文件应规定企业所制造的产品满足产品安全质量要求；应有关于新标准的收集和贯彻的规定；应制订对设计过程进行控制的规定（包括设计输入、输出、评审、更改、验证等环节）。

特种设备制造安装单位应制订设计和开发计划，落实责任，配备足够的资源来完成工作。应有组织和技术交流，必要的信息必须被记录在案，并定期审查。有关产品设计输入要求应被明确且形成文件，并通过充分审查，若有不完整、模糊的或相互矛盾的要求，应予以解决。设计输出是设计过程的结果，应被记录在案，并明确表达已被证实的与设计输入要求的不同并进行验证。设计输出应包括：满足设计输入的要求；验收标准；设计产品的功能和安全特点。在设计的适当阶段，要求对设计方案和结果进行正式书面评审，涉及设计阶段的所有职能部门代表进行审查，根据需要邀请其他专家。评审记录应保存。设计验证是证明设计阶段的输出符合设计阶段输入的要求。在设计的适当阶段进行验证，验证应记录。设计确认与设计验证不同，它的目的是确认该产品是否符合用户的需求或要求。设计确认的要点包括：设计确认遵守成功的设计验证；设计确认通常在规定的操作条件下进行；设计确认通常对最终产品进行，但也可以在生产过程中进行，如果有不同的预期用途，可进行多种确认。设计变化和修改在付诸实施前，都必须经过授权人员标识、文件化、审查和批准。

六、采购控制

企业应控制采购过程，以确保采购的产品符合要求。控制的模式和范围取决于对后续生产过程和产品的影响，企业应基于供方是否具有提供满足本企业需求产品的能力进行评价和选择供方，并建立评价和选择的准则。采购控制包括以下要求：

1）有对供方进行有效质量控制的规定。

2）供方有质量问题时，企业处理方式的规定。

3）分包的部件应由取得相应资格的企业制造，企业应对分包部件的质量进行有效控制。

4）制订采购文件的控制程序。

5）制订原材料及外购件（指板材、管材等承压材料）的验收与控制规定，以防止用错材料。

采购控制程序应包括对分包商的评估。按照质量体系和相关质量保证要求评价和选择分包商。对分包商规定何种控制程度和类型，取决于产品的种类，以及分包产品对最终产品质量的影响。应建立和维持可接受的分包商质量记录。采购文件应包含类型、类别、等级、工艺要求、检验规程及其他有关技术要求。采购确认不能被用作供应商对分包商质量有效控制的证据，采购确认验证也不能免除供应商提供合格产品的责任，也不排除客户随后的拒收。

七、材料控制

焊接结构生产所用的主要材料包括金属材料、焊接材料、外购件及辅助材料等。对结构用金属材料及焊接材料必须进行验收，甚至对材质、性能进行复验，确认材料符合要求后方能入库。对材料的保管、发放要有明确规定，一般包括以下几方面内容：

1）应制订原材料及外购件保管的规定，包括存放、标识、分类等都要有明确的规定。

2）应制订原材料库房存放措施的规定。

3）应制订关于材料发放的管理规定，包括材料的领用、代用等。

4）应制订材料标记移植管理规定，包括加工工序中的材料标识移植和余料处理等。

5）应有焊材的订购、接收、检验、储存、烘干、发放、使用和回收的管理规定，并能有效实施。

材料与零部件的由委托方出具的评价报告、材料与零部件检查验收报告、材料与零部件代用审批报告，均应由相应质量控制系统责任人员审查确认，并对保管、使用情况进行定期检查，作出记录。

八、工艺控制

制造工艺是焊接结构生产过程中的核心，直接关系到产品的质量和生产效率，不同产品、不同的生产批量、不同的生产条件，都会有不同的工艺过程，所以生产前应认真分析，制订合理的工艺，并实施工艺控制，具体要做到以下几方面：

1）制订工艺文件管理的规定，包括工艺文件的编制、发放、更改、审批等应有明确的规定。

2）制订与产品相适应的工艺流程图或产品工序过程卡、工艺卡（或作业指导书）。

3）应有主要部件的工艺流程卡和指导作业人员的工艺文件（作业指导书）的规定。

4）作业（工艺）执行情况检查，包括检查时间、人员、项目、内容等。

5）生产用工装、模具的管理，包括设计、制作及验收、建档、标识、保管、定期检验、维修及报废等。

根据以上要求相应质量控制系统责任人员应当定期对作业（工艺）执行情况进行检查，作出记录。

九、焊接控制

焊接工艺是控制焊接接头质量的关键因素，应按焊接方法、焊材种类、板厚和接头形式编制焊接工艺。焊接结构的热处理是为了保证焊接结构的性能与质量，防止产生裂纹，改善焊接接头的力学性能，消除焊接应力。为了使产品质量得到保证，对焊接操作要进行控制，一般基本要求如下：

1）应有焊工培训、考核和焊工焊接档案管理的规定。

2）应制订适应产品需要的焊接工艺评定记录（PQR）、焊接工艺规程（WPS）或焊接工艺卡，并应满足有关技术规范的要求；应有验证焊接工艺规程（WPS）的管理规定和焊接工艺评定记录（PQR）分发、使用、修改的程序和规定。

3）应制订确保焊工从事焊接工作合格的措施，并制订焊工资格评定及其记录（WPQ）的管理办法，同时规定产品焊缝的焊工识别方法，并能有效实施。

4）应制订焊缝返修的批准和返工后重新检查，以及母材缺陷补焊的程序性规定。

5）应有对主要元件施焊记录的规定。

6）焊接材料控制，包括焊接材料的采购、验收（复验）、检验、储存、烘干、发放、使用和回收等。

7）对产品焊接试板控制，包括焊接试板的数量、制作、焊接方式、标识、热处理、检验检测项目、试样加工、检验与试验、焊接试板和试样不合格的处理以及试样的保存等。

相应质量控制系统责任人员应当根据以上要求对执行情况进行检查，作出记录。

十、检验和试验控制

焊接结构的质量保证工作是贯穿设计、制造全过程的。焊接结构在装配焊接中，虽然已采取了一系列保证质量的措施，但在装配焊接结束后，还要进行质量检验。检验和试验控制要求如下：

1. 无损检测控制

1）应制订无损检测质量控制规定，包括对检测方法的确定、标准规范的选用、工艺编制的批准、操作环节的控制、报告的审核签发和底片档案的管理等。

2）应编有无损检测的工艺和记录卡，并且能满足所制造产品的要求。

3）应制订无损检测人员资格管理的规定。

4）无损检测分包时，应有分包管理规定，至少应包括对分包方的评价规定和对分包项目质量控制的规定。

5）制订无损检测过程和无损检测仪器及试块管理规定。

无损检测工艺、无损检测报告、无损检测的工作见证（底片、电子资料等）、受委托单位的评价、人员的考核持证情况等都应由相应质量控制系统责任人员审查确认，作出记录。

2. 理化检验控制

1）应制订理化检验的管理规定。

2）应有对理化检验结果的确认和重复试验的规定。

3）理化检验分包时，应有分包管理规定，至少应包括对分包方的评价规定和对分包项目质量控制的规定。

4）应有理化检验记录、报告的填写、审核、结论确认、发放、复验，以及试样、试剂、标样的管理等规定。

5）应有对理化检验的试样加工及试样检测、理化试验人员的管理规定。

对受委托单位的评价、理化检验报告都应由相应质量控制系统责任人员审查确认，作出记录。

3. 检验与试验控制

1）检验与试验工艺文件的基本要求，包括依据、内容、方法等。

2）检验与试验条件控制，包括检验与试验场地、环境、温度、介质等。

3）过程检验与试验控制。

4）最终检验与试验控制。

5）检验与试验状态，如合格、不合格、待检的标识控制。

6）安全技术规范及相关标准有型式试验或其他特殊试验规定时，应当编制型式试验或者其他特殊试验控制的规定。

7）检验试验记录和报告控制，包括检验试验记录和报告的填写、审核和确认等。

检验与试验工艺、最终检验与试验报告，由相应质量控制系统责任人员审查确认，作出记录。检验与试验应按照质量计划或形成的程序文件的要求进行确认。质量计划或形成的程序文件中最终检验和试验要求应符合所有规定的检验和试验要求。如果产品没有符合要求，应适用不合格品控制程序。

4. 生产设备和检验与试验装置控制

所有检验、测量和测试设备应进行控制、校准和维护检查。

1）制订生产设备和检验与试验装置控制规定。

2）生产设备和检验与试验装置档案管理，包括建立生产设备、检验与试验装置台账和档案（如使用记录、维护保养记录、校准检定记录、报告等档案资料）。

3）生产设备和检验与试验装置状态控制，包括生产设备使用状态标识、检验与试验装置检定校准标识、法定要求检验生产设备的检验报告等。

十一、不合格品的控制

应确保不符合要求的产品得到控制，以防止其使用和交付。要制订纠正不合格品的规定，并重新验证，以证实其符合性。一般应有如下规定：

1）应制订对不合格品进行有效控制的规定，以防止不合格品的非预期使用或安装。

2）应有对不合格品的标识、记录、评价、隔离（可行时）和处置等进行控制的规定。

3）对不合格品报告的编制、签发、存档等应有规定。

4）对不合格品的处理环节（回用、返修、报废等）应有相关规定。

5）对返修后进行重新检验的规定。

十二、人员培训上岗

应制订质保工程师、焊接工程师、检验人员、理化和无损检测人员、焊工以及其他对产品质量有重要影响的制造活动执行者、验证者和管理人员等培训的规定。

1）应有对人员培训的要求、内容、计划和实施方案等。

2）特种设备许可所要求的相关人员的培训、考核档案。

3）特种设备许可所要求的相关人员的聘用管理。

十三、计量与设备控制

应保证计量活动及生产所需设备在受控的状态，以确保产品符合要求。

1）制订计量管理规定，保证仪器、仪表、工具等在计量有效期内。

2）有对计量器具和试验仪器进行有效控制、校准和维护的规定。

① 应有计量环境适于计量试验的规定。

② 应有制造设备管理的规章制度。

十四、持续质量改进

企业应策划和管理质量保证体系持续改进，通过质量方针、目标、审核结果、数据分析、纠正和预防措施及管理评审，促进质量保证体系的持续改进。

1）应有对产品的质量信息（包括厂内和厂外）进行反馈、汇集分析、处理的流程。

2）应有内部质量审核的规定，审核活动应由与审核无直接责任的人员进行。

3）应定期进行内部质量审核，以确保质量保证体系正常运作并能对存在的质量问题进行分析研究，提出解决问题的措施和预防措施。

4）应制订质量审核意见的接收、处理和回复的程序，以及纠正或改进措施。

5）应有对检验企业（或第三方检验企业）及客户发现并提出的产品质量问题进行及时解决的规定。

十五、执行特种设备许可制度

执行许可制度控制，控制范围、程序、内容如下：执行特种设备许可制度；接受各级特种设备安全监管部门的监督；接受监督检验；许可证管理；提供相关信息。特种设备许可制度的执行情况，由质量保证工程师进行监督检查，并作出记录。

第二节　非金属管道焊接的基本要求

一、焊接环境

焊接周围的环境包括天气和工作环境。周围的气温对聚乙烯管道的焊接质量影响巨大，在寒冷天气（－5℃）或大风天气环境下工作时，焊接作业过程中的热量会快速向周围环境流失，使焊接熔合区域的热量不足，从而导致焊接缺陷的产生，焊接质量不合格。因此，在寒冷天气或大风天气下进行焊接作业时需要采取防护措施，保障焊接区域有足够的热量。焊机的工作温度为－10～50℃，超出此范围焊机将无法工作。大部分焊机不防水，焊接作业面不能进水，否则会导致焊接失败，因此雷雨天气也需要采取必要的防护措施，同时要注意用电安全。强烈阳光直射则可能使待连接部件的温度远远超过环境温度，使焊接工艺和焊接设备的环境补偿功能丧失补偿依据，并且可能因暴晒一侧温度高、另一侧温度低而影响焊接质量，因此，要采取遮挡措施。

在粉尘严重的区域工作时，需要注意焊接面及加热板的清洁，热熔对接切换过程需要严加防护，防止污染物进入焊接面导致焊接失败。在潮湿的工作环境中要注意用电安全。在抢修工作坑中作业时应注意排气，保障作业安全。

二、设备

施工单位应确保其使用的设备满足开展作业活动的需求，设备应满足 GB/T 20674.1～4—2020 系列标准的要求。应用于燃气输送的聚乙烯管道熔接设备必须进行定期检测，检测周期通常为一年，特殊情况下建议半年检测一次（焊机使用超过 6 年的，建议改为半年一检）。设备上应有校准/检定标志，注明有效期限，图 8-1 所示为设备校准铭牌，图 8-2 所示为设备定期检测报告。

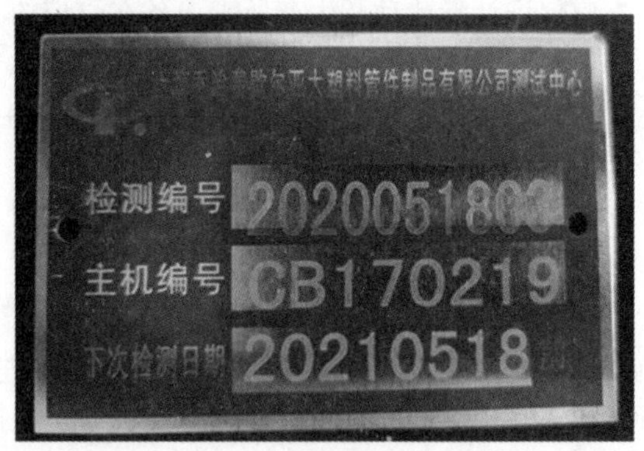

图 8-1　设备校准铭牌

电熔焊机的检测内容包括：①外观检查；②功能特性检查，包含数据输入功能检查（扫描枪功能检查）、输出特性检查（输出电压、电流值的监测、检查）、测电阻功能检查、环境温度测量功能检查、计时准确性检查；③焊接流程检查，要求焊机能完成一个完整焊接

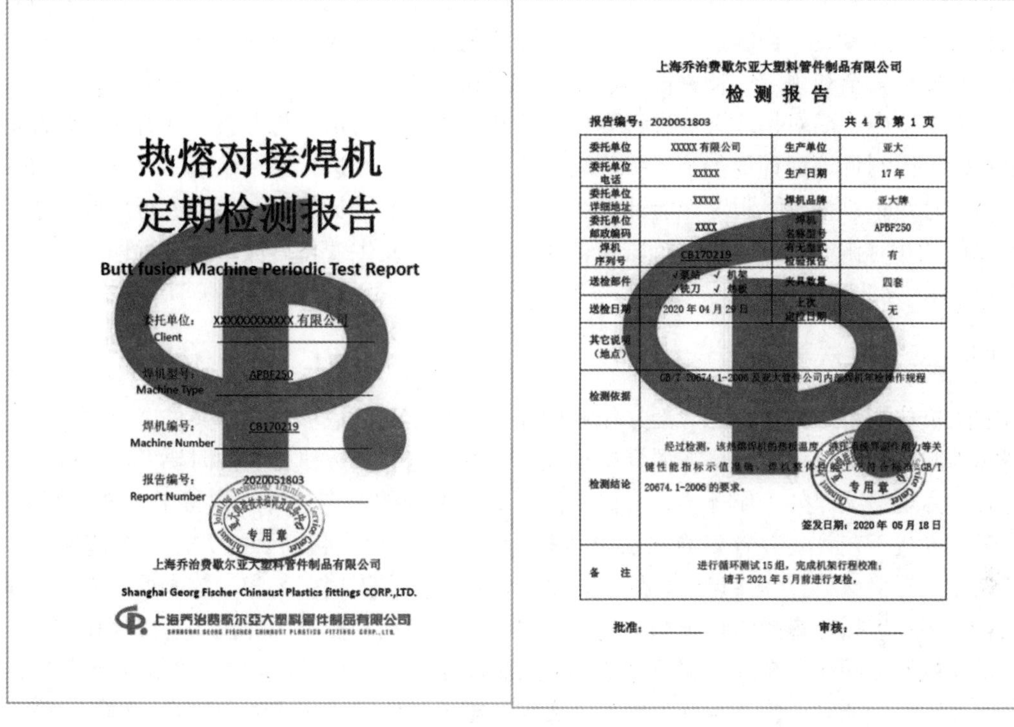

热熔对接焊机
定期检测报告

Butt fusion Machine Periodic Test Report

委托单位：XXXXXXXXXXXX 有限公司
Client

焊机型号：APBF250
Machine Type

焊机编号：CB170219
Machine Number

报告编号：2020051803
Report Number

专用章

上海乔治费歇尔亚大塑料管件制品有限公司

Shanghai Georg Fischer Chinaust Plastics fittings CORP.,LTD.

上海乔治费歇尔亞大塑料管件制品有限公司

上海乔治费歇尔亚大塑料管件制品有限公司

检 测 报 告

报告编号：2020051803　　　　共 4 页 第 1 页

委托单位	XXXXX 有限公司	生产单位	亚大
委托单位电话	XXXXX	生产日期	17 年
委托单位详细地址	XXXXX	焊机品牌	亚大牌
委托单位邮政编码	XXXX	焊机名称型号	APBF250
焊机序列号	CB170219	有无型式检验报告	有
送检部件	√泵站　√机架 √铣刀　√热板	夹具数量	四套
送检日期	2020 年 04 月 29 日	上次送检日期	无
其它说明（地点）			
检测依据	GB/T 20674.1-2006 及亚大管件公司内部焊机年检操作规程		
检测结论	经过检测，该热熔焊机的热板温度、[illegible]等关键性能指标示值准确，焊机整体性能[illegible]符合标准 GB/T 20674.1-2006 的要求。 专用章 签发日期：2020 年 05 月 18 日		
备　注	进行循环测试 15 组，完成机架行程校准； 请于 2021 年 5 月前进行复检。		

批准：________　　　　审核：________

图 8-2　设备定期检测报告

流程，并在焊接过程中遇到开路、短路、断路、输入电压异常、外电路阻值异常等意外情况时能及时中断焊接并报警；④焊接信息记录保存功能检查，要求焊机能按照使用说明书中介绍的功能来保存、导出焊接数据，焊接数据中包含焊机标准中所要求的必要信息。

热熔对接焊机的检测内容包括：①外观检查；②液压系统检测，包含焊机拖动压力的检测、焊接压力的检测、保压能力的检测、液压系统有无漏油现象等功能性检测；③加热系统检查，包含加热板涂层的检查、加热板尺寸的检查、加热板热均匀性和准确性检查；④焊接流程的检查，要求焊机能够顺利完成一个完整的焊接流程，计时器计时准确，在焊接流程中，热板温度、焊接压力以及时间等要素出现异常时，焊机能及时中断异常的焊接进程并报警；⑤焊接信息记录保存功能检查，要求焊机能够达到焊机标准中对焊机信息记录功能的规定，具备必要的焊接信息存储与导出功能。热风焊枪的选择应根据所焊材料和工作场所的具体条件而定，对于加热温度准确性有严格要求的塑料，必须选择带有温度数字显示功能的焊枪；对于要经常移动位置进行焊接的制件，必须选用体积轻巧携带方便的焊枪。风嘴的形状应符合焊缝形状的要求。

设备使用期间应对设备功能进行核查，在转运、借出后返还或租赁外部设备时，应对设备功能进行确认后再开展作业。设备的储存应选择适宜的库房，防止暴晒雨淋，不要长期存放在潮湿环境，设备入库前应进行清洁保养。长期存放后的设备投入使用前应对其功能进行确认。

三、人员要求

根据 TSG Z6002—2010《特种设备焊接操作人员考核细则》，聚乙烯管道焊接作业人员应掌握的基本知识包括特种设备的分类、特点，焊接设备、工具和测量仪表的种类、名称、使用和维护；焊接工艺和参数、焊接顺序、操作方法与焊接质量的影响因素；焊缝外观检查方法和要求；焊接质量控制系统、规章制度、工艺纪律基本要求；焊接作业指导书、焊接工艺评定；焊接安全和规定；特种设备法律、法规和标准等。

用人单位应定期对作业人员进行焊接知识和操作技能的培训与考核，并对其有效性进行评价，每年应制订培训计划。施工单位应对作业人员的工作进行定期检查，对不符合要求的工作要及时纠正、整改、跟踪、验证。用人单位应对作业人员的作业能力进行评价并予以相应的授权，并对作业人员能力进行监控，作业人员能力发生变化后应重新进行评价以使其满足作业要求。

四、工艺方法要求

施工单位应将焊接作业的标准、作业指导书、工艺和参数形成技术文件，方便作业人员获得和参阅。焊接过程应严格按照焊接规程、相关工艺和参数执行，同时要考虑实际过程中所遇到的客观情况，如工作环境的气候条件、电源电压的稳定性等。焊接工艺规程制定时，应按规定进行工艺评定，评定合格后方可执行。工艺规程应包括焊接方法、焊前准备、加工、装配、焊接材料、焊接设备、焊接工序、焊接操作、焊接工艺和参数、焊接检验和试验等内容，还应包括对焊接质量施加影响的相关因素的识别和控制。焊接工艺规程在技术方面应满足焊接接头的使用性能要求和工艺性能要求，经济性方面应考虑成本和生产条件的要求，同时还应保证安全生产与环境保护的要求。施工单位在采用 TSG D2002—2006《燃气用聚乙烯管道焊接技术规则》时，应根据要求对工艺方法和参数进行验证，即焊接工艺评定。大多数规范或标准为制造商或承包商规定了评定的职责，因此，施工单位必须通过焊接评定以证明其焊接工艺已经按照适宜的规范和技术标准进行试验，并已经合格。焊接工艺评定是投产前的一种指导性和验证性试验，在投产前，用拟定的焊接工艺按有关标准对所焊试件进行试验，测定焊接接头能否达到设计要求且满足使用要求。焊接工艺评定的目的在于评定及验证焊接工艺指导书的正确性，并评定施焊单位的能力，焊接工艺正确与否的标志在于焊接接头的使用性能是否符合要求。通过焊接工艺评定制定焊接工艺规范，用于聚乙烯管道的焊接施工。施工单位在开发新方法时也需要对工艺方法和参数进行确认评定。

五、材料要求

焊接所使用的板材、焊条必须符合现行国家标准和相关生产规范的要求。管件的制造和焊接必须符合安全技术规范的规定以及现行系列国家标准的要求，应取得国家颁发的许可证。焊接前应检查管材、管件，以确保其直径、SDR 和 MRS 及公差均符合要求。对于有明显缺陷或过度划伤的管材、管件，应做出标记，不能使用。热风焊接用母材和焊条的材质应当为相同的材料，至少要为同一类材料。

焊接用聚乙烯材料应符合国家标准 GB 15558.1～3 系列标准对产品的要求。管材、管件和阀门搬运时，应小心轻放，不得抛、摔、滚、拖。当采用机械设备吊装管材时，应采用非金属绳（带）绑扎管材两端后吊装。管材运输时，应水平放置在带挡板的平底车上或平坦的船舱内，堆放处不得有损伤管材的尖凸物，应采用非金属绳（带）捆扎、固定，管口应采取封堵保护措施。管件、阀门运输时，应按箱逐层码放整齐、固定牢靠。在运输过程中不应受到暴晒、雨淋、油污及化学品污染。

管材、管件和阀门的使用应按不同类型、规格和尺寸分别存放，并遵照“先进先出”原则。管材、管件和阀门应存放在仓库（存储型物流建筑）或半露天堆场（货棚）内。仓库（存储型物流建筑）或半露天堆场（货棚）的设计应符合国家现行标准的有关规定。存放在半露天堆场（货棚）内的管材、管件和阀门不应受到暴晒、雨淋，应有防紫外线照射措施，仓库的门窗洞口也应有防紫外线照射措施。管材、管件和阀门应远离热源，严禁与油类或化学品混合存放。管材应水平堆放在平整的支撑物或地面上，管口应采取封堵保护措施。当直管采用梯形堆放或两侧加支撑保护的矩形堆放时，堆放高度不宜超过 1.5m；当直管采用分层货架存放时，每层货架高度不宜超过 1m，图 8-3 所示为管子的堆放。管件和阀门应成箱存放在货架上或叠放在平整地面上，当成箱叠放时，高度不宜超过 1.5m，使用前不得拆除密封包装。管材、管件和阀门在室外临时存放时，管材管口应采用保护端盖封堵，管件和阀门应存放在包装箱或储物箱内，并应采用遮盖物遮盖，防止日晒、雨淋。依据 CJJ 63—2018《聚乙烯燃气管道工程技术标准》要求，聚乙烯管材、管件和阀门不应长期在户外存放。从生产到使用期间，累计受到太阳能辐射量超过 $3.5GJ/m^2$ 的，或管材存放期超过 4 年的，或密封包装的管件存放期超过 6 年的，应对其抽样检验，性能符合要求方可使用。管材抽检项目包括：静液压强度（165h/80℃）、电熔接头的剥离强度和断裂伸长率。管件抽检项目包括：静液压强度（165h/80℃）、热熔对接连接的拉伸强度或电熔管件的熔接强度。阀门抽检项目包括：静液压强度（165h/80℃）、电熔接头的剥离强度、操作力矩和密封性能试验。

图 8-3　管子的堆放

第三节　非金属材料焊接的质量管理方法

非金属材料焊接质量不易通过焊接后的检验或试验得到充分验证，是一种特殊过程。非金属材料焊接结构件焊接接口质量的控制目前大多通过外观检查或破坏性试验来检验，现阶段还缺乏有效的无损检测技术手段。因此，塑料焊接必须通过整个过程共同控制，只有将设计、工艺、生产、质量保证结合起来，共同形成成熟的质量管理体系才能保证最终焊接质量。

一、焊接生产质量管理概念

质量管理的核心内涵是使人们确信某一产品（或服务）能满足规定的质量要求，并且使需方对供方能否提供符合要求的产品和是否提供了符合要求的产品掌握充分的证据，建立足够的信心，同时，也使本企业自己对能否提供满足质量要求的产品（或服务）有相当的把握而放心地组织生产。

对焊接生产质量进行有效的管理和控制，使焊接结构制作和安装的质量达到规定的要求，是焊接生产质量管理的最终目的。

焊接生产质量管理实质上就是在具备完整质量管理体系的基础上，运用系统工程观点，全员参与质量管理观点，实现企业管理目标和质量方针的观点，对人、机、物、法、环实行全面质量控制的观点，质量评价和以见证资料为依据的观点，质量信息反馈的观点，这6个观点来对焊接结构制作与安装工程中的各个环节和因素所进行的有效控制。

二、焊接生产质量管理体系

企业为了实现质量管理，制订质量方针和质量目标，分解产品（工程）质量形成过程，设置必要的组织机构，明确责任制度，配备必要的设备和人员，并采取适当的控制方法使影响产品（工程）质量的因素都得到控制，以减少、消除特别是预防质量缺陷的产生，所有这些形成的一个有机整体就是质量管理体系。该体系的建立与运转，可向需方提供自己的质量体系以满足合同要求的各种证据，包括质量手册、质量记录和质量计划等。

由于产品的质量管理体系是运用系统工程的基本理论建立起来的，因此可把产品制造的全过程，按其内在的联系，划分成若干个既相对独立又有机联系的控制系统、环节和控制点，并采取组织措施，遵循一定的制度，使这些系统、环节和控制点的工作质量得到有效控制，并按规定的程序运转。所谓组织措施，就是要有一个完整的质量管理机构，并在各控制系统、环节和控制点上配备符合要求的质控人员。

三、质量管理方法

1. 质量控制点的设置

质量控制点也称为“质量管理点”。任何一个生产施工过程或活动总是有许多项质量特性要求，这些质量特性的重要程度对产品（工程）使用的影响程度并不完全相同。例如，压力容器的安全性与原材料的材质好坏、焊缝的质量优劣关系很大，而容器表面刷涂的油漆颜色是否均匀却只影响容器的外观。前者的后果是致命的，非常严重，后者是外观效果问题，在一定条件下，客户还是可以接受的。因此，为保证质量处于受控状态，在一定的时间和一定条件下，产品制造过程中需要重点控制的质量特性、关键部件或薄弱环节就是质量控制点。

焊接生产质量管理体系中的控制系统主要包括材料质量控制系统、工艺质量控制系统、焊接质量控制系统、无损检测质量控制系统和产品质量检验控制系统等。每个控制系统均有自己的控制环节和工作程序、检查点及责任人员。

1）材料质量控制系统，是从编制材料计划到订货、采购、到货、验收、保管、发放、标记移植等全过程进行控制，重点是入厂（场）验收并严格管理和可靠发放，坚持标记移植制度。

2）工艺质量控制系统，是对生产工艺或施工方案的分析确定、工艺规程和工艺卡的编制、生产定额估算等一系列工作进行控制的流程。

3）焊接质量控制系统，其涉及的范围比较广，主要包括焊工考试、焊接工艺评定、焊

接材料管理、焊接设备管理和产品焊接五条控制线。

4）无损检测质量控制系统，按其任务不同，无损检测控制程序繁简不同。原材料只要求做超声波检验，无损检测记录报告经无损检测责任工程师签发后交材料检验员，作为原材料检验的一部分原始资料保存。而焊工技能考试及工艺评定的控制程序是相同的，其无损检测记录报告签发后，交焊接试验室立案存档。

5）产品质量检验控制系统，反映了产品制作全过程的控制，由于职责分工不同，如材料检验、焊接检验、无损检测由各独立的系统加以控制。

2. 质量管理机构及工作方式

质量管理机构的设置和复杂程度主要取决于产品质量管理控制系统、环节和控制点的划分情况。一般这些系统、环节和控制点划分得越细，质量管理机构就越复杂，需要的岗位责任人员也越多。质量管理机构由一定的职能部门、产品质量主要负责人、产品质量主要保证人、各控制系统责任人以及各控制点岗位责任人组成。各级质量控制责任人除应对本岗位、本环节和本系统工作质量负责外，还应向上一级质量控制责任人、质量管理总负责人、最高管理者保证工作，形成一个完整的质量控制网络。

3. 建立“三检制度”

三检制度包括自检、互检、专检，是施行全员参与质量管理的具体表现。

（1）自检　操作人员在操作过程中，必须进行个人自检，填写有关检验评定表中自检项目内容。

（2）互检　上道工序完成后下道工序进行前，必须组织交接双方进行相互检查，未经相互检查或经相互检查但未达到要求的，可拒绝进行下一工序施工。

（3）专检　由专职检验人员进行检验。专职检验人员应对焊接施工过程进行检查，负责施工现场焊接质量管理和工艺纪律监督检查，同时要对关键环节进行检查控制。未经专检人员检验、评定的项目，或经检验、评定而未达到质量标准的项目不得进行下道工序。

焊接检查分为焊前检查、焊接中间检查、焊后检查。焊前检查是按照焊接工艺文件检查执行工艺要求的准备措施、施焊前材料检查、坡口和组对质量检查、焊接面清洁度检查、焊工资格的确认、焊接设备和工艺装备检查等。焊接中间检查是对施焊工艺和参数进行检查和确认，热风焊时进行层间检查。焊后检查是焊缝外观检查、无损检测和焊接记录检查。若检查时发现质量问题，必要时应进行破坏性试验。

4. 建立健全质量信息系统

建立健全质量信息系统主要应由专职的质量管理人员、技术人员来执行，生产工人在其中也应发挥积极作用。生产现场的质量缺陷预防、质量维持、质量改进，以及质量评定都离不开及时正确的质量动态信息、指令信息和质量反馈信息。对各种需要的数据进行收集、整理、传递和处理，形成一个高效率的信息闭环系统，是保证现场质量管理正常开展的基本条件之一。质量动态信息是指生产施工现场的质量检验记录，各种质量报告，工序控制记录，原材料、半成品、构件及配套件的质量动态等。指令信息是上级管理部门发出的各种有关质量工作的指令，这些指令是质量工作必须遵循的准则，也是质量管理活动中进行比较的标准。质量反馈信息是指执行质量指令过程中产生的偏差信息，即与规定目标、要求、标准比较后出现的异常情况信息，这种异常信息要及时反馈到有关人员和相应的决策机构，以便迅速做出新的判断，形成新的调节指令信息。

现场生产工人在日常生产活动中，都应该提供必要的质量动态信息和质量反馈信息，这些信息可为制定指令信息提供第一手资料。现场质量管理中应注意以下三点：

1）应根据施工过程中进行的质量缺陷预防、质量维持、改进、评定等质量活动，明确规定相应的责任及相互间的协调关系，赋予应有的权限，落实到有关部门和具体人员，并坚持检查考核，同奖惩挂钩。

2）还应根据现场施工过程要实现的质量目标，将以上工作和活动加以标准化、制度化、程序化，进而形成现场的质量保证体系。

3）为了促进工人严格遵守工艺纪律，有必要建立考查工艺执行情况的奖惩责任制。

第四节　热熔焊的质量控制

一、工艺流程

热熔对接焊是同时加热需要焊接的管材（管件）的两个端面，使其达到熔化温度，迅速贴合，在一定的压力下熔为一体后冷却，以达到熔接的目的。焊接范围如下：

① 同压力等级：PE80 与 PE80，PE100 与 PE100。

② 管材同规格：外径与 SDR 值相同。

③ 管材口径：管材外径 >63mm，壁厚 $S \geqslant 6$m。

④ 熔体质量流动速率 MFR 差值：<0.5g（190℃，5kg/10min）。

焊接工艺要素包括三个重要参数（温度、压力、时间）和一个重要因素（清洁），热熔对接焊工艺流程如图 8-4 所示。

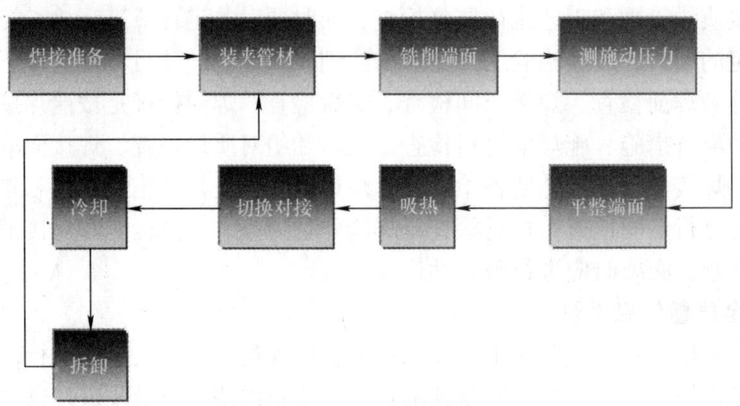

图 8-4　热熔对接焊工艺流程

1. 准备阶段

设备投入使用前应先空载运行，确保设备各个组件可以正常工作，提早发现设备故障以免焊接过程中出现故障导致焊接失败。

准备阶段的工作包括以下部分：

1）输入电压的检查，输入电压应在额定电压的 ±15% 范围内，尤其是野外使用发电机时，要确保发电机的功率可以带动整个设备系统。

2）油路快插接头连接前确保接头表面清洁。

3）泵站空载运行，排出气体。

4）检查加热板涂层，确保完好，表面确保清洁。

5）加热板温度确认，确保可以达到设定温度，且盘面温度均匀，偏差在 ±7℃范围内。

6）活塞在机架上运行流畅，机架无变形，设备无漏油现象。

7）设置的焊接工艺和参数要与当前待焊管材管件的型号规格相匹配，符合焊接工艺要求。

2. 装夹焊件

正确地装夹焊件既可以保证焊接质量又可提高工作效率，起到事半功倍的效果，如图 8-5所示。

装夹过程应注意以下几个方面：

1）预备焊接的管材管件端面平整，截面垂直于管材管件轴线，减少铣削时间，保证足够的焊接长度。

2）装夹位置要预留足够的空间，伸出的自由长度应不小于公称外径的 10%，且要安装在机架行程范围内，并为铣刀、加热板留有足够空间，以保证焊接可以正常进行。

图 8-5　装夹焊件

3）检查同轴度，确保焊接轴线在同一直线上，尤其在用大口径规格焊机焊接小口径管材管件时，易产生挠度，要设立支撑保证同轴度，可以有效减小焊接错边量和防止焊接管材管件出现尖角。

4）在开始铣削前应确保铣刀及管材管件焊接区域清洁，清除内部积水和外部污物。

3. 铣削端面

端面加工的质量对焊接过程影响很大，为了有效保证焊接端面的加工质量，铣削过程应注意以下几点：

1）铣削时应确保铣刀与机架连接的安全装置固定牢靠，防止铣削过程中铣刀晃动导致铣削端面不平整。

2）铣削过程中要调整铣削压力，防止切削厚度过大导致铣刀负载过大而出现故障影响施工，同时切削厚度过大也会使焊接端面不平整，影响焊接效率。切屑的平均厚度不应大于 0. 2mm。

3）应从机架下方清理切屑，防止地面泥沙、尘土等污染物带到焊接面上。

4）铣削完端面后，应闭合机架，检查错变量及端面间隙。

错边量不应大于壁厚的 10%，管材端部最大间隙应符合表 8-1 的要求。

表 8-1　管材端部最大间隙

管材公称外径 d_n/mm	管材端部最大间隙/mm
$d_n \leqslant 250$	0. 3
$250 < d_n \leqslant 400$	0. 5
$400 < d_n \leqslant 630$	1. 0
$d_n > 630$	$0.2\% \times d_n$

5）检查夹紧以免焊接过程中机架滑动造成焊接失败。检查夹紧的方法是将系统加压到焊接过程中的最大焊接压力（包含拖动压力），看机架与焊件间有无滑动。

6）放入加热板前用无水酒精清洁管材端面和加热板表面。

4. 平整端面

吸热前一定要确保端面平整，使端面与加热板完全贴合以保证有效的热传导，所以加热板放置后端面是否平整非常重要。验证端面是否平整可以通过观察加热板放置后加压产生的凸起高度（见图8-6），一定要确保沿圆周方向都有凸起，且最小凸起高度符合焊接工艺和相关技术规程的要求。

图8-6　验证端面平整

5. 切换对接

切换过程中要防止骤然将压力调高，以防焊口产生高压碰撞的现象。高压碰撞会将加热的熔融聚乙烯挤压到内外翻边上，焊口处留下吸热不足的冷料，造成焊接缺陷。

切换对接的时间必须符合工艺要求，控制在小于规定的时间内。切换时间过长会导致加热端面的焊口温度降低，熔接面热量不足，造成焊接缺陷。寒冷天气（< -5℃）和大风天气要采取保护措施。

6. 焊接记录

焊接时每一个焊口都应当有详细的焊接原始记录，见表8-2。记录内容应包括以下内容：

1）施工单位信息、工程信息。

2）原材料厂家信息、焊接设备厂家及焊接设备信息。

3）环境温度。

4）焊工代号、焊口编号。

5）管道元件规格类型。

6）焊接压力、拖动压力、冷却压力。

7）加热板温度。

8）卷边高度。

9）吸热时间、切换时间、增压时间、冷却时间。

10）其他影响焊接作业的相关信息。

表 8-2　对接焊焊接记录表

施工单位名称：					施工地点：				工程名称：				
施工人员：					证件编号：				焊机规格/型号：				
管材厂家：					管件厂家：				焊机生产厂家：				
工件				环境温度/℃	工艺要求值		拖动压力/MPa	凸起高度/mm	切换时间/s	工件焊接实际值			
焊口编号	焊接日期	管材规格 d_n/mm	SDR		凸起压力/MPa	接缝压力/MPa				凸起压力/MPa	焊接压力/MPa	吸热时间/s	冷却时间/min
001													
002													
⋮													
举例													
015	2021/11/5	200	11	5	14.0	14.0	9.0	1.0	10	23.0	23.0	170	22

注：如果使用半自动焊机焊接，每一个焊口都必须做好完整的焊接记录。

二、热熔焊过程中的质量控制因素

热熔对接接头的质量主要靠过程控制来保障，过程控制应从人、机、料、法、环五方面入手。

1）人：焊接工人必须经过培训，并受到有效的管理。

2）机：设备应符合有关标准的要求，并经常维护在良好的工作状态。

3）料：焊接前应检查管材、管件，以确保其直径、SDR 和 MRS 及公差均符合规定。有明显缺陷或过度划伤的管材、管件应做出标记，不能使用。在开始铺设前和铺设过程中均应注意检查管材有无严重的表面缺陷，如果发现表面缺陷深度超过公称壁厚的 10%，应切断或按照有关程序修理有缺陷的这段管材。

4）法：焊接方法应严格按照施工规范和工艺参数执行。

5）环：环境因素主要考虑天气和管沟作业面状况。

影响热熔对接接头质量的主要工艺因素如下：

（1）适合焊接的管材　DN63mm 以上或者壁厚 6mm 以上，焊接端部 SDR 相同，尽可能是相同的材料。

（2）适合的焊接温度　通常 200～235℃，过热会引起材料降解，加热不充分会导致材料软化不够。

（3）加热时间（形成卷边）　加热板达到设定温度后，应保持一定恒温时间，然后再将端面修平的管材以焊接压力 p_1（包括拖动压力）压紧在加热板上并保持一定的时间，直到形成规定宽度的卷边。

（4）吸热时间　达到规定卷边后，将压力切换至低压 p_2（接近于 0），使管材端面和加热板之间刚好保持接触，开始吸热，吸热时间（单位为 s）是管材壁厚（单位为 mm）的 10 倍。在操作中常见的错误是吸热时间太短，不能保证管材端面材料获得足够的熔融深度。

（5）切换时间　达到吸热时间后，移走加热板，再合拢焊机夹具，使管材端面接触。在这段时间内，熔融的物料暴露在空气中，不但会迅速降温，还会产生一定程度的热降解，因此切换时间的控制非常重要，越短越好。

（6）增压时间　重新建立焊接压力时，应平稳迅速而不能太过突然，以免熔体不均匀流动或产生较大的内应力。

（7）焊接（冷却）压力　焊接压力不能过高，以免将焊接面上的熔融物料完全挤跑，形成冷焊接头。焊接（冷却）压力应在整个冷却过程中保持不变。

（8）冷却时间　在整个冷却过程中，对接焊机应保持压紧状态。冷却时间对接头质量有着非常重要的影响，为提高效率而人为缩短冷却时间是严重错误的。

（9）工作环境　环境温度低于 -5℃或大风天气时，应采取保护措施。

（10）端面铣削　铣削端面时，压紧力应足以使铣刀两侧产生稳定连续的聚乙烯薄片。撤走铣刀时，应先降低压力，保持铣刀继续旋转，直到不再切削下聚乙烯层再移走铣刀，以免管材起毛刺。

（11）拖动阻力　焊接前一定要测量焊机的摩擦损失和拖动阻力，并将其加到需要的焊接压力上。应尽可能减小拖动阻力，如使用短管作为滚筒。

（12）设备状况　焊接设备应定期维护，加热表面的清洁和完整性、温控精度、对中能力均非常重要。焊机不使用时，应储存保护好。

第五节　电熔焊的质量控制

一、工艺流程

电熔焊通过预埋在电熔管件内表面的电阻丝通电发热，使电熔管件内表面和承插管材的外表面达到熔化温度，并产生压力，冷却后融为一体，达到熔接目的。焊接范围可参照 GB 15558.1—2015《燃气用埋地聚乙烯（PE）管道系统　第 1 部分：管材》规定的所有规格系列管材及 GB 15558.2—2005《燃气用埋地聚乙烯（PE）管道系统　第 2 部分：管件》中所列规格管件的连接。电熔焊工艺流程如图 8-7 所示。

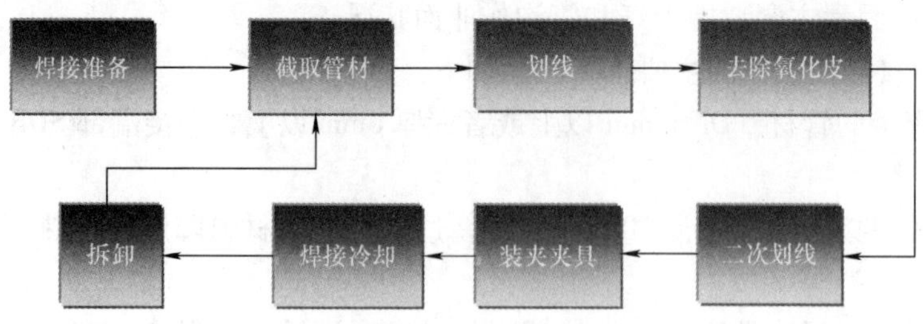

图 8-7　电熔焊工艺流程

1. 准备阶段

检查电源电压在焊机要求的范围之内，特别是发电机电压。输入电压波动值要求不能超过额定电压的 ±15%，输出电压（负载电压）波动值要求不能超过额定电压的 ±1.5%，导线容量应达到焊机输出功率的要求。尤其是当导线需要加长时，要确保焊机有效输入负载电压符合标准要求，发电机输出有效功率应满足设备使用要求。

检查电熔焊机接头端面与焊接管件接触是否稳固，防止产生虚接现象，清除接头中的泥

沙污物，保证接头与管件有效接触，降低接触电阻，否则会出现接头过热导致焊接失败。

2. 截取管材

管材端面应垂直于轴线，斜度<5mm，以确保焊接的管材管件都在有效的熔合焊接区域内，防止管件电阻丝外露空烧。

3. 划线

一次划线来确认氧化皮的刮削范围，以保证焊接区域的氧化皮被充分地去除，划线区域为焊接长度+10mm，如图8-8所示，去氧化皮的厚度为0.1～0.2mm。

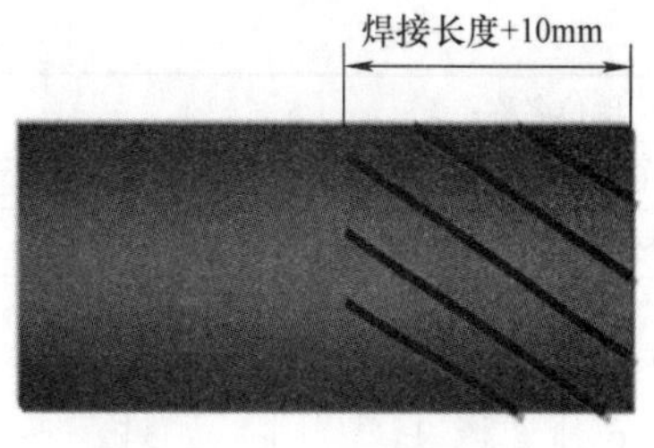

图8-8　刮削范围划线

二次划线来确认管件的安装位置，以保证管材管件焊接安装到位，如图8-9所示。

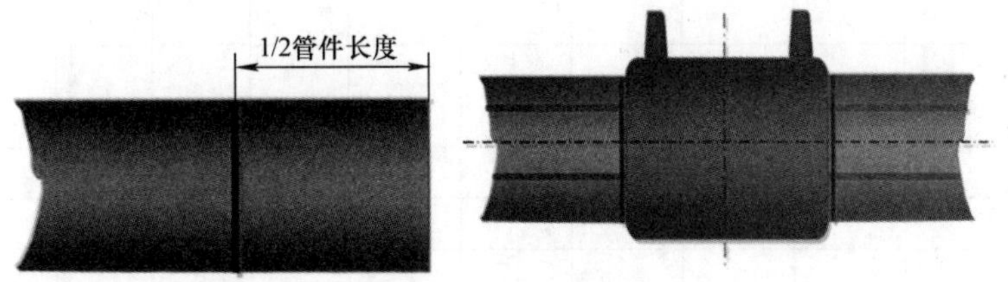

图8-9　安装位置划线

4. 装夹夹具

安装管件前应用无水酒精或焊口湿巾清洁管材管件焊接面。电熔焊接必须使用焊接夹具，以防止焊接过程中受外力干扰导致焊接失败，如图8-10所示。

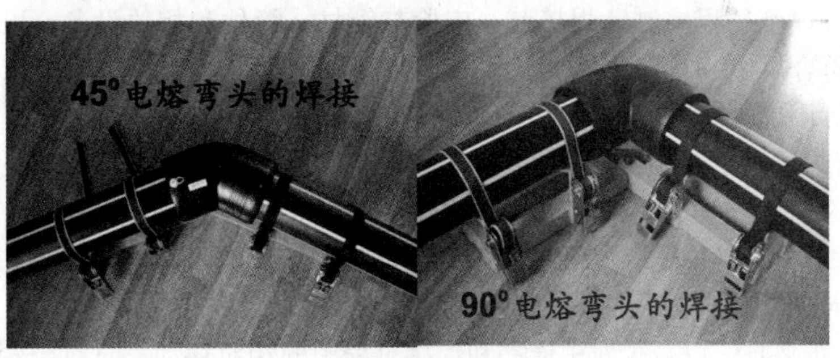

图8-10　焊接夹具装夹

5. 焊接记录

焊接时每一个焊口都应当有详细的焊接原始记录，表8-3为电熔连接焊记录表，记录内容包括以下内容：

1）施工单位信息、工程信息。

2）原材料厂家信息、焊接设备厂家及焊接设备信息。

3）环境温度。

4）焊工代号、焊口编号。

5）管道元件规格和类型。

6）焊接电压、焊接时间、冷却时间。

7）其他影响焊接作业的相关信息。

表 8-3　电熔连接焊记录表

施工单位名称：					施工地点：			工程名称：					
施工人员：					证件编号：			焊机规格/型号：					
管材厂家：					管件厂家：			焊机生产厂家：					
编号	焊接日期	环境温度	工件一：管材/管件		工件二：电熔管件			工艺参数记录					
								工艺额定值			焊接实际值		
			规格	SDR	规格	SDR	电阻值	焊接电压	焊接时间	冷却时间	焊接电压	焊接时间	冷却时间
01													
02													
03													
⋮													

二、电熔焊过程中的质量控制因素

电熔焊的质量同样可从人、机、料、法、环几个方面来控制。电熔焊的关键工艺和参数包括电压、加热时间、冷却时间、电阻值。从技术上讲，最主要的是电熔管件本身的设计水平、制造质量和焊接过程控制。焊接前，应检查管材、管件和相关设备，以确保其几何尺寸、性能等均符合规定，并保证焊接人员持证上岗。

提高电熔焊质量的主要控制因素如下：

1）注意待焊表面不能被污染或氧化，若有此情况应先进行表面处理，此外，焊接表面必须干燥。

2）要注意管材与管件之间的配合间隙、不圆度、插入深度、轴向对中与定位，确保组合件在无非轴向应力的情况下进行焊接。

3）使用对正夹具，以减少对中误差和焊接过程中的相对移动。只有当管材插入管件保持同轴时，管材的外表面与管件的内表面才能保证有良好均匀的接触。当管材插入管件时，如果管材的轴线与管件的轴线之间有一倾角，通电加热焊接过程中，在一定程度上会影响焊接质量。而且由于这一倾角的存在，焊接完成埋入管沟后，这一焊接部位会存在较大的应力。

4）电熔焊设备应符合国家相关规范、标准的要求，其日常维护非常重要，应定期进行。

5）在电热丝电阻值和加热时间一定的情况下，电熔管件的发热量直接跟焊接电压有关，在焊接电压不稳定的情况下，如果焊接电压偏低，则会造成发热功率偏小，容易导致虚焊，如果焊接电压偏高，则会出现相反的情况。

6）施工现场电源接线超过 50m 就必须检查导线截面积是否符合要求，超过 100m 时，最好使用发电机供电，以保证焊接电压稳定。

7）在电热丝电阻和焊机焊接电压一定的情况下，决定发热功率的主要因素就是焊接时间。若焊接时间过长，不仅可能造成过热、炭化，而且可能使管材内壁软化变形；若焊接时间过短，则可能造成熔深不足，或者对焊接功率要求过高，造成电热丝附近过热。

8）冷却的目的是使接头达到足够的强度，如果冷却时间偏短，则会使焊口在未完全冷却的状态下受外力扰动，从而造成焊口强度下降。在冷却过程中应保持焊接组件处于夹紧状态且不得采取强制冷却。

第六节　热风焊的质量控制

1. 母材和焊条

（1）材质　母材和焊条的材质应为相同的材料，至少是同一类材料。不同材料的物理性能（如熔点）、力学性能（如抗拉强度、伸长率）、化学性能（耐蚀性能）等各不相同，只有采用同一类材料进行焊接，方可保证焊接接头的质量符合使用要求。

（2）塑料中的填充物　母材和焊条中的填充物如玻璃纤维、滑石粉等改变了材料的物理性能。塑料中填充料的含量同塑料的焊接性和焊接质量有很大的关系，填充物含量低于20%的塑料不需要进行特殊处理可以直接进行焊接，当填充物含量超过30%时，由于塑料比例不足，会降低材料的焊接性能。

（3）母材和焊条干燥　母材和焊条均应维持干燥且不得长久在太阳下暴晒。如果采用潮湿的母材和焊条，内含的水分会在受热后变成蒸汽跑出而在焊缝中出现气泡，使焊缝性能减弱，因此必要时应进行干燥处理。

2. 焊接工艺

（1）焊接温度　根据不同的材料种类选择不同的温度，不同材料的熔融温度不同，焊接温度也不相同。过高的焊接温度会导致塑料降解，使材料性能劣化甚至产生气体、烧焦等现象；过低的焊接温度则会导致塑料熔融不充分，从而不能很好地进行焊接，形成冷焊。

（2）焊接速度　在加热功能一定时，焊接速度决定了塑料接头的熔融量。焊接速度和热功率协调才会得到最恰当的熔融量，保证足够的分子间融合，消除虚焊现象。焊接速度过快，会导致塑料材料熔融不充分，形成虚焊；速度过慢则会导致加热温度高，塑料降解。

（3）焊接压力　施加焊接压力可促使焊接面的熔融材料分子间彼此流动、扩散、互相缠绕，使焊接面融为一体。但是如果焊接压力过大，会导致熔体大量被挤出焊缝界面而无法产生良好的焊接结果；如果焊接压力过低，母材和焊条的熔体不能很好地相互渗透，也无法取得好的焊接结果。

（4）坡口的形式和尺寸　焊缝的强度和承载能力与焊缝的厚度有关，为使焊缝的厚度达到规定的尺寸，不出现焊接缺陷，获得全焊透的焊接接头，接缝的边缘应按板厚和焊接工艺加工成合适的坡口。选择坡口形式和尺寸时，应考虑坡口的角度、根部间隙、钝边尺寸和根部半径等。为保证焊条能够接近接头根部，以及多层焊时侧边熔合良好，坡口角度与根部间隙应保持一定的比例关系。当坡口角度减小时，根部间隙必须适当增大，因为根部间隙过小，根部难以熔透，必须采用较小规格的焊条，降低焊接速度。如果根部间隙过大，则需要较多的焊条进行填充，从而降低了生产效率。

（5）焊条直径　焊条直径应与焊接设备相匹配，通常用尺寸相对大的焊条焊接尺寸不大的焊缝，如2mm厚焊接接头，选择直径为3mm的焊条。

3. 热风焊操作

热风焊操作中，除以上焊接工艺对焊接质量有影响外，以下操作对焊接质量也有较大影响。

（1）焊接面的清洁　待焊接材料的坡口和表面清洁应符合要求，如果焊件表面受到污染或者表面有杂质，将直接影响焊接质量。

（2）焊接操作　热风焊操作时，要密切注意热风是否已将待焊件表面和焊条熔化，送丝速度要与熔化速度保持一致，同时要保证将整个焊缝长度上填满。若热风不能将待焊件表面和焊条熔化，容易形成假焊，若焊接速度过慢，会使焊接面和焊条材料发生老化和降解。

4. 焊接人员

热风焊接属于手工操作，其焊接质量的好坏与操作人员的技能有很大的关系，因此塑料热风焊接人员应经过专业技术培训后方可上岗。从事特种设备（压力管道、压力容器等）塑料热熔对接焊接工作的人员，须经过法律法规、标准、材料性能、实际操作技能等方面的培训，并且通过考试，取得塑料电熔连接焊接资格，持证上岗。

操作人员应具有较强的质量意识和安全责任意识，熟练掌握施工工艺、施工方法，具备作业技能，能够正确使用、维护、检查施工机具等。同时，应充分发挥工程监理的作用，对施工人员加强监督管理。

5. 热风焊设备

热风焊设备主要为热风焊焊枪。焊接时，应根据所焊接的材料和工作场所，选择合适的热风焊焊枪。对加热温度的准确性有严格要求的塑料，必须选择带有温度数字显示功能的焊枪；对于要经常移动位置进行焊接的制件，须选用体积轻巧携带方便的焊枪。风嘴的形状应符合焊缝形状的要求。

6. 施工环境

施工环境对热风焊的焊接质量也会产生影响，在风雨天气以及－5℃以下的环境中进行焊接时，工作环境恶劣，操作精度很难保证；在大风环境下进行操作，大风会严重影响热交换过程，易造成加热不足或温度不均，因此，要采取保护措施（如设置帐篷、为管道增加端帽等），并调整熔接工艺（如适当降低焊接速度等）。

第九章 非金属管道焊接缺陷及检验

非金属管道的使用效果如何，很大程度上与所选用的接头结构和焊接装配工艺过程的参数有关（除外来损坏）。非金属管道的连接目前普遍采用不可拆卸的焊接接头，即热熔连接、电熔连接或热风焊接。保证非金属管道焊口质量的重点，就是整个焊接过程中按照评定合格的焊接工艺进行焊接操作。焊接就是操作机器的过程，规范的操作才能有合格的焊口，才能保证管网安全运行。

非金属管道各种焊接缺陷之间是有关联的，造成缺陷的主要因素有：非金属材料之间的互熔性、焊接工艺、焊接设备的质量和工况、焊接环境和气候、焊接操作者的技能等。因此，非金属管道焊接的质量控制也集中在这几个关键因素。

非金属管道焊接的原理虽然简单，但影响质量的因素却很多，任一环节控制不严，都会影响焊接质量。因此，焊接施工时应严格从人、机、料、法、环五个环节进行控制，不放过任何细节，这样才能有效地确保焊接施工质量，保证管网安全运行。

第一节 热熔焊焊接缺陷

热熔焊焊接可能存在的缺陷可分为四种：

1）焊件熔接前准备和配合的缺陷：管端加工不良，连接表面不清洁，轴向偏差过大等。

2）焊口形状的缺陷：主要是指焊口卷边尺寸和结构存在偏差。

3）焊接接头的微观缺陷：如气孔（塑料的热氧化破坏）、未焊透（熔接温度和压力不够）、缩孔（人工强制冷却接口或寒冷环境下焊接）、裂纹、外来杂质等。

4）显微结构缺陷：主要是指非金属材料受到强烈的热氧化破坏，造成管材材质变差。

一、热熔对接焊口外观缺陷

热熔焊焊接缺陷从产生的位置可分为热熔对接焊口外观缺陷和焊接接头缺陷。非金属材料热熔焊的熔接面缺陷有时在焊口外观上有一些直观反映，有些缺陷可从外观上初步判别。非金属管道热熔对接焊口外观缺陷主要包括以下四类：

（1）接头形状异常　标准的焊接接头，接头中间一般向下凹陷，且凹陷深度不超过管道表面，焊接接头两边均匀、圆润。接头形状异常主要有焊接接头不对称、窄而高、较大或较小。其中，不对称焊接接头是由于加热时间或加热温度不同或焊接不同种材料，塑料熔体流动速率不同造成的。窄而高的焊接接头是由于焊接压力过大造成的。较小的焊接接头是由于焊接压力过小，液压缸行程不足或加热板温度过低，加热时间过短造成的。较大的焊接接头是由于加热板温度过高，加热时间过长造成的。

（2）焊口表面有气泡、凹陷或麻点　这种缺陷产生的主要原因有：①材料水分含量大；②黑色管碳含量高（碳含量高，不易扩散，易结块，容易吸水）；③焊接时加热板面被污染；④小口径管热熔对接焊时，管端口径小（DN≤90mm），截面积小，加热管端软化，热传导快，熔接压力难以控制，易出现密集型或分散型的麻点。

（3）焊缝翻边翘边、过宽和成形不规则　这种缺陷产生的主要原因有：①加热板不清洁，迅速取出时将焊口端面拉毛；②加热板迅速取出时，碰撞到另一端面；③加热温度低或加热时间不够，压力过大，使焊缝过宽不饱满；④待焊件密度、熔融指数不同，吸热温度差异大。

（4）管件焊缝出现收缩点　这种缺陷出现在管材与管件、管件与管件的焊接中，由于受加工条件的制约，在注射成型管件时，会产生一条纵向回缩线，其强度较大，存在内部残余应力变形，焊接后形成个别收缩点，如90°注塑弯头与注塑三通的焊接。

二、热熔对接接头缺陷

热熔对接接头缺陷示意图和产生原因见表9-1。非金属材料热熔焊的缺陷类型主要有熔接面夹杂、孔洞、未熔合、冷焊、过焊和不对中6种，不同缺陷形成的原因是不同的。

表9-1　热熔对接接头缺陷示意图和产生原因

缺陷	图　示	产生原因
裂纹（接头处或接头附近的管材上）		环境温度过低造成接头处温度急剧向母材靠拢
焊缝缺口		熔接压力不足或冷却时间过短
缺口或凹槽（接头附近的管材表面）		夹具问题或搬运不当
管端错边	e	焊接时两管材不同轴
角度变形		焊接设备问题或管材安装问题
过窄的变形卷边		熔接压力过大

（续）

缺陷	图　　示	产生原因
卷边不规范（卷边过宽或过窄）		吸热时间不正确，或加热板温度不正确，或熔接压力不正确
卷边不均匀		管端制备偏差或焊接设备故障
假焊（熔接不充分）		连接的管端有污染，或接头表面被氧化，或转换时间过长，或加热板温度过低
砂眼（连接面出现孔洞）		熔接压力不足或冷却时间不足
外来杂质引起孔洞		加热板被污染或焊接面有水、溶剂等

非金属材料热熔焊接头上的缺陷会影响聚乙烯管道的使用性能，未严格执行热熔焊的焊接工艺是产生熔接面上缺陷的主要原因。

1. 熔接面夹杂

熔接面夹杂是指由于焊接过程中外来物质掺入熔接面，造成熔接面粘接不牢，导致接头处性能严重下降。熔接面夹杂缺陷试样如图 9-1 所示。

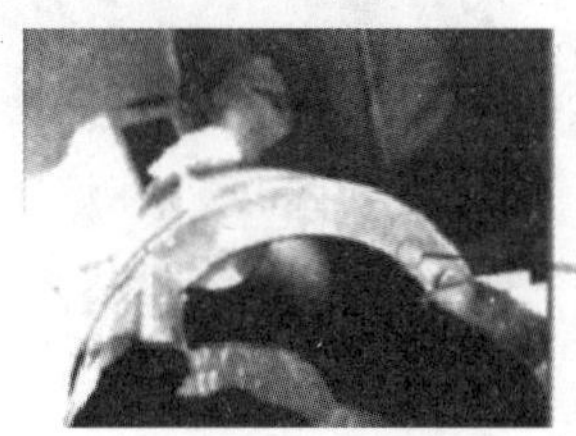

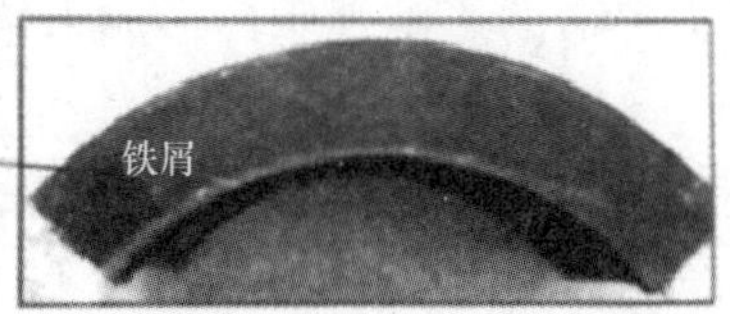

图 9-1　熔接面夹杂缺陷试样

熔接面夹杂将引起熔接面整体力学性能降低，其失效形式为熔接面的整体失效，表现为熔接面的整体脆性断裂或大面积不均匀的韧性断裂。

形成熔接面夹杂的主要原因如下：

1）管材端面未铣削，存在氧化层，导致熔接面上的材料分子缠结不牢，甚至无法缠结。

2）焊接环境恶劣，扬尘严重，致使焊接过程中熔接面出现夹杂现象。

3）水、油污、草叶、塑料碎片、铁屑等异物在焊接时进入熔接面，导致焊接后该处的材料分子缠结不牢，甚至没有缠结。

2. 孔洞

孔洞是指由于缩孔、气孔等原因形成的焊缝内部的孔穴，造成焊缝结构不连续，导致接头力学性能降低。孔洞属于体积性缺陷，如图 9-2 所示。

图 9-2 孔洞缺陷试样

孔洞可能出现在熔接面上，也可能出现在熔接面附近的热影响区内。孔洞的存在使接头熔接面在该处的力学性能明显下降，其失效形式为孔洞附近材料的韧性或脆性断裂。

形成孔洞的主要原因如下：

1）管材端部含有气泡。这主要由管材的质量决定，管材生产厂应尽量避免该情况的发生，一般实际工程中并不常见。

2）材料内部存在空气。在焊接过程中聚乙烯材料熔化，造成空气析出，最后积聚成气孔。

3）端面沾有水珠或管材放置时间过长而吸潮，在焊接过程中水分蒸发，但不能完全排出，最终积聚成大气泡。

4）由于管壁过厚，在接头冷却过程中出现散热不均，最终在熔融区的中心部位出现材料收缩形成的冷却缩孔。

5）接头焊后由于采用非正常的自然冷却，冷却不均匀，使熔接面产生大量微小缩孔，导致该处熔接面的黏合能力下降。

3. 未熔合

未熔合是指焊接时受某些因素的影响，使得熔接面局部形成缝隙或是局部聚乙烯分子缠结不牢，导致接头力学性能严重下降。未熔合缺陷试样如图 9-3 所示。

图 9-3 未熔合缺陷试样

未熔合表现为熔接面的局部材料分子未缠结或缠结不牢，对接头寿命的影响严重。形成未熔合的主要原因如下：

1）管材端面未铣平，使凹陷处材料受热不足，导致焊接后该处聚乙烯分子缠结不牢或根本未缠结。

2）焊后接头未完全冷却便将夹具卸除，长长的管道会给接头施加一个力矩，从而使熔接面受拉部位在尚未完全冷却时，缠结的材料分子受到拉应力影响而缠结不牢。

4. 冷焊

冷焊是指由于接头焊接热量不足，熔接面没有充分熔融而造成的缺陷。形成冷焊的主要原因如下：

1）图 9-4a 所示冷焊由焊接过程中加热板温度过低或加热时间过短所引起。这种冷焊的突出表现为翻边过小。

2）由于焊接压力过大，熔融物料从熔接面上大量挤出所造成的冷焊如图 9-4b 所示。这种冷焊表现为翻边过大，窄而高。

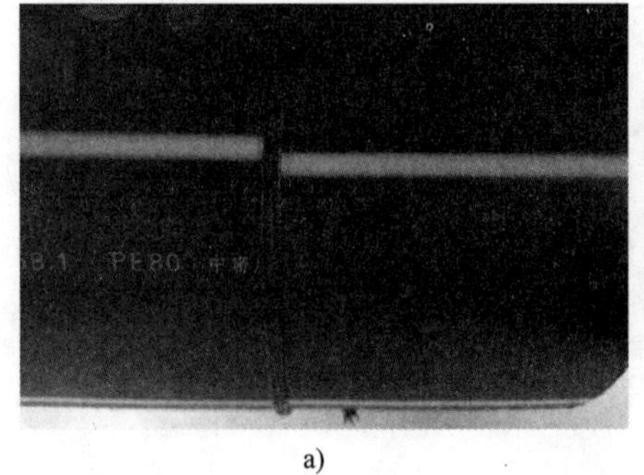

a)

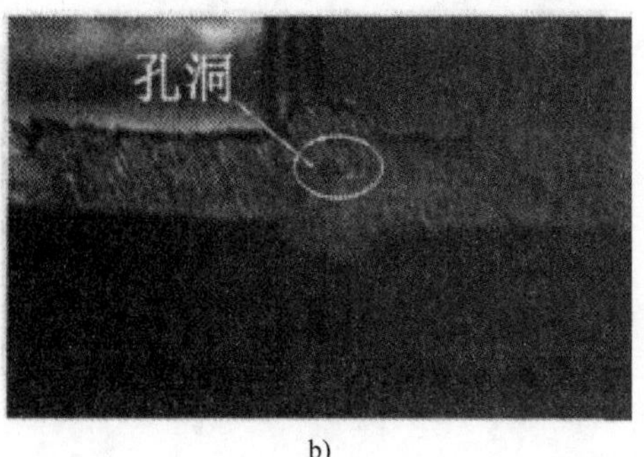

b)

图 9-4　冷焊试样

大多数冷焊仅是界面简单接合，界面层分子并未充分地扩散与缠结，分子之间渗透深度不足，虽然高分子材料之间的连接得以实现，但连接强度没有得到加强，在宏观上表现为拉伸强度弱、伸长率较低。严重的冷焊会出现熔接面脆性断裂。

5. 过焊

过焊是指由于接头焊接热量过多造成的缺陷。过焊的突出特征为翻边过大，翻边过大对于小管径管子来说是十分不利的，如图 9-5 所示。

形成过焊的原因如下：

1）加热板温度过高。

2）加热时间过长。

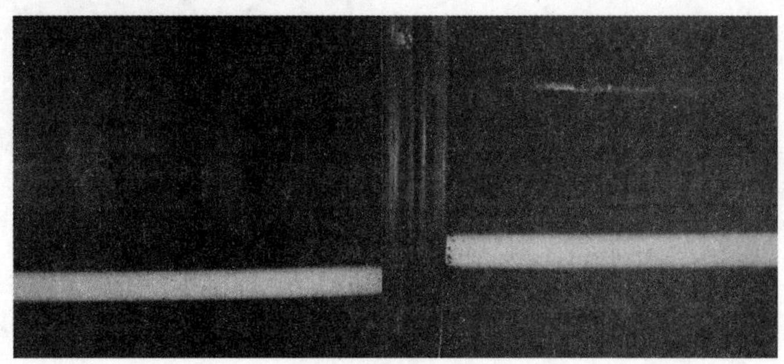

图 9-5　过焊试样

对于小管径管子来说，内翻边过大会造成较大的流动阻力，引起较大的冲击，影响对接接头的使用寿命。同时，加热板温度过高或加热时间过长，会使熔融物与空气中的氧气发生反应，在一定程度上影响接头寿命。当加热板温度超过材料降解温度时，材料会发生降解，对接头的性能影响会更大。

过焊可以通过控制翻边尺寸来避免，但翻边过大不一定都是过焊引起的。

6. 不对中

不对中是指由于焊接过程中管件的安装不在同一轴线上，最终导致焊接接头的错位缺陷，它主要包括轴向不对中（见图 9-6a）和角度不对中（见图 9-6b）。

不对中产生的主要原因如下：

1）焊接前管材的固定操作不当。

2）焊机夹具损坏。

轴向不对中主要会造成管壁局部黏结减薄，使得接头承载能力下降；角度不对中主要会造成使用过程中接头产生弯矩，影响物料的流动。

不对中在施工过程中可通过目测进行判断。

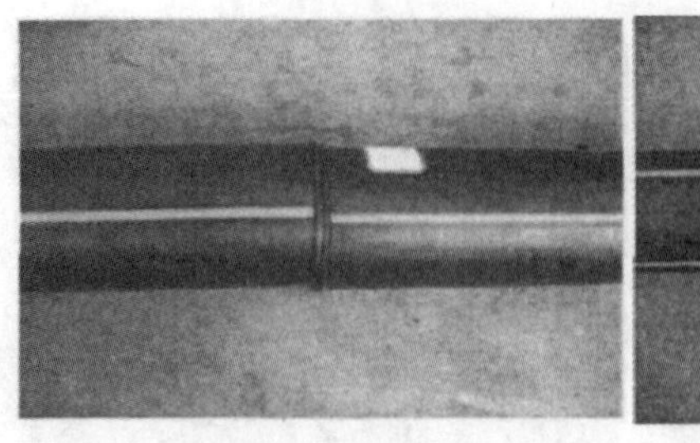
a) 轴向不对中

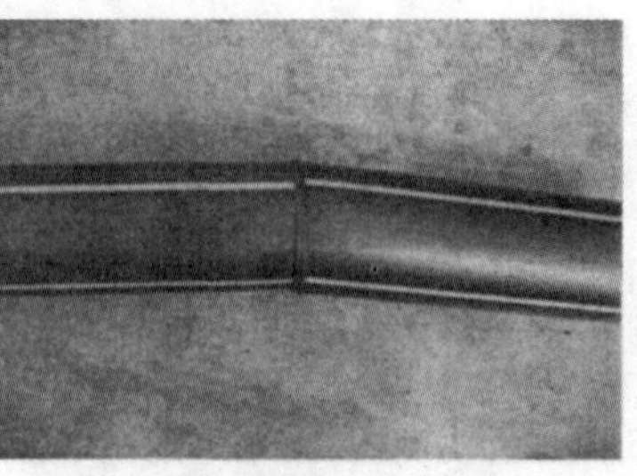
b) 角度不对中

图 9-6　不对中试样

第二节　电熔焊焊接缺陷

根据非金属材料电熔焊焊接缺陷的成因、特征及其引起的失效形式，可将电熔焊焊接缺陷分为熔合面缺陷、孔洞、金属丝错位、冷焊、过焊和承插不到位。

1. 熔合面缺陷

熔合面缺陷一般出现在熔合界面，即套筒内壁与管材外壁结合面上，如图 9-7 所示。熔合面缺陷主要包括未熔合、夹杂等，该类缺陷属于面积型缺陷。

图 9-7　未熔合面剖面

未熔合主要是指管件内壁与管材外壁间出现没有完全熔合在一起的现象，此时管件内壁与管材外壁间存在间隙。夹杂是指焊接过程中外来物质进入管件内壁与管材外壁间的熔接面。

造成熔合面缺陷的主要原因如下：

1）焊接时间不足或焊接功率偏小引起接头受热不足。

2）尺寸偏差引起管件与管材配合间隙过大，导致管件内壁与管材外壁无法接触。

3）管件内壁与管材外壁在焊接前粘有杂质。

4）管材外壁氧化皮未清理干净等。

因此，要避免接头出现熔合面缺陷，应保证接头焊接时有足够的焊接热量，在工地施工中，应避免出现管材与管件配合间隙过大以及焊接面夹杂污物的情况。

2. 孔洞

孔洞是位于焊接界面上或在焊接界面附近出现的空洞，如图 9-8 所示。该类缺陷属于体积型缺陷。

造成孔洞的主要原因如下：

1）材料因素。管件或管材制造过程中在靠近焊接面的位置留下气孔；电熔管件加工过程中预埋电阻丝上方存在加工孔洞或间隙。这些孔洞在焊接完成后仍然残留在接头中。

2）焊接加热过程中严重过焊导致的材料过热汽化，以及焊接界面黏附的水或潮湿杂质受热蒸发产生气孔。

3）焊接冷却过程中散热不均而产生材料收缩，形成冷却缩孔。

图 9-8　孔洞

3. 金属丝错位

金属丝错位是指原先均匀排布的电阻丝在焊接后发生了水平或垂直方向的位移，如图 9-9 所示。错位的电热丝可能会接触在一起使电热丝的总电阻值变小，电阻值减小会造成熔接区域的受热量增大，造成过焊。

造成金属丝错位的主要原因如下：

1）焊接过热，导致材料流动性增加，电阻丝随着材料熔体的流动发生偏移。

2）管件与管材配合过紧，造成焊接时局部熔融区域压力过大，使电阻丝错位。

要避免接头出现电阻丝错位，就应避免接头的焊接热量及焊接压力过大；在工地施工中，应避免焊接时间过长、管材承插不到位以及管材与管件配合过紧等不当操作。

4. 冷焊

冷焊是指由于接头焊接热量不足造成的缺陷，如图 9-10 所示。

图 9-9　金属丝错位

图 9-10　冷焊

冷焊主要是由于管件和管材间的界面层分子未充分扩散与缠结，分子间的渗透深度不足，虽然分子间的连接得以实现，但宏观上表现为容易剥离。

冷焊接头通常在短期的耐压试验中不会被立即破坏，但经过一定时间的管道运行后会发生泄漏，这种情况经常会出现。由于冷焊在实际施工中极易发生，且现场难以发现，因此被认为是危害性最大的缺陷。

在工地施工中，要特别注意焊机所连接的电源电压是否符合要求，焊机在焊接过程中是否出现断电或其他故障而使焊接时间不足。

5. 过焊

过焊是指由于接头焊接热量过大造成的缺陷，如图 9-11 所示。

造成过焊的主要原因如下：

1）焊接时加热时间过长，导致热输入过高。

2）焊接时焊接温度过高。

3）焊接电压超过设定工作电压，导致热输入过高。

4）焊接时，管材与管件配合过紧，造成融合面压力过大。

过焊通常伴随有孔洞和电阻丝错位等缺陷。

要减少过焊的产生，建议使用全自动焊接设备，并且配备自动识别装置，减少人为因素的干扰，同时保证现场的工作电压稳定。

6. 承插不到位

承插不到位是指由于管材承插时未达到限位处造成的缺陷，如图9-12所示。

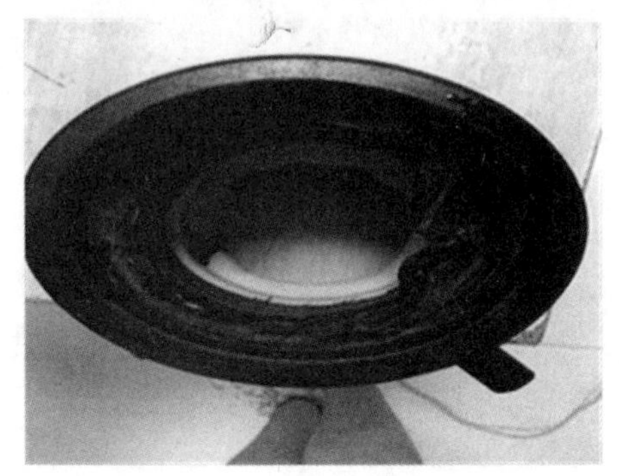

图9-11　过焊

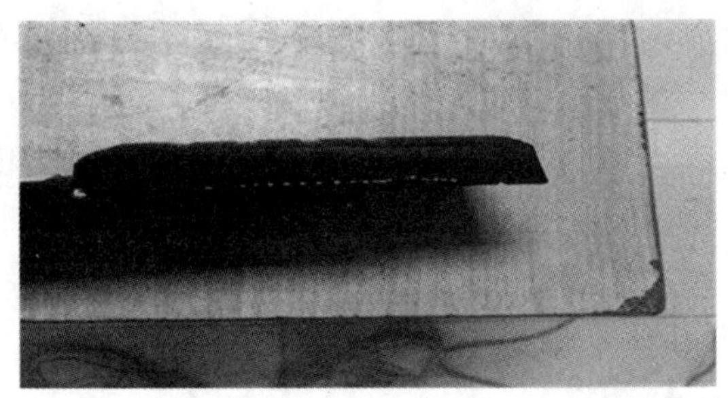

图9-12　承插不到位

造成承插不到位的主要原因如下：

1）管材与管件配合过紧，管材无法到达限位处。

2）操作人员未按规范操作，错误估计承插深度。

3）单侧超出限位位置，而另一侧达不到限位处。

承插不到位会造成焊接接头强度不够，危害比较大，因此，操作时一定要严格遵守规范，杜绝凭感觉操作的不良习惯。

第三节　焊接缺陷的检验

焊接接头的质量本质上是其承载能力，焊接质量可以通过不同的检验方法进行评价。不同的焊接工艺、不同的材料、不同的使用要求，对焊接质量的检验要求也不同，必须依据焊接接头所承受的主载荷以及设计要求，来确定合适的检验方法。

焊接缺陷的检验根据检验目的不同，可分为工艺意义上的检验和施工质量控制意义上的检验。工艺意义上的检验主要目的是选择最佳的焊接工艺和接头结构，评价接头的承载能力，研究缺陷对接头质量的影响，制订出控制焊接接头质量的方法。施工质量控制意义上的检验，其目的在于实际施工过程中，特别是在施工现场，对焊接质量的控制。

根据检验过程是否会对接头造成破坏，可分为破坏性检验和非破坏性检验。通常工艺意义上的检验多是破坏性检验，而施工质量控制意义上的检验主要是非破坏性检验。非破坏性检验对施工过程中的质量控制是非常重要的，但是所确定的好的焊口并不代表一定具有好的力学性能，因此非破坏性检验方法的有效性须用破坏性检验来验证。非破坏性检验是检验时产品不受到破坏，或虽然有损耗但对产品质量不发生实质性影响的检验。常用的非破坏性检验方法包括外观检验、超声波检验、射线检验、致密性检验等，随着检验技术的发展，非破坏性检验的使用范围不断扩大。

一、外观检验

外观检验是根据焊缝外观形状、几何尺寸对焊缝缺陷进行检查识别的检验方法，具有直观、方便、效率高等特点。

1. 热熔焊焊接外观检验

（1）外观检查　应当符合以下要求：卷边应沿整个外圆周平滑对称，尺寸均匀、饱满、圆润；翻边不得有切口或者缺口状缺陷，不得有明显的海绵状浮渣出现，无明显的气孔；卷边的中心高度 K 值必须大于零，如图 9-13所示；焊接处的错边量不得超过管材壁厚的 10%；焊口不允许翻边分离形成 V 形。

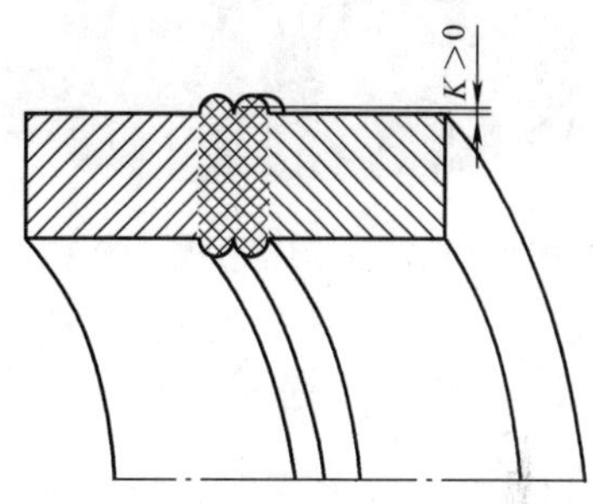

图 9-13　对接焊卷边示意图

（2）卷边切除检查　使用外卷边切除刀切除卷边，卷边应当是实心圆滑的，根部较宽，如图 9-14 所示。卷边底面不得有污染、孔洞等，若发现杂质、小孔、偏移或者损坏，则判定为不合格。然后进行卷边背弯试验，将卷边每隔几厘米进行 180°的背弯试验，并进行检查，当有开裂、裂缝缺陷时，则判定为不合格，如图 9-15 所示。

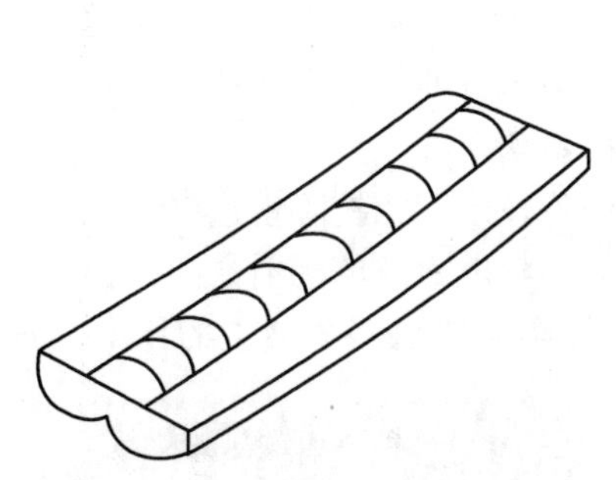

图 9-14　实心的合格卷边

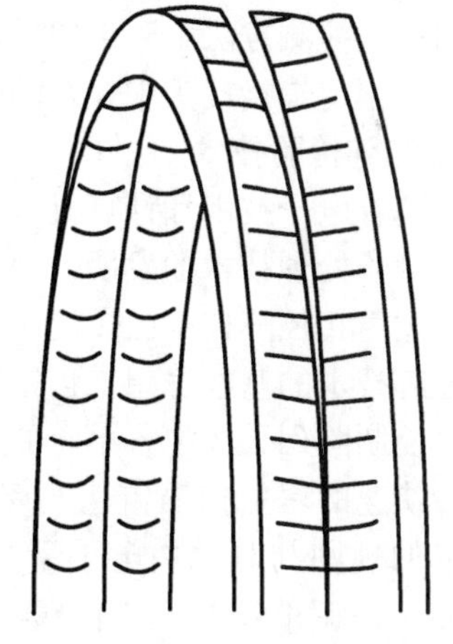

图 9-15　卷边背弯试验开裂示意图

在实际施工检验中主要进行非破坏性检查，在检查中应注意，自检时应进行 100% 的外观检查和不少于 10% 的翻边切除检查。翻边切除检查时，应使用专用工具，不得损伤管材和接头。检验时可采用抽样检验，当抽样检验的焊缝全部合格时，则此次抽样所代表的该批焊缝全部合格；若出现与要求不符合的情况，应判定本焊缝不合格，并按规定加倍抽样检验，每出现一道不合格焊缝，则应加倍抽检该焊工所焊的同批焊缝，如第二次抽检仍出现不合格焊缝，则应对该焊工所焊的同批全部焊缝进行检验。

2. 电熔焊焊接外观检验

1）电熔管件应当完整无损，无变形及变色。

2）从观察孔应当能看到有少量的熔融物顶出，但是顶出物不得呈流淌状，焊接表面不得有熔融物溢出，如图 9-16 所示。

3）电熔管件应当与焊接的管材保持同轴。

4）检查管材整个圆周的刮削痕迹，如图 9-17 所示。

图 9-16 查看观察孔聚乙烯顶出

图 9-17 检查管材刮削痕迹

二、超声波检验

超声波检验（探伤）是利用超声波能够透入至材料深处，并且从一个介质界面进入另一个介质界面时，会在界面发生反射的特点来检查材料缺陷的一种方法。当超声波束由探头自工件表面通至内部时，遇到缺陷与工件底面时会分别发生反射，在超声波检测仪荧光屏上形成脉冲波形，根据这些脉冲波形可以判断缺陷的位置和大小，能够快速便捷、无损伤、精确地进行工件内部多种缺陷（裂纹、夹杂、折叠、气孔、砂眼等）的检测、定位、评估和诊断。

常规的超声波检测方法由于采用单探头进行扫描，图像显示不直观，受人为因素影响较大，不能直观地判定焊接接头中存在的缺陷。此处主要介绍超声相控阵检验技术。

1. 超声相控阵检验技术

近年来，随着电子技术和计算机技术的发展，超声相控阵技术得到了快速发展。由于数字电子和数字信号处理技术的发展，使得精确延时越来越方便，超声相控阵技术的发展更为迅速。目前，超声相控阵技术已广泛应用于工业无损检测。

超声相控阵技术的基本思想来自雷达电磁波相控阵技术。相控阵雷达由许多辐射单元阵列组成，通过控制阵列天线中各单元的幅度和相位，调整电磁波的辐射方向，在一定空间范围内合成灵活快速的聚焦扫描雷达波束。超声相控阵换能器由多个独立的压电晶片组成阵列，通过一定的规则和时序用电子系统控制激发各个晶片单元，来调节控制焦点的位置和聚焦的方向。

超声相控阵是超声探头晶片的组合，由多个压电晶片按一定的规律分布排列，然后逐次按预先规定的延迟时间激发各个晶片，所有晶片发射的超声波形成一个整体波阵面，能有效地控制发射超声束（波阵面）的形状和方向，实现超声波的波束扫描、偏转和聚焦。它为确定不连续性的形状、大小和方向提供出比单个或多个探头系统更大的检测能力。超声相控阵检测仪如图 9-18 所示。

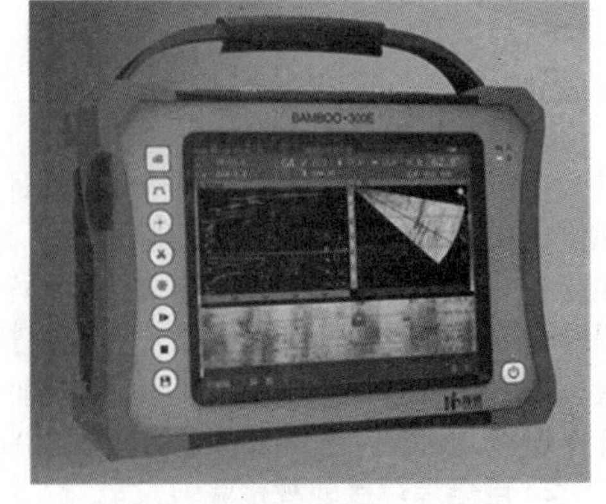

图 9-18 超声相控阵检测仪

超声相控阵检验技术使用不同形状的多阵元换能器产生和接收超声波束，通过控制换能器阵列中各阵元发射（或接收）脉冲的不同延迟时间，改变声波到达（或来自）物体内某点的相位关系，实现焦点和声束方向的变化，从而实现超声波的波束扫描、偏转和聚焦，然后采用机械扫描和电子扫描相结合的方法实现图形成像。

超声相控阵检验通常使用的是一维线形阵列探头，压电晶片呈直线状排列，聚焦声场为片状，能够得到缺陷的二维图像，在工业中得到广泛的应用。

2. 非金属焊接接头超声相控阵检验方法

（1）检测前的准备工作

1）检测时机。非金属材料的焊接接头超声相控阵检测应在焊接结束且自然冷却 1h 后进行，避免超声波特征信号未形成而造成误检。

2）检测区域。检测区域应包含焊缝本身宽度加上两侧各 5mm 的母材。

3）外观检查。检测前，首先应当观察接头的外观是否合格，例如，电熔接头的观察孔是否有物料挤出，热熔接头的卷边是否圆润饱满等，只有当外观检测合格后才能进行下一步检测。

4）表面清理。检测前应当将待检测管材或管件表面用水冲洗或湿抹布擦拭干净，防止其他杂物干扰检测结果。

（2）耦合剂的选择　耦合剂的好坏决定着超声能量传入工件的声强透射率的高低，应根据不同的环境选择不同的耦合剂。

对于表面平整的焊接接头，应采用透声性好，且不损伤检测表面的耦合剂，如糨糊、甘油和水等。对于表面不平整的焊接接头，应采用其声速与聚乙烯材料相同或接近、声阻抗与聚乙烯材料相差不大的耦合剂。实际检测采用的耦合剂应与检测系统设置和校准时所用的耦合剂相同。采用常规探头和耦合剂时，工件的表面温度范围为 0～40℃，超出该温度范围，可采用特殊探头或耦合剂，并通过试验验证。

（3）频率的选择　探头频率应根据管件厚度选定。不同管件厚度适用的探头频率见表 9-2。

表 9-2　不同管件厚度适用的探头频率

管件厚度 e/mm	频率 f/MHz
$3 < e \leqslant 10$	5～10
$10 < e \leqslant 20$	4～6
$e > 20$	2.25～5

（4）对比试块的选择　超声相控阵检测焊接接头用的对比试块是用来校准仪器系统性能和检测灵敏度的，常用的对比试块有 PE－Ⅰ、PE－Ⅱ。

对比试块 PE－Ⅰ用于声束校准、时间增益修正和调整检测灵敏度。试块应由与被检工件同质或声学特性相似的材料制成，试块的尺寸规格如图 9-19 所示。试块的表面粗糙度应与被检工件接近，试块的检测面为平面或带有一定曲率半径的曲面，在试块的不同深度位置上含有 6 个排列不均匀的预埋金属丝。

对比试块 PE－Ⅱ用于相控阵检测系统定位精度测试和灵敏度校准。试块应由与被检工件同质或声学特性相似的材料制成，试块的尺寸规格如图 9-20 所示。试块的表面粗糙度应

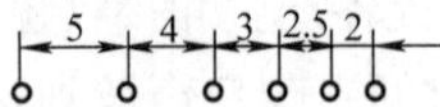

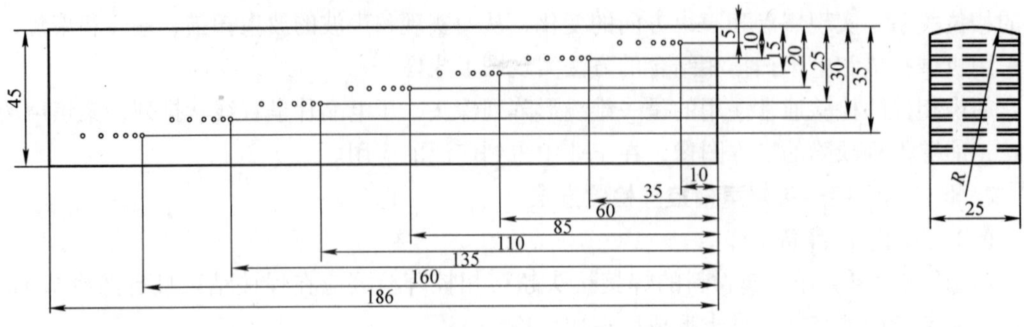

图 9-19　对比试块 PE－Ⅰ的尺寸规格

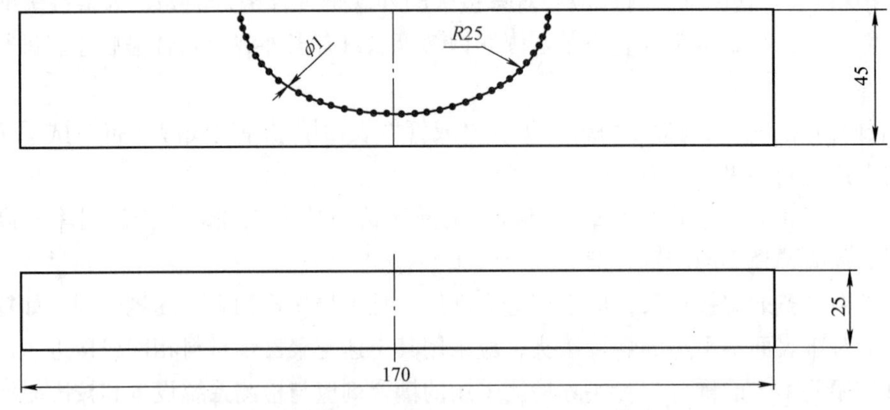

图 9-20　对比试块 PE－Ⅱ的尺寸规格

与被检工件接近，试块的检测面为平面，在以检测面为中心的 *R*25mm 半圆弧上均匀预埋 35 根 ϕ1mm 金属丝。

3. 电熔焊焊接超声相控阵检测

（1）电熔焊焊接相控阵图谱解析　正常电熔焊焊缝中电阻丝排列整齐，无明显错位现象，电熔套筒内壁与管材外壁融为一体，无明显分界信号，熔合面没有间隙和孔洞，管材内壁信号（即底面回波信号）完整，无明显减弱或缺失。当焊缝中出现各种缺陷时，就会产生各种不同的缺陷信号。

孔洞是指在焊接界面上或者焊接界面附近出现的空洞，属于体积型缺陷，通常反馈出来的信号为该孔洞位置管材内壁（即底面回波信号）缺失，这是由于在超声波束发射到孔洞位置时，99%的声束在非金属材料－空气界面发生反射，导致超声波束无法到达管材内壁，因此该段信号缺失。由此可以通过测量信号缺失段的长度来评价孔洞大小，如图 9-21 所示。

熔合面夹杂是指在管件内壁和管材外壁之间存在不熔于非金属材料的其他物质，造成管材与管件未熔合的缺陷。它的信号特征表现为在电阻丝下方会出现额外的超声波信号，同时底面回波信号会出现一定程度的减弱，甚至缺失。这是因为夹杂物会影响超声波束的传导，在夹杂物－非金属材料界面会发生反射，导致信号减弱，如图 9-22 所示。

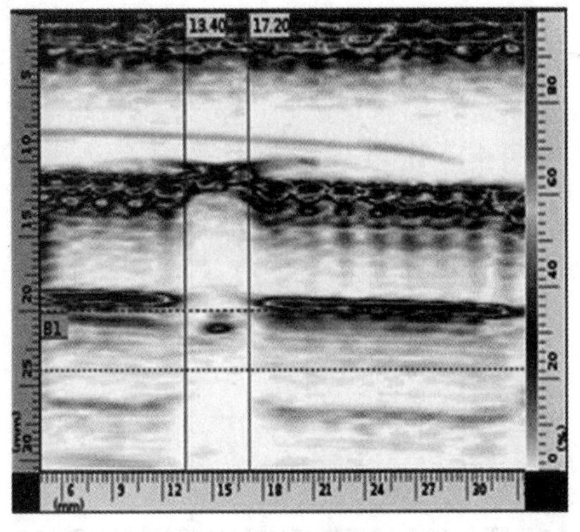

图 9-21　孔洞缺陷图像

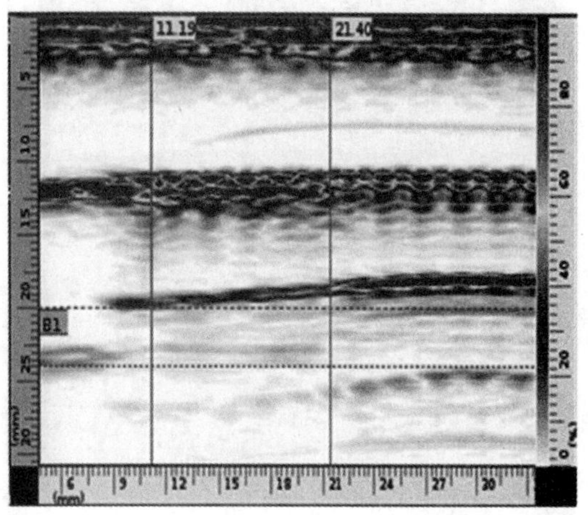

图 9-22　熔合面夹杂缺陷图像

冷焊是由于焊接输入能量不足，使得电熔接头中管材和管件界面上的分子未能扩散缠结或未充分扩散缠结而导致强度不足的缺陷。信号特征表现为特征线（管材或管件熔融区与未熔区的分界线）与电阻丝之间的距离小于正常值，如图 9-23 所示。

过焊是由于焊接输入能量过多导致接头材料降解，使得熔接的管材和管件粘接性能下降的缺陷。过焊时经常伴随着孔洞和电阻丝错位等缺陷。信号特征表现为特征线与电阻丝之间的距离大于正常值，如图 9-24 所示。

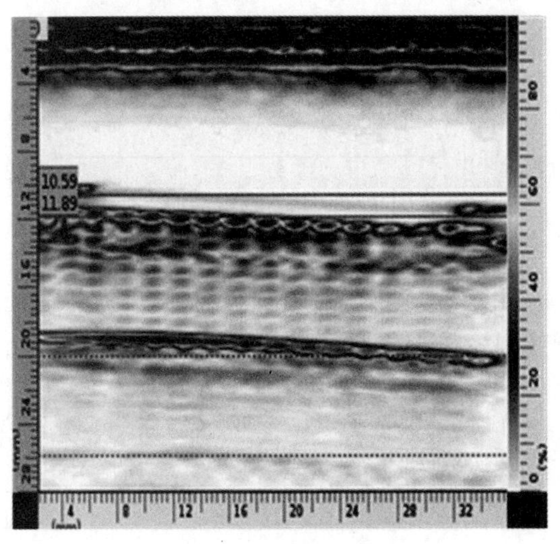

图 9-23　冷焊缺陷图像

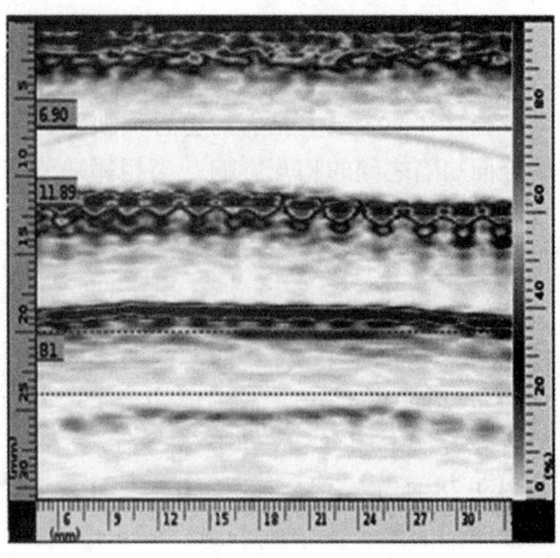

图 9-24　过焊缺陷图像

电阻丝错位是由于电阻丝不均匀排布或焊接过程中因电阻丝移位导致电阻丝分布不均匀的缺陷。信号特征表现为原先整齐排列成一条直线的电阻丝局部或大范围错乱，如图 9-25 所示。

承插不到位缺陷是指管材插入深度不够，没有完全覆盖电阻丝区域，导致焊接时部分管件过焊的缺陷。由于管材缺失段管件严重过焊，信号表现为底面回波信号完全缺失，如图 9-26所示。

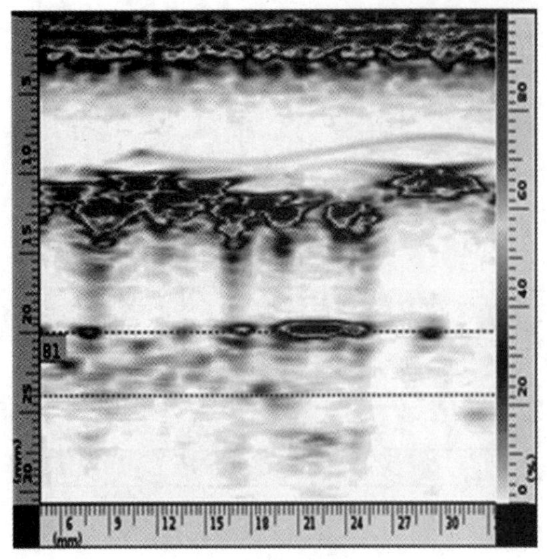

图 9-25　电阻丝错位缺陷图像

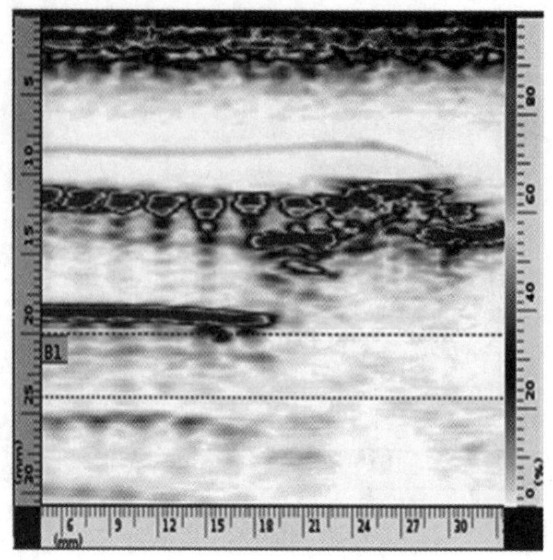

图 9-26　承插不到位缺陷图像

(2) 缺陷的评定

1) 熔合面夹杂。熔合面夹杂缺陷为面积型缺陷，将其表征为由长和宽围成的矩形，如图 9-27 所示。图 9-27 中缺陷所在的面为电熔接头的熔合面，L 表示电熔接头单边熔合区长度，X 为缺陷矩形轴向方向上的边长，Y 为缺陷矩形周向方向上的边长。

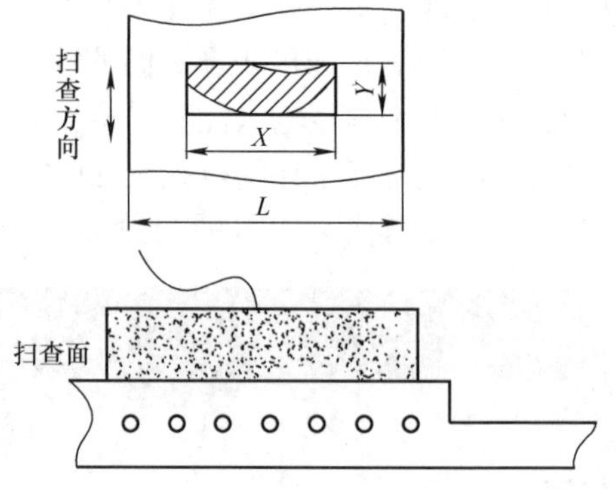

图 9-27　熔合面缺陷的表征

当存在两个以上相邻的熔合面缺陷时，应考虑熔合面缺陷之间的相互影响。当相邻缺陷间距小于或等于较短缺陷尺寸时，应作为一个缺陷处理，间距也应计入缺陷长度。

2) 孔洞。孔洞缺陷为体积型缺陷，应表征其长度 X、宽度 Y 和孔洞自身高度 h。孔洞自身高度 h 用电熔接头纵向截面的二维超声波图像中该缺陷显示的最大高度来表示。

3) 电阻丝错位。采用电阻丝错位量来表征电阻丝错位的严重程度，如图 9-28 所示。图 9-28 为电熔接头的轴向剖面图，图中 x_1，x_2，…，x_n 为电阻丝偏离其正常位置的距离，取其最大值作为电阻丝错位缺陷的计算尺寸，见式 (9-1)。

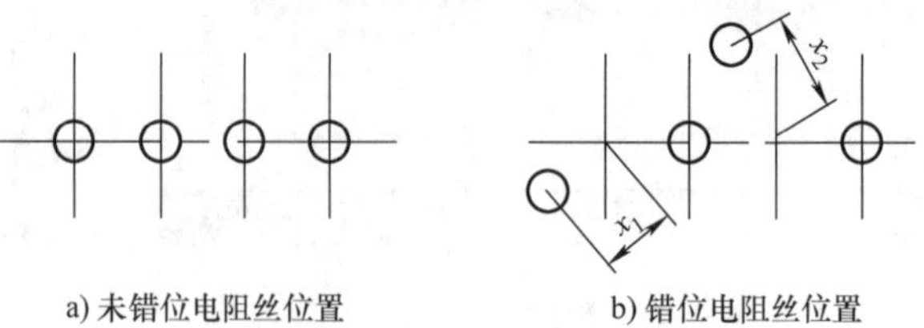

图 9-28　电阻丝错位的表征

$$x=\max(x_1,x_2,\cdots,x_n) \tag{9-1}$$

4) 冷焊。采用特征线与电阻丝间距离变小的百分比来表征冷焊的严重程度。对正常焊接输入热量的电熔接头进行检测，获得截面的超声波成像图，测得该图像中特征线与电阻丝之间的距离 l；对待测电熔接头进行检测，获得截面的超声波成像图，测得该图像中特征线

与电阻丝之间的距离 l'；将 l 和 l' 代入式（9-2）计算电熔接头的冷焊程度 H。

$$H=\left(1-\frac{l'}{l}\right)\times 100\% \tag{9-2}$$

式（9-2）中 l 和 l' 测量时均取最大值和最小值的平均值。

5）过焊。过焊主要呈现以下特征：特征线之间的距离比正常大；特征线弯曲或亮度发生变化；在接头中容易产生孔洞。过焊按孔洞、电阻丝错位量和过焊程度来表征，采用特征线与电阻丝间距离变大的百分比来表征过焊的严重程度。对正常焊接输入热量的电熔接头进行检测，获得截面的超声波成像图，测得该图像中特征线与电阻丝之间的距离 l；对待测电熔接头进行检测，获得截面的超声波成像图，测得该图像中特征线与电阻丝之间的距离 l'，将 l 和 l' 代入式（9-3）计算电熔接头的过焊程度 H'。

$$H'=\left(\frac{l'}{l}-1\right)\times 100\% \tag{9-3}$$

式（9-3）中，l 和 l' 测量时均取最大值和最小值的平均值。

（3）缺陷的质量分级　根据接头中存在的缺陷性质、数量和密切程度，其质量等级可划分为Ⅰ、Ⅱ、Ⅲ级。

1）熔合面夹杂。熔合面夹杂缺陷按表 9-3 的规定进行分级评定。

表 9-3　熔合面夹杂缺陷的质量分级

级别	与内冷焊区贯通的熔合面夹杂的缺陷长度	与内冷焊区不贯通的熔合面夹杂的缺陷长度
Ⅰ	—	不大于标称熔合区长度的 1/10
Ⅱ	不大于标称熔合区长度的 1/10	不大于标称熔合区长度的 1/5
Ⅲ	大于Ⅱ级者	

2）孔洞。Ⅰ、Ⅱ级电熔接头中不允许存在相邻电阻丝间有连贯性孔洞，以及与内冷焊区贯通的孔洞。孔洞缺陷按表 9-4 的规定进行分级评定。

表 9-4　孔洞缺陷的质量分级

级别	单个孔洞	组合孔洞
Ⅰ	$X/L<5\%$ 且 $h<5\%T$	累计尺寸 $X/L<10\%$ 且 $h<5\%T$
Ⅱ	$X/L<10\%$ 且 $h<10\%T$	累计尺寸 $X/L<15\%$ 且 $h<10\%T$
Ⅲ	大于Ⅱ级者	

注：X 为该缺陷在熔合面轴向方向上的尺寸，L 为标称熔合区长度，T 为电熔接头管材壁厚，h 为孔洞自身高度。

3）电阻丝错位。Ⅰ、Ⅱ级电熔接头中不允许存在相邻电阻丝相互接触的缺陷。电阻丝错位缺陷按表 9-5 的规定进行分级评定。

表 9-5　电阻丝错位缺陷的质量分级

级别	电阻丝错位量
Ⅰ	无明显错位
Ⅱ	错位量小于电阻丝间距
Ⅲ	大于Ⅱ级者或相邻电阻丝相互接触

4）冷焊。冷焊缺陷按表 9-6 的规定进行分级评定。

表 9-6　冷焊缺陷的质量分级

级别	冷焊程度 H
Ⅰ	小于 10%
Ⅱ	小于 30%
Ⅲ	大于Ⅱ级者

5）过焊。过焊引起孔洞缺陷时，按孔洞缺陷评定。过焊引起电阻丝错位时，按电阻丝错位评定。过焊缺陷按过焊程度进行分级评定时，按表 9-7 的规定进行分级评定。

表 9-7　过焊缺陷的质量分级

级别	过焊程度 H'
Ⅰ	小于 20%
Ⅱ	小于 40%
Ⅲ	大于Ⅱ级者

6）承插不到位。Ⅰ、Ⅱ级电熔接头中不允许存在承插不到位缺陷。

7）综合评级。当接头中同时出现多种类型的缺陷时，以质量最差的级别作为接头的质量级别。

4. 热熔焊焊接超声相控阵检测

（1）热熔焊焊接相控阵图谱解析　正常非金属材料热熔焊焊缝中除探头与楔块配合产生的干扰信号外，无其他明显信号，如图 9-29 所示。而当焊缝中出现各种缺陷时，就会产生各种不同的缺陷信号。

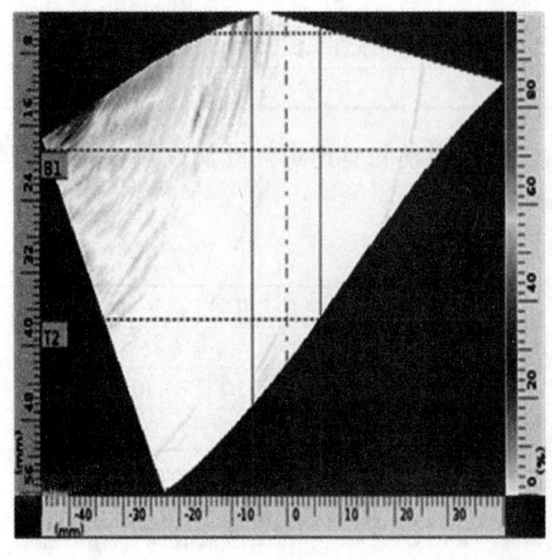

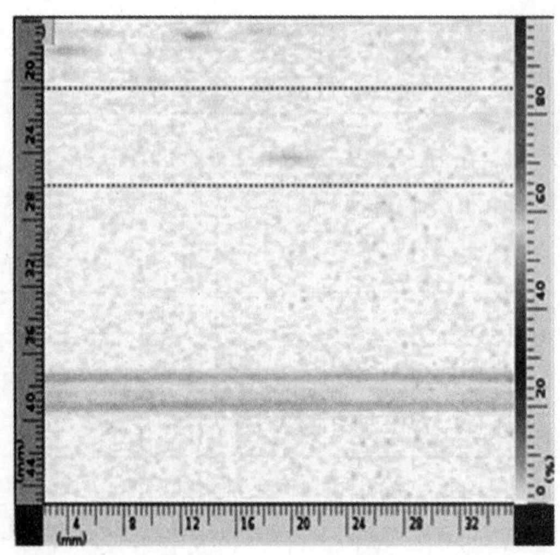

图 9-29　正常图像

孔洞属于体积型缺陷，图像较为清晰，在内外表面显示的信号之间有明显的信号显示。孔洞主要由于管材潮湿或端面污染物汽化造成，出现严重孔洞时，在孔洞缺陷下方常会出现管材内壁信号缺失，如图 9-30 所示。

熔合面夹杂属于面积型缺陷，位置在熔合线上。常见的熔合面夹杂缺陷有金属夹杂、非金属夹杂等，在内外表面显示的信号之间，有明显的信号出现。金属夹杂显示较亮，非金属夹杂显示较暗，如图 9-31 所示。

未熔合属于面积型缺陷，出现在熔合面上，图像不太清晰，通常在内外表面显示的信号

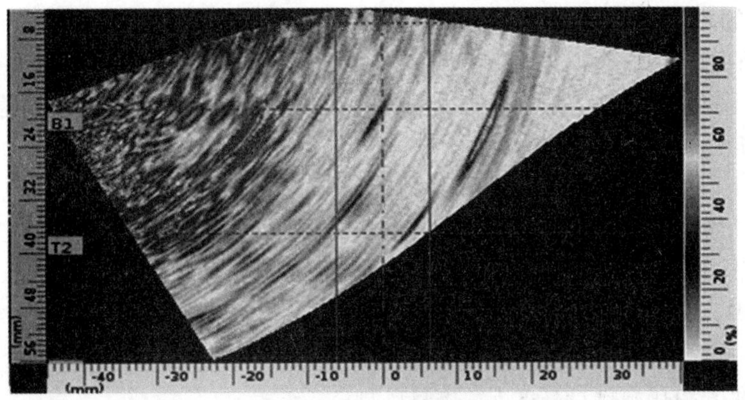

图 9-30　孔洞缺陷图像

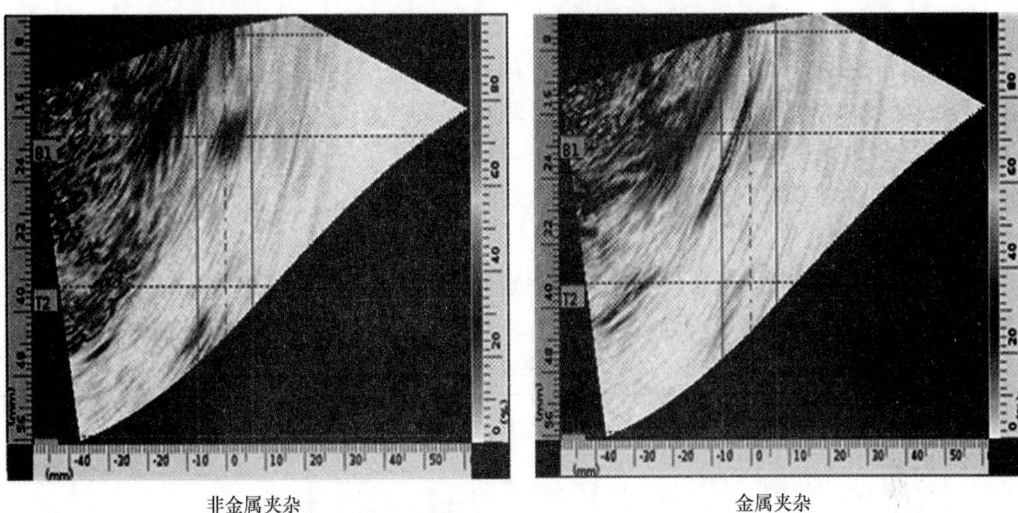

非金属夹杂　　金属夹杂

图 9-31　夹杂缺陷图像

之间产生贯穿型的显示。未熔合缺陷极为严重，检测时典型的未熔合必须检出，图 9-32 所示是由于压力过大造成的未熔合缺陷图像。

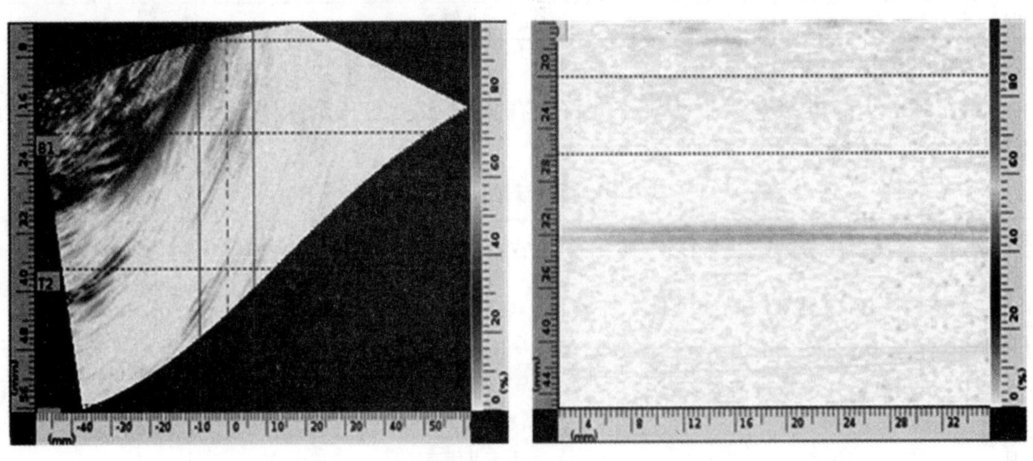

图 9-32　压力过大造成的未熔合缺陷图像

（2）缺陷的评定

1）熔合面夹杂。熔合面夹杂缺陷为面积型缺陷，将其表征为由长和宽围成的矩形，如图9-33所示。图9-33中缺陷所在的面为热熔接头的熔合面，X为缺陷矩形径向方向上的边长，Y为缺陷矩形周向方向上的边长。

当存在两个以上的熔合面缺陷相邻的情况时，应考虑熔合面缺陷之间的相互影响。当相邻缺陷间距小于或等于较短缺陷尺寸时，应作为一个缺陷处理，间距也应计入缺陷长度。

2）孔洞。孔洞缺陷为体积型缺陷，应表征其长度X、宽度Y和孔洞自身高度h。孔洞自身高度h采用热熔接头纵向截面的二维超声波图像中该缺陷显示的最大高度表示。

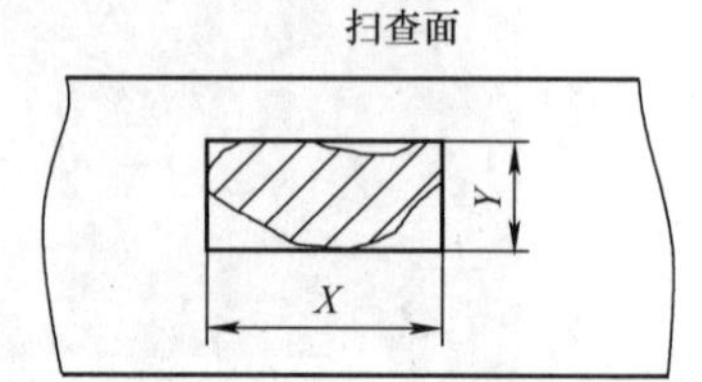

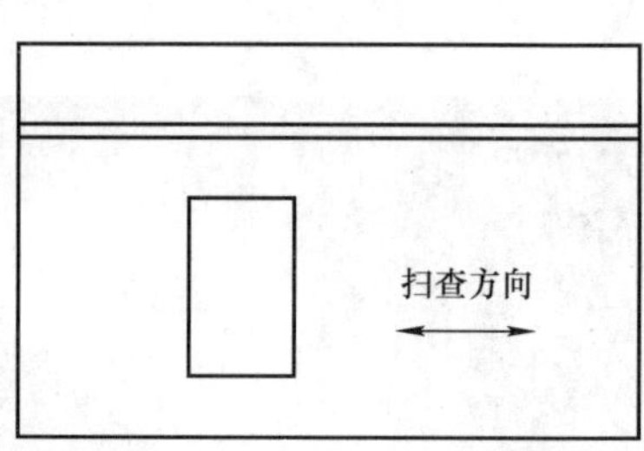

图9-33 熔合面缺陷的表征

（3）缺陷的质量分级 根据接头中存在的缺陷性质、数量和密切程度，其质量等级可划分为Ⅰ、Ⅱ、Ⅲ级。

Ⅰ、Ⅱ级热熔接头内不允许有裂纹和未熔合缺陷。

1）熔合面夹杂。熔合面夹杂缺陷按表9-8的规定进行分级评定。

表9-8 熔合面夹杂缺陷的质量分级

级别	与内外壁贯通的熔合面夹杂	在接头熔合面中间的熔合面夹杂
Ⅰ	$X<5\%T$，$Y<10\%T$	$X<10\%T$，且在任何连续300mm的焊缝长度中，Y累计长度不超过20mm
Ⅱ	$X<10\%T$，$Y<20\%T$	$X<15\%T$，且在任何连续300mm的焊缝长度中，Y累计长度不超过50mm
Ⅲ	大于Ⅱ级者	

注：T为热熔接头管材壁厚。

2）孔洞。Ⅰ、Ⅱ级热熔接头中不允许存在尖锐端角的孔洞缺陷。孔洞缺陷按表9-9的规定进行分级评定。

表9-9 孔洞缺陷的质量分级

级别	单个孔洞	组合孔洞
Ⅰ	$X<5\%T$、$Y<10\%T$且$h<5\%T$	$X<5\%T$，$h<5\%T$，且在任何连续300mm的焊缝长度中，缺陷累计长度Y不超过20mm
Ⅱ	$X<10\%T$、$Y<20\%T$且$h<10\%T$	$X<10\%T$，$h<10\%T$，且在任何连续300mm的焊缝长度中，缺陷累计长度Y不超过50mm
Ⅲ	大于Ⅱ级者	

注：T为热熔接头管材壁厚，h为孔洞自身高度。

5. 超声相控阵检验工艺验证

超声相控阵检验技术可靠性好，由于信号波幅基本不受声束角影响，任何方向的缺陷都能有效发现，使得该技术具有很高的缺陷检出率。超声相控阵检验不同于常规的扫描脉冲波形，扫描图像需要一定的识别能力，通过相控阵图像特征，判别缺陷性质以及位置、大小，因此需要一定的超声相控阵检验诊断技术能力。

声速是衡量材料声学性能的重要参数，对缺陷的定位，以及斜探头检测时声波进入工件的入射角等产生影响。不同材质、不同牌号、不同厂家、不同制造工艺参数的非金属材料，其声学特征差异很大，因此非金属材料超声相控阵检验前，应当了解不同非金属材料的声学特征，制作相应的试块。

工艺验证试验应当在对比试块上进行，将拟采用的检测工艺应用到对比试块上，工艺验证结果应确保能够清楚地显示和测量对比试块中的缺陷或者反射体。对每一种规格的焊接接头，应加工典型的焊接缺陷试块，检测时应确保对比试块中的典型缺陷能可靠地检出，再根据现场实际制定合理的检测工艺。

6. 超声相控阵智能诊断

目前在超声相控阵检验中，主要还是依靠检测人员肉眼识别图像中的缺陷信息，凭工作经验判断产品等级。这种方法过于依赖现场人员的经验，而人员的主观判断也易受个人经验、现场环境、思维方式、技术水平等因素的影响。因此，工业界需要一种可以自动分析超声波图像、识别焊接缺陷的方法。

超声相控阵智能诊断平台通过搭建机器学习框架及图像存储数据库，为超声相控阵系统提供图像/视频上传、检测等 API（应用程序接口）大数据服务，实现数据收集、系统与用户交互等功能。通过图像预处理、数据增强、特征分析等手段对缺陷类型精确分类，并通过结合定位信息和焊接产品部署的环境信息，对焊接缺陷准确分级，如图 9-34 所示。

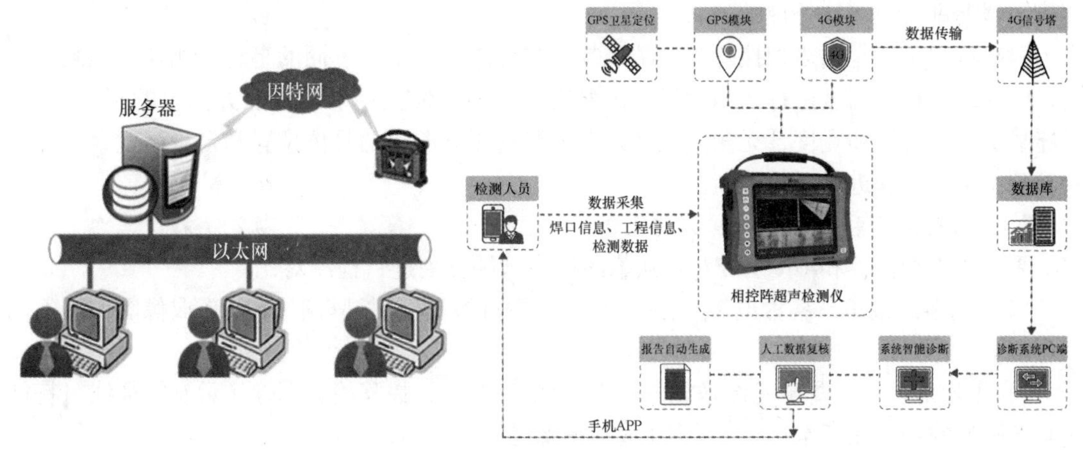

图 9-34　超声相控阵智能诊断平台

（1）图像预处理　通过自动截取除去图片中与缺陷识别不相关的操作界面部分，并利用中值滤波和形态学原理去除超声波图像中的噪声。

（2）缺陷分类　通过结合深度学习中的多种卷积神经网络，对超声波图像进行缺陷识别和分类。

（3）缺陷定位　通过图像语义分割的方法进行缺陷定位。

（4）缺陷分级推理　通过构建知识图谱，进行缺陷分级推理。

（5）辅助诊断　缺陷检测平台为检测员和超声相控阵系统提供数据上传、图像识别等API服务。

三、射线检验

射线检测作为五大常规无损检测方法之一，在工业领域有着非常广泛的应用。射线能够穿透可见光不能穿透的物体，而且在穿透物体的同时会与其物质发生复杂的物理和化学作用，可以使原子发生电离，使某些物质发出荧光，还可以使某些物质发生光化学反应。如果工件局部区域存在缺陷，它将改变物体对射线的衰减，引起透射射线强度的变化。因此，采用一定的检测方法，比如利用胶片感光来检测透射线的强度，就可以判断工件中是否存在缺陷以及缺陷的位置、大小。射线检测适用于非金属管道焊接缺陷的检测，可对一些宏观缺陷进行检测。

1. 射线检测工艺技术

射线检测包括胶片成像和数字成像两种工艺。胶片成像是指射线照射被检测物体，透过的射线使胶片感光，冲洗胶片，即可根据胶片的感光情况判断被检测物的内部质量。数字成像工艺是指经过射线检测，将被检测物的内部质量信息转化成数字信号，储存或还原显示出来，以反映被检测物的内部质量情况。

射线成像检测技术是指使用“数字探测器”作为成像器件的射线成像系统，简称为DR系统。数字探测器是指把射线光子转换成数字信号的电子装置，而且该转换过程是由独立单元完成的。数字成像检测与胶片照相在射线检测原理上基本一致，不同点在于数字成像利用计算机软件控制数字成像器件，实现了射线光子到数字信号再到数字图像的转换过程，最终在显示器上进行观察和处理缺陷。

射线检测结果与超声相控阵检测结果都以二维图像显示，不同的是超声相控阵检测能对缺陷的深度和自身高度进行精确测量，而射线检测的图像是在射线透照方向上的影像重叠，只能显示缺陷长度和宽度，无法确定缺陷在射线透照方向上的具体位置和自身高度，不便于对缺陷准确识别和进行其他诊断。

2. 射线检测与超声相控阵检测对比

采用超声相控阵和DR系统对含缺陷的接头试件分别进行检测对比。

（1）电熔焊接头　各种电熔焊接头有缺陷试样的超声相控阵图像和DR成像图像的不同特点如下：

1）电熔焊接头过焊缺陷图像如图9-35所示。超声相控阵检测图像显示有特征线，特征线与电阻丝的距离比正常接头大；DR成像图像无缺陷显示。

2）电熔焊接头冷焊缺陷图像如图9-36所示。超声相控阵检测图像显示有特征线，特征线与电阻丝的距离比正常接头小；DR成像图像无缺陷显示。

3）电熔焊接头夹杂铜片缺陷图像如图9-37所示。超声相控阵检测图像显示有金属夹杂物；DR成像图像有很直观的金属夹杂物显示。

4）电熔焊接头夹杂纸片缺陷图像如图9-38所示。超声相控阵检测图像显示有非金属夹杂物；DR成像图像无显示。

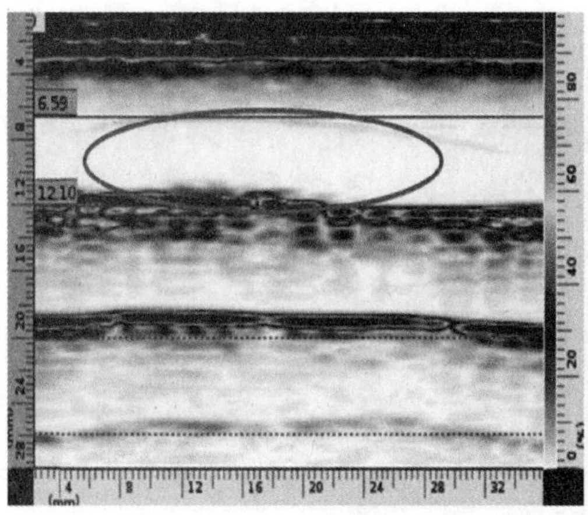

a) 超声相控阵检测图像　　b) DR成像图像

图 9-35　电熔焊接头过焊缺陷图像

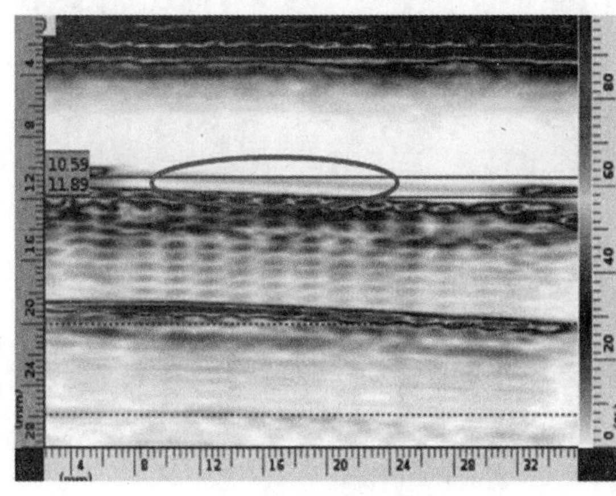

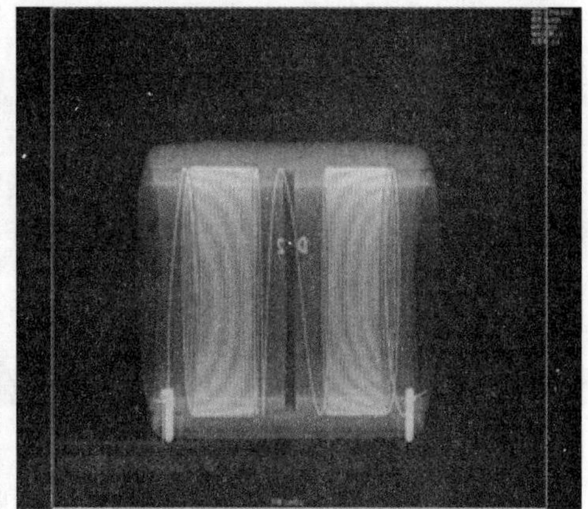

a) 超声相控阵检测图像　　b) DR成像图像

图 9-36　电熔焊接头冷焊缺陷图像

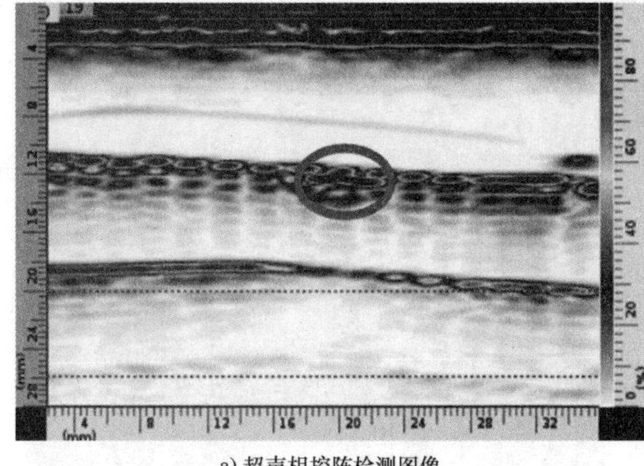

a) 超声相控阵检测图像　　b) DR成像图像

图 9-37　电熔焊接头夹杂铜片缺陷图像

5）电熔焊接头氧化皮未刮缺陷图像如图 9-39 所示。超声相控阵检测图像显示两电阻丝间的连线较正常接头不清晰，无连续线显示；DR 成像图像无显示。

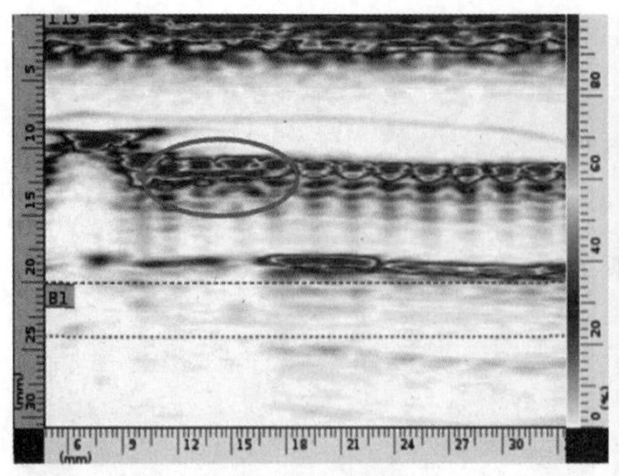

a) 超声相控阵检测图像　　b) DR成像图像

图 9-38　电熔焊接头夹杂纸片缺陷图像

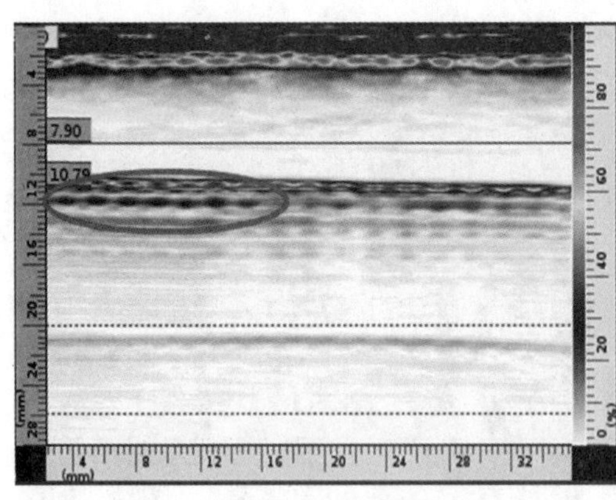

a) 超声相控阵检测图像　　b) DR成像图像

图 9-39　电熔焊接头氧化皮未刮缺陷图像

6）电熔焊接头承插不到位缺陷图像如图 9-40 所示。超声相控阵检测图像显示管材承插不到位，管材插入端的内壁信号线未超过电阻丝内圈位置；DR 成像图像显示有明显的管材承插不到位现象。

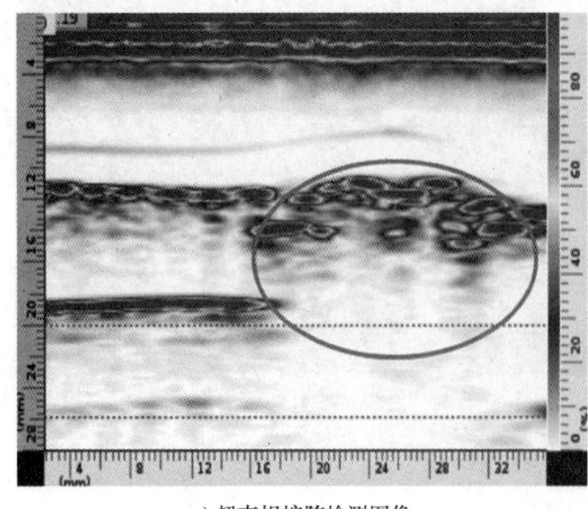

a) 超声相控阵检测图像　　b) DR成像图像

图 9-40　电熔焊接头承插不到位缺陷图像

（2）热熔焊接头　各种热熔焊接头有缺陷试样的超声相控阵图像和 DR 成像图像的不同特点如下：

1）热熔焊接头夹杂铜片缺陷图像如图 9-41 所示。超声相控阵检测图像显示有金属夹杂物；DR 成像图像有很直观的金属夹杂物显示。

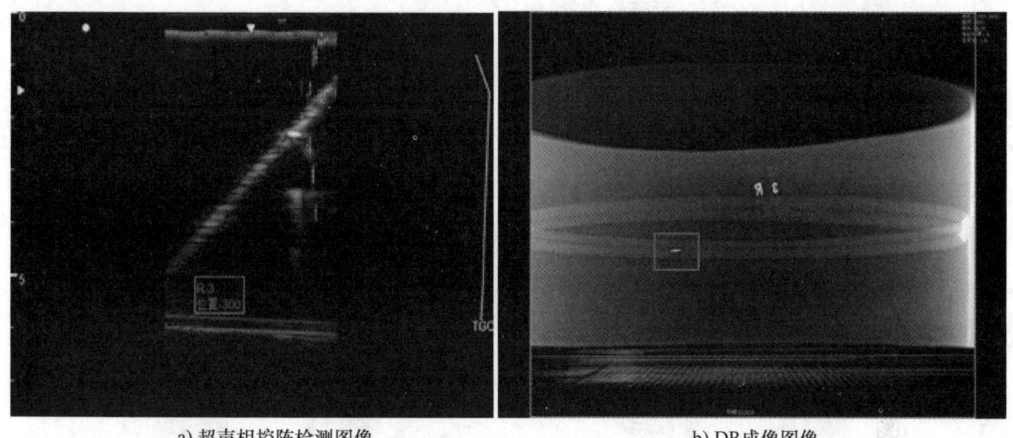

a) 超声相控阵检测图像　　b) DR成像图像

图 9-41　热熔焊接头夹杂铜片缺陷图像

2）热熔焊接头夹杂纸片缺陷图像如图 9-42 所示。超声相控阵检测图像显示有非金属夹杂物；DR 成像图像无显示。

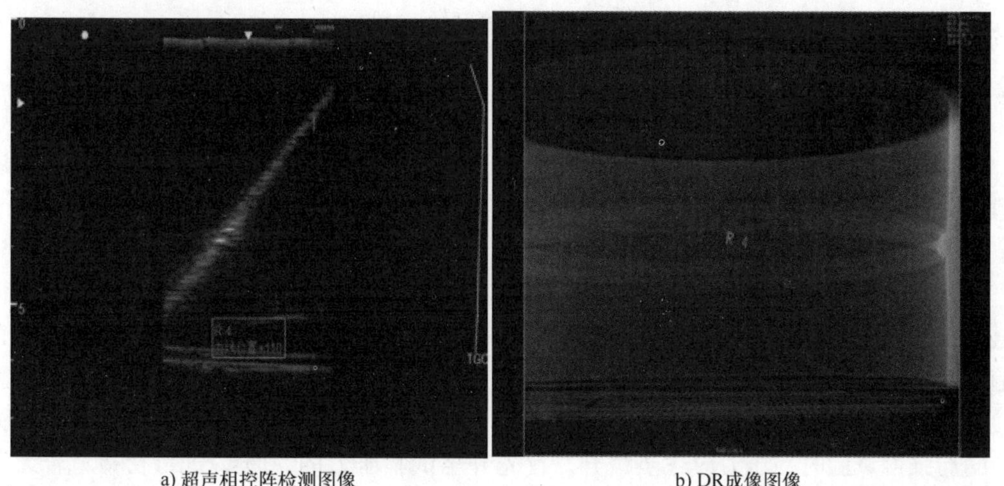

a) 超声相控阵检测图像　　b) DR成像图像

图 9-42　热熔焊接头夹杂纸片缺陷图像

四、致密性检验

致密性检验是对管道强度及严密性的检验，也是使用前的最后检验，包括强度试验和严密性试验。试验一般采用的介质是压缩空气。

强度试验和严密性试验应具备下列条件：

1）在强度试验和严密性试验前，应分别编制试验方案。

2）管道系统安装检查合格后，应及时回填。

3）管件的支墩、锚固设施已达到设计强度，未设支墩及锚固设施的弯头和三通，应采取加固措施。

4）试验管段所有敞口应封堵，但不得采用阀门做堵板。

5）管线试验段的所有阀门必须全部开启。

6）管道吹扫完毕。

进行强度试验和严密性试验时，可使用洗涤剂或肥皂液等发泡剂检查是否漏气，检查完毕，应及时用水冲去管道上的洗涤剂或肥皂液等发泡剂。图9-43为试验装置示意图。

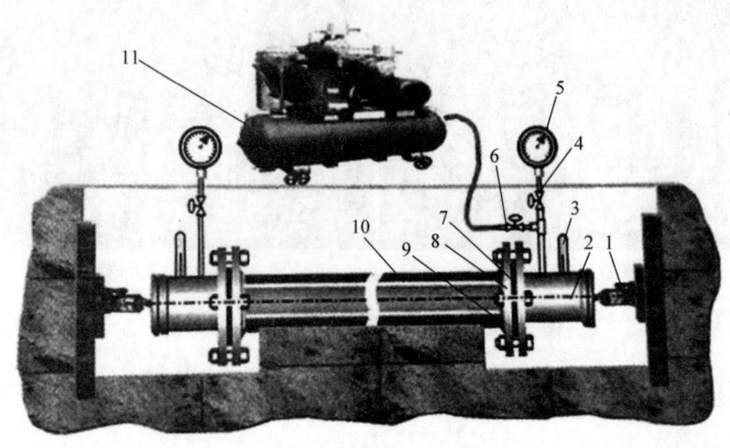

图9-43　试验装置示意图

1—千斤顶　2—钢制法兰端帽　3—温度计　4—压力表阀门　5—压力表　6—进气阀门
7—密封垫　8—法兰盘　9—聚乙烯法兰　10—试验管道　11—空气压缩机

非金属管道强度试验和严密性试验时所发现的缺陷，必须待试验压力降至大气压后进行处理，处理合格后应重新试验。

1. 强度试验

试验宜在回填土厚度大于0.5m并露出管道接口的条件下进行，管道进气端通过钢塑转换连接空气压缩机，并安装压力表、温度计。管道系统应分段进行强度试验，试验管段长度不宜超过1km。强度试验用压力计应在校验有效期内，其量程应为试验压力的1.5～2倍，精度不得低于1.5级。强度试验压力应为设计压力的1.5倍，且最低试验压力应符合相关规定。进行强度试验时，压力应逐步缓升，首先升至试验压力的50%，进行初检，若无泄漏和异常现象，继续缓慢升压至试验压力。达到试验压力且稳压1h后，观察压力计不应少于30min，无明显压力下降为合格。分段试压合格的管段相互连接的接头，经外观检验合格后，可不再进行强度试验。

2. 严密性试验

严密性试验应当在强度试验合格、管线回填后进行。严密性试验介质宜采用空气，试验压力应满足下列要求：

1）设计压力小于5kPa时，试验压力应为20kPa。

2）设计压力大于或等于5kPa时，试验压力应为设计压力的1.15倍，且不得小

于 0.1MPa。

试验时的升压速度不宜过快。对设计压力大于 0.8MPa 的管道试压，当压力缓慢上升至 30% 和 60% 试验压力时，应分别停止升压，稳压 30min，并检查系统有无异常情况，若无异常情况继续升压，管内压力升至严密性试验压力后，待温度、压力稳定后开始记录。严密性试验稳压的持续时间应为 24h，每小时记录不应少于 1 次，修正压降小于 133Pa 为合格。修正压降应按下式确定：

$$\Delta p=\frac{(H_1+B_1)-(H_2+B_2)(273+t_1)}{(273+t_2)}$$

式中　Δp——修正压降（Pa）；

H_1、H_2——试验开始和结束时的压力计读数（Pa）；

B_1、B_2——试验开始和结束时的气压计读数（Pa）；

t_1、t_2——试验开始和结束时的管内介质温度（℃）。

第十章 非金属管道施工与抢修

非金属管道施工应严格遵守国家或者行业的技术标准，按照设计图样及工程设计方案要求执行。燃气用埋地聚乙烯管道工程设计、施工、验收、抢修、穿越和修复执行的标准见表10-1。

表10-1 非金属管道工程技术标准

工程项目	标准名称	编号
设计	城镇燃气设计规范	GB 50028—2006
施工	聚乙烯燃气管道工程技术标准	CJJ 63—2018
验收	城镇燃气输配工程施工及验收规范	CJJ 33—2005
抢修	城镇燃气设施运行、维护和抢修安全技术规程	CJJ 51—2016
穿越	城镇燃气管道穿跨越工程技术规程	CJJ/T 250—2016
修复	城镇燃气管道非开挖修复更新工程技术规程	CJJ/T 147—2010

第一节 施工准备

一、压力设计

聚乙烯管道在选用时，根据输送介质的种类和压力，确定管道使用的原材料和规格。由于聚乙烯属于热塑性塑料，对温度比较敏感，随着使用温度的升高承压能力下降，因此在选用时，应考虑压力折减系数及输送不同燃气的设计系数。输送不同燃气的设计系数 C 见表10-2；工作温度下的压力折减系数见表10-3，并按照式（10-1）、式（10-2）和式（10-3）计算管材运行的最大允许工作压力 p_{max}。

$$p_{max}=\frac{MOP}{D_F} \tag{10-1}$$

$$MOP=\frac{2MRS}{C(SDR-1)} \tag{10-2}$$

$$MOP\leqslant\frac{p_{RCP}}{1.5} \tag{10-3}$$

式中 p_{max}——最大允许工作压力（MPa）；

MOP——最大工作压力（MPa），以20℃为参考工作温度；

MRS——最小要求强度，PE80 取 8.0MPa，PE100 取 10.0MPa；

C——设计系数；

SDR——标准尺寸比；

D_F——工作温度下的压力折减系数，见表10-3；

p_{RCP}——耐快速裂纹扩展的临界压力（MPa）。

表 10-2　设计系数 C 值

燃气种类		设计系数 C	SDR
天然气		≥2.5	11
			17
液化石油气	混空气	≥4.0	11
			17
	气态	≥6.0	11
			17
人工煤气	干气	≥4.0	11
			17
	其他	≥6.0	11
			17

表 10-3　工作温度下的压力折减系数

工作温度 t/℃	-20	20	30	40
工作温度下的压力折减系数 D_F	1.0	1.0	1.1	1.3

通过以上公式和参数，可以计算出管材使用的最大允许工作压力，见表 10-4（仅保留两位有效数字，不得四舍五入）。

表 10-4　最大允许工作压力

燃气种类		SDR	最大允许工作压力/MPa	
			PE80	PE100
天然气		11	0.64	0.80
		17	0.40	0.50
液化石油气	混空气	11	0.40	0.50
		17	0.25	0.31
	气态	11	0.26	0.33
		17	0.16	0.20
人工煤气	干气	11	0.40	0.50
		17	0.25	0.31
	其他	11	0.27	0.33
		17	0.17	0.21

聚乙烯管道用于旧管道的修复和更新时，通常使用壁更薄的 SDR17、SDR21、SDR26 管道。管道修复后，应结合修复方式、城镇燃气种类及实际工况确定管道的最大允许工作压力。建议的最大允许工作压力见表 10-5。

表 10-5　修复后聚乙烯管道最大允许工作压力

燃气种类		最大允许工作压力/MPa							
		PE80				PE100			
		SDR 11	SDR 17	SDR 21	SDR 26	SDR 11	SDR 17	SDR 21	SDR 26
天然气		0.40	0.30	0.30	0.30	0.40	0.40	0.40	0.40
液化石油气	混空气	0.40	0.20	0.20	0.20	0.40	0.30	0.30	0.30
	气态	0.20	0.10	0.10	0.10	0.30	0.20	0.20	0.20
人工煤气	干气	0.40	0.20	0.20	0.20	0.40	0.30	0.30	0.30
	其他	0.20	0.10	0.10	0.10	0.30	0.20	0.20	0.20

二、管道划伤要求

由于聚乙烯材料硬度较低，在存储、搬运过程中易受到外力损伤，造成管材局部壁厚变小，直接导致管道的承压能力下降。如果破损形式为锐形破口，由于内压的作用，破口部位在使用过程中还存在发生慢速裂纹增长的风险，甚至会直接导致管道失效，发生燃气泄漏等事故。为此，在管道设计时，必须考虑管道受到外力破坏产生的划伤、硌伤等损伤。管材表面的划伤深度要求不超过壁厚的10%，且最大划伤深度不超过4mm。非开挖施工较开挖施工具有更高的划伤风险，并且难于维护抢修，对管材划伤深度有更严格的要求，其划伤不得超过壁厚的5%。在进行焊接和铺设前，必须对管道损伤情况进行检查，以使管道符合运行的设计要求。

包覆管由于带有保护层，可以最大程度降低划伤，提高施工的安全性，尤其是对非开挖铺设方式，具有明显的保护效果，在经过多个工程实践验证后，逐渐成为燃气企业聚乙烯管道工程的首选。

三、管道弯曲要求

聚乙烯管材具有良好的柔韧性，在管道铺设时可以最大幅度弯曲，但当弯曲半径过小时，管材会产生银纹，损伤管道性能。如果管道上存在承插接口和钢塑转换管件，也会使管道抗弯曲破坏应力大幅度降低，弯曲半径过小会让管道过早发生破坏。在 CJJ 63—2018 中要求管道允许弯曲半径不应小于25 倍公称外径，弯曲管道上有承插接口和钢塑转换管件时，弯曲半径不应小于125 倍公称直径。对于非开挖铺设，聚乙烯管道往往会受到更复杂的环境影响，应最大程度保证管道不受破坏，其最小弯曲半径不得小于500 倍公称直径。

四、管道布置

聚乙烯管道的强度相对于金属管道较低，地上明管敷设易受碰撞破损，同时大气中的紫外线会加速材料的老化，从而降低管道的强度。因此，不应将聚乙烯管道作为地上管道使用，一般只宜埋地敷设。埋地后，覆土层还可以使聚乙烯管道处于一个恒定的工作温度，避免受到气温变化的影响发生热胀冷缩。

为了防止地面重型车辆碾压、气候变化等因素影响，管顶覆土需要具有一定厚度。在北方地区，管道应敷设在冰冻线以下，避免燃气内的水分由于输送过程中周围土壤的温度低而形成冰冻。南方地区要避免由于管道埋设受温度变化和水位影响而破坏地面。聚乙烯燃气管道最小覆土深度（指地面至管顶距离）见表 10-6。

表 10-6　最小覆土深度

敷设环境	最小覆土深度/m
车行道	≥0.9
非车行道（含人行道）	≥0.6
无车环境	≥0.5
水田	≥0.8
无法满足以上要求（含露出地面）	采取保护措施

此外，当管道上方存在堆积物，尤其是易燃易爆材料、具有腐蚀性的液体、重型堆积物时，也会影响管道安全，对此，CJJ 63—2018 中要求聚乙烯燃气管道不得从建筑物和大型构

筑物下面穿越，当穿越建（构）筑物基础、外墙时，必须使用硬质的套管进行保护。

由于城市的地下公用管道、线缆、管沟较多，与聚乙烯燃气管道之间会产生相互影响，其中热力管道会引起周边环境温度升高，电力、通信管沟容易堆积泄漏的燃气。对此，聚乙烯燃气管道不得与其他非燃气管道同沟敷设，且要与热力管道保持一定距离，保证管道处于-20～40℃的环境温度。聚乙烯燃气管道与市政热力管道之间水平净距和垂直净距要求见表10-7和表10-8。

表10-7　聚乙烯燃气管道与市政热力管道之间的水平净距　（单位：m）

项目			地下燃气管道			
			低压	中压		次高压
				B	A	B
热力管	直埋敷设	热水	1.0	1.0	1.0	1.5
		蒸汽	2.0	2.0	2.0	3.0
	管沟内敷设（至管沟外壁）		1.0	1.5	1.5	2.0

表10-8　聚乙烯燃气管道与市政热力管道之间的垂直净距

项目		地下燃气管道（当有套管时，从套管外径计）
热力管	燃气管在直埋管上方	0.5m（加套管）
	燃气管在直埋管下方	1.0m（加套管）
	燃气管在管沟上方（至管沟外壁）	0.2m（加套管）或0.4m（无套管）
	燃气管在管沟下方（至管沟外壁）	0.3m（加套管）

城市燃气管网敷设经常出现穿越铁路、电车轨道、城镇主干道的情况，聚乙烯管道较钢管具有更大优势，对于杂散电流等造成钢管腐蚀的影响可以不予考虑，但建议在聚乙烯管道穿越段使用硬质钢管或者钢筋混凝土管作为套管，其内径要大于燃气管道外径100mm以上。覆土厚度可以参照GB 50028—2006的相关规定，建议到套管的最小覆土厚度见表10-9。

表10-9　穿越交通道路的最小覆土厚度

项目		地下燃气管道最小覆土厚度/m
公路	路面	1.2
	边沟底	1.0
铁路及地面轨道交通	路肩及轨底	1.7
	自然地面或者边沟底	1.0

在穿越交通道路后，套管在路基两侧要延长一定距离，对于铁路堤坡脚、电车道边轨要保持净距2m以上，距离公路边缘在1m以上。

五、管道保护标志

为了保护聚乙烯燃气管道免受周围施工等的影响，应沿着管道走向设置有效的警示带和明显的地面标志。对于压力大于0.4MPa的聚乙烯燃气管道，还需要设置带有警示标志的保护板，在施工挖掘时，避免管道直接受到伤害。如果管道采用非开挖方式穿越河流，地面标志可以设置在河流两岸。标志必须位置明显，并且可靠固定，不应设置在移动的物体上。标志的设置可以按照CJJ/T 153—2010《城镇燃气标志标准》的有关规定执行。

对于管道水平定向钻（HDD）和穿越修复敷设，警示带敷设较为困难，可以不设警示带，但为了便于管道探测，水平定向钻施工必须随同管道敷设一条示踪线，管道修复施工可以不设警示带和示踪线，但明显的地面标志是必不可少的。

第二节　聚乙烯管道施工

聚乙烯管道敷设施工方式包括直埋敷设、非开挖敷设两种。其中直埋敷设法需要经过沟槽开挖、管道敷设、回填、路面修复，多用于非重要道路或新设道路管道的敷设；而非开挖敷设法则具有路面开挖少、不破坏现有道路、无须阻断交通，而且施工速度快、成本低等多种优点，是城市新管道敷设和旧管道修复的常用施工方式。非开挖管道敷设时，新管道敷设常使用水平定向钻方式，而对于旧管道的更新或者修复常采用直插管道修复、现场冷压 U 形管道修复、工厂预制 U 形管道修复、缩径管道修复等方式，其中直插管道修复和现场冷压 U 形管道修复在燃气管道施工中较为常用。

一、沟槽开挖

在进行沟槽开挖时，根据土质情况可以开挖直形沟、梯形沟、阶梯形沟或混合形沟。土质好时采用直形沟；土质差或管沟的深度超过安全要求时，一般采用梯形沟、阶梯形沟或混合形沟。

沟底宽度及工作坑尺寸除满足安装要求外，还应考虑管道不受破坏，不影响工程试验和验收工作。管道沟槽的沟底宽度和工作坑尺寸，应根据现场实际情况和管道敷设方法确定。

单管敷设（沟边连接）：

$$a = d_n + 0.3 \tag{10-4}$$

双管同沟敷设（沟边连接）：

$$a = d_{n1} + d_{n2} + s + 0.3 \tag{10-5}$$

式中　a——沟底宽度（m）；

d_n——管道公称外径（m）；

d_{n1}——第一条管道公称外径（m）；

d_{n2}——第二条管道公称外径（m）；

s——两管之间设计净距（m）。

当管道必须在沟底连接时，沟底宽度根据操作实际要求适当加大，以满足连接机具工作的需要，如图 10-1 所示。

沟槽的开挖要严格控制基底高程，尤其是注意对沟槽基底原状土层的保护，要避免大型机械设备对原状土层的破坏。在基底设计标高 150mm 的土层，要使用人工清理到标高。如果管道地基受到超挖破坏，或者为软土、流沙等无法达到设计要求，会引起局部管基下沉。管基下沉对聚乙烯管道影响较小，但会破坏管道上的阀门等部件。对于超挖和软土地基需要进行分层夯实加固，必要时铺设土工布进行保护，并铺垫 150mm 的中粗砂基础层，夯实时，要保证管底基础压实系数达到 90% 或以上。

图 10-1　沟槽施工

对于部分地区，沟槽中可能存在大量岩石、砖块、建筑垃圾等尖锐物，如管道原材料使用非耐慢速裂纹增长的聚乙烯管材，必须铺设150mm以上的沙床，保护管道不会受到坚硬物体的损伤。

二、管道敷设

聚乙烯管道的敷设方法较多，地形不同所使用的焊接敷设方法也不同。常用的焊接方法有管沟边焊接敷设、管沟内焊接敷设、管沟上搭板焊接、管道连接后使用设备吊拖入沟焊接敷设，或者在管沟上焊接后吊入管沟，可根据现场实际情况灵活应用，如图10-2所示。对于穿越道路、河流以及城市内的施工，也可以选择非开挖的敷设方法。

a) 管沟内焊接敷设　　b) 管沟上搭板焊接敷设

图10-2　管道敷设

三、示踪装置

与金属管道不同，聚乙烯等非金属管道无法使用电磁感应、红外、雷达等设备探测到，为了便于今后对管道的定位，在管道上方随管道走向埋设一条金属示踪线（带）或者电子标识器，如图10-3所示。示踪带是在双层的塑料薄膜中装有一条一定宽度的金属带，探测效果优于示踪线，但造价比示踪线高，所以，聚乙烯燃气管道敷设大多使用普通金属电缆或专用铜包钢示踪线。

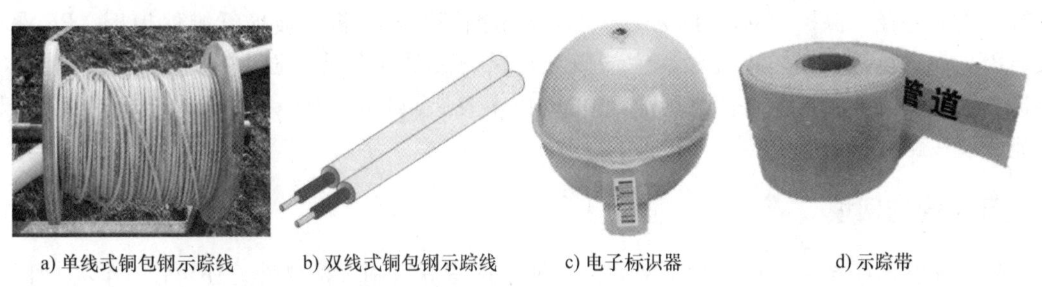

a) 单线式铜包钢示踪线　　b) 双线式铜包钢示踪线　　c) 电子标识器　　d) 示踪带

图10-3　铜包钢示踪线

在使用示踪线时，为了保证探测效果，示踪线金属芯的直径建议单线在1.6mm以上，双线在1.3mm以上。示踪线连接必须紧固有效，在铜线接头处宜采用双线缠绕锡焊工艺，以保证导电性能，也可以使用专用的连接接头进行连接。示踪线（带）连接处需要剥离绝缘层，使绝缘保护失效，所以连接完成后应进行绝缘保护。接头可以使用胶带包扎，并用热收缩套封固，封固长度必须大于胶带包扎端20mm。沿聚乙烯燃气管道走向每隔2km应为示踪线（带）设信号源井，并在信号源井内设置信号接头，用于接驳示踪线的测试外接信号，也可以使用检查井等设施作为信号源井。

电子标识器是近年来新开发的一种电子标识装置，除具有示踪功能外，其内部的内存可存储权属单位名称、管道口径、安装或维修日期、压力级制、施工单位名称、与管道的相对位置等。电子标识器宜安装在以下位置：

1）阀门、水井、牺牲阳极等管道附属设施点。

2）管道弯头、三通、四通处。

3）其他认为重要而需要标注的位置。

无上述安装点的地下燃气管道直线段，电子标识器埋设间距应不大于100m。

四、警示保护装置

警示带是为了在第三方施工时，提醒施工人员，挖到此警示带时要注意下面有管道，小心开挖，并在警示带上注明管道紧急抢修电话，便于事故发生时可快速联系抢修部门进行修复。警示带敷设应在管道正上方并保持一定距离，通常为300~500mm，但不可以敷设在路基或路面上。对直径不大于400mm的管道，可在管道正上方敷设一条警示带；对直径大于400mm的管道，应在管道正上方平行敷设两条水平净距为100~200mm的警示带。警示带宜采用聚乙烯或不易分解的材料制造，颜色应为黄色，且在警示带上印有醒目、永久性警示语。为了保证警示带对下方管道的覆盖，水平布置时要保持一定间距，见表10-10。

表10-10 警示带的水平布置要求

管道公称直径/mm	≤400	>400
警示带当量/条	1	>2
警示带间距/mm	—	150

为了防止管道受到第三方破坏，可根据管道的重要程度采用保护板。保护板宽度应大于或等于管道外径。保护板的形式很多，可以使用钢筋混凝土板、玻璃纤维保护板、PE保护板、PVC保护板等，以防止人工镐锤的破坏。保护板要具有足够强度，避免直接被挖机等穿透。保护板宜敷设在距离管道顶部200mm以上且距离地面300~500mm的土层中，并且不能敷设在路面结构层里。

五、管沟回填

聚乙烯管道在经过外观检验合格后，除继续保留焊口用于检测外，还可以在管道两侧和管顶上方进行回填。回填前必须对管沟进行检查清理，存在大石块、积水时，是不允许回填作业的。管沟内的积水会形成夹水的覆土，产生水床式弹性土，无法保证管道的稳定，同时不利于地貌的修复。而管沟内的石块作用在管道上，形成载荷，会引起管道慢速开裂，引发泄漏事故，如图 10-4 所示。回填土的质量关系到管道的寿命，回填土不能使用淤泥、冻土或者有机土，而且回填土中不得含有尖锐石块（直径不得超过 0.1mm）、砖头、木头、垃圾等。在距管顶 0.5m 以下采用中粗沙或者素土进行人工回填，使用小型夯实机夯实，在回填达到管顶 0.5m 以上时，才可以使用原土和大型夯实机械。

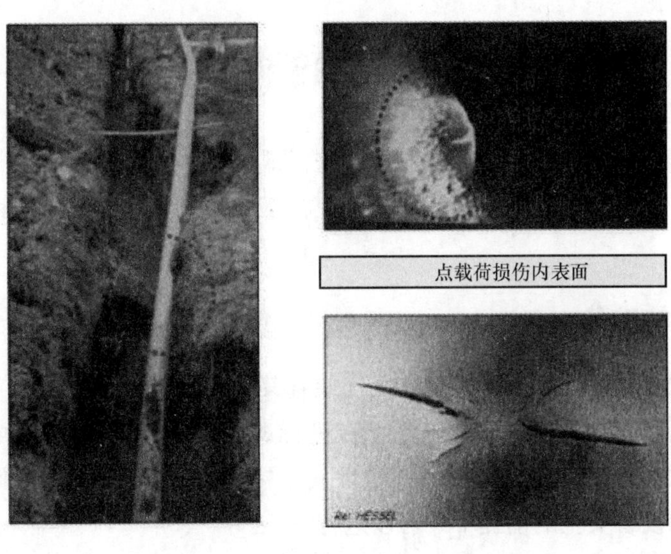

图 10-4　管沟内石块引起的管道破坏

由于聚乙烯管道属于柔性管道，刚度小，受到挤压后容易发生变形，通过对管道周围土壤进行夯实，可以分散管道顶部压力，使管道受到有效支撑，从而在管道周围形成“管土共同作用”，也可以防止管道受到土壤载荷和交通载荷后引起变形，同时可以增加管道与土壤的摩擦力，限制管道的热胀冷缩。在管道下方和两侧管腋部，压实系数要达到 95% 以上，而其他位置，管顶 0.5m 以上部分也应保证压实系数在 90% 以上。回填示意图如图 10-5 所示。

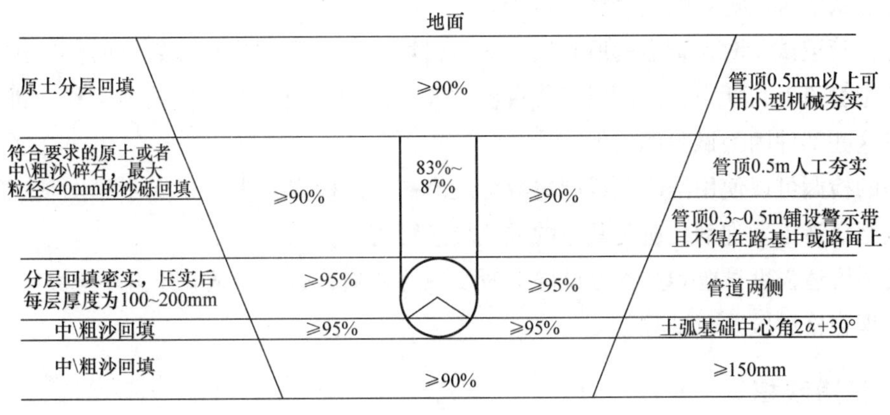

图 10-5　回填示意图

聚乙烯管道具有较大的线胀系数，是钢管的 10 倍。在温度变化时，热胀冷缩产生的拉应力会集中在管道的部件上，造成阀门、法兰等部件的损坏，特别是在金属管道和聚乙烯管道的连接位置。为了避免聚乙烯管道热胀冷缩的影响，敷设时应蜿蜒敷设，或随地貌自然弯曲敷设。回填的时间推荐选择每天温度低的时段，以避免管道承受由温差引起的拉应力。

第三节 聚乙烯管道的试验与验收

聚乙烯燃气管道安装完成后，必须对管道进行试验，依次进行管道吹扫、强度试验和严密性试验，按 CJJ 33—2005《城镇燃气输配工程施工及验收规范（附条文说明）》等的要求进行试验与验收。

一、试验前的准备

燃气管道的试验通常使用压缩空气、氮气或者其他惰性气体。气体具有加压压缩性能，操作不当会引起爆炸，造成安全事故。因此在进行试验前（包括吹扫、强度试验和严密性试验）必须编制试验方案，根据试验方案采取安全措施，并对相关条件和措施进行逐项确认，在保证人员和设备安全的前提下才可以进行试验。

试验时应进行管道周围的严密巡视，确保在升压和稳压结束前无关人员不得进入，并且保证与管道的安全距离在 6m 以上。

管道试验时，为了减少环境温度变化对试验的影响，试验使用的气体温度不能超过 40℃，不得低于 -20℃，防止管道在温度较高的压力下受到损坏。夏季气温往往超高 40℃，建议避开高温时段，在气温合适的时间进行试验。

试验时，管道内的压力会使管道发生移位，严重的位移会对周围人员和设备造成影响，对于开槽敷设的管道系统需要再回填土，回填至管顶 0.5m 以上进行试验。采用拖管法、喂管法和插入法敷设的管道则在敷设前进行试验，但必须采取临时安全加固措施，敷设后，需要随同管道系统再次进行吹扫严密性试验。

在进行管道试验时，管道的所有敞口必须封堵，可以采用盲板或者临时阀门进行封堵，不可以使用管道上长期设置的阀门替代盲板，或者使用管道上的阀门放散管作为进出气管，避免造成这些部件因为试验而失效。

试验的检漏可以使用洗涤剂或肥皂液等发泡剂，但检查完毕，应及时用水冲去管道上的洗涤剂或肥皂液等发泡剂，避免其中的成分加速管道老化的可能。

聚乙烯管道强度试验和严密性试验时所发现的缺陷，必须待试验压力降至大气压后进行处理，处理合格后应重新试验。

二、管道吹扫

管道吹扫是进行强度试验和严密性试验的必要前提，通过清扫管道内泥沙、积水、石头等异物，可以确保管道内的清洁度。常用的清扫方法是压缩空气吹扫法。吹扫口应设在开阔

地段，并采取加固措施；吹扫时应设安全区域，吹扫出口处严禁站人。聚乙烯管道材料与含有粉尘的气流摩擦会产生高压静电，所以排气口应进行接地处理，避免静电积聚造成人身伤害或其他危险。为了保证吹扫安全和管道不被损伤，吹扫气体压力不应大于0.3MPa，吹扫气体流速应不小于20m/s，且不大于40m/s。

每次吹扫管道的长度，应根据吹扫介质、压力、气量来确定，不宜超过1000m。调压器、凝水缸、阀门等设备不应参与吹扫，待吹扫合格后再安装。当目测排气无烟尘时，应在排气口设置白布或涂白漆木靶板检验，5min内靶上无尘土、塑料碎屑等其他杂物为合格。

吹扫应反复进行数次，确认吹净为止，同时做好记录。吹扫合格、设备复位后，不得再进行影响管内清洁的其他作业。

三、强度试验

强度试验是短时间内通过较大压力的测试，对管道系统上存在的缺陷进行快速检查，让管道接口等薄弱环节存在的缺陷能够暴露出来。强度试验压力，要求为设计压力的1.5倍，且最低试验压力，SDR11聚乙烯管道不应小于0.40MPa，SDR17聚乙烯管道不应小于0.20MPa。如果强度试验采用水作为试验介质，试验压力为设计压力的1.5倍，最小不低于0.8MPa。现场打压如图10-6所示。

图10-6 现场打压

强度试验时，如果管道过长，升压时间会大大增加，试验时间较长，管道周边环境控制困难，而且当出现漏点时，查找不便，而分段进行短距离试验的实际效率和检测效果反而高于长距离试验，推荐的试验管道长度不超过1000m。对于管道中有阀门等附件的，试验长度建议在0.5m以下。

强度试验用的压力表必须保证可靠，经过计量和校验并在有效期内，其量程应为试验压力的1.5~2倍，其精度不得低于1.5级。对于温度较高的环境，试验时建议设置温度计，监控试验温度。

进行强度试验时，压力应逐步缓升，首先升至试验压力的50%进行初检，若无泄漏和异常现象，继续缓慢升至试验压力。达到试验压力且稳压1h后观察压力表，观察时间不应少于30min，压力无明显降低为合格。

经分段试压合格的管段相互连接的接头，外观检验合格后，可不再进行强度试验。

四、严密性试验

严密性试验应当在强度试验合格、管线全线回填后进行，用以检查管道系统的严密性。

严密性试验介质宜采用空气，管道设计压力小于 5kPa 时，试验压力应为 20kPa；设计压力大于或等于 5kPa 时，试验压力应为设计压力的 1.15 倍，且不得小于 0.1MPa。

试验时的升压速度不宜过快。对设计压力大于 0.8MPa 的管道试压，压力分别缓慢上升至 30% 和 60% 试验压力时，停止升压，稳压 30min，并检查系统有无异常情况，若无异常情况则继续升压。管内压力升至严密性试验压力，待温度、压力稳定后开始记录。

严密性试验稳压的持续时间应为 24h，每小时记录不应少于 1 次，当修正压力降小于 133Pa 为合格。修正压力降应按式（10-6）计算确定：

$$\Delta p' = H_1 + B_1 - \frac{(H_2 + B_2)(273 + t_1)}{273 + t_2} \tag{10-6}$$

式中　$\Delta p'$——修正压力降（Pa）；

H_1、H_2——试验开始和结束时的压力计读数（Pa）；

B_1、B_2——试验开始和结束时的气压计读数（Pa）；

t_1、t_2——试验开始和结束时的管内介质温度（℃）。

所有未参加严密性试验的设备、仪表、管件，应在严密性试验合格后进行复位，然后按设计压力对系统升压，应采用发泡剂检查设备、仪表、管件及其与管道的连接处，不漏为合格。

五、工程竣工验收

工程竣工验收应以批准的设计文件、国家现行有关标准、施工承包合同、工程施工许可文件和相关规范为依据，也可用地方标准或企业标准，但标准中的内容不得低于国家现行相关标准的要求。

工程竣工验收的基本条件应符合下列要求：

1）完成工程设计和合同约定的各项内容。

2）施工单位在工程完工后对工程质量自检合格，并提出工程竣工报告。

3）工程资料齐全。

4）有施工单位签署的工程质量保修书。

5）监理单位对施工单位的工程质量自检结果予以确认，并提出工程质量评估报告。

6）工程施工中，工程质量检验合格，检验记录完整。

对于聚乙烯燃气管道，必须符合现行行业标准 CJJ 33—2005《城镇燃气输配工程施工及验收规范（附条文说明）》的有关规定，同时提供以下材料：

1）管道焊接工艺程序和参数。

2）焊接设备的可靠性证明。

3）焊接操作人员的相关资质证书。

4）聚乙烯管道熔接记录表，见表 10-11。

5）焊口编号示意图。

6）示踪装置验收检查记录。

表 10-11　聚乙烯管道熔接记录表

管道、管件对接焊记录卡片						置于地面上 置于地面下				材料：			第　页		共　页
用户：				执行单位：		焊接设备： 商标： 类型： 设备号： 制造时间： 校验时间：				天气 1：日照 2：干旱 3. 雨、雪 4. 有风的			措施 1：无 2：遮挡伞 3：帐篷 4：加热		
订货人姓名：				焊接者姓名：	执业号码：										
订单号码：				焊接监控公司名称：											
工艺是否经过评定：				工艺评定编号：						多个数字可以表示多种天气情况，例如 34 表示风和雨					
序号	日期	管道规格/mm	所测加热板温度/℃（min/max）	工件移动压力/MPa	对接压力（制造商提供的数据）/MPa	设置值/MPa		加热时间/s	对接压力上升时间/s	转移时间/s	焊接压力下的冷却时间/s	环境温度/℃	编码代号		注释
						加热	对接						天气	措施	
焊接者签名：								焊接监督者签名/日期：							

第四节 非开挖敷设

非开挖敷设是目前常用的一种管道敷设方式，具有开挖少、速度快、成本低等特点。对于新管道，常使用的敷设方式为水平定向钻施工；对于旧管道修复，方法包括直接插入法、现场U形内衬插入法、工厂预制U形管道插入法、缩径修复法、爆管插入法。在燃气管道施工中常使用直接插入法和现场U形内衬法，即将一条直径稍小于旧管内径的聚乙烯管插入旧管内，代替原有旧管道。非开挖敷设使用牵引设备将插入的管道可以牵引也可以推入，完成插入后形成新的管道结构，使聚乙烯管道的耐蚀性能与作为保护用的金属管道的较强力学性能结合起来，整体效能大大提高，从而延长系统的使用寿命，并降低更新费用。

不同非开挖施工方法各有优缺点，可以根据不同工况具体选择。表10-12是不同非开挖施工法的比较。

表10-12 不同非开挖施工法的比较

	优点	缺点
水平定向钻	开挖少 施工速度快 适用于新管道敷设、穿越道路河流	易受到地下土壤环境影响 必须进行地下勘探
直接插入法	插管工程快捷 连接容易 旧管内壁洁净程度要求较低	新管流通截面减少较多
U形内衬插入法	基本维持原有管道截面 拉管时可稍作停顿，再继续拉管 旧管内壁洁净程度要求高	一般需选用特别尺寸的聚乙烯管 须用压缩空气或水压将U形管膨胀复原 聚乙烯管壁厚不能太厚
爆管插入法	可增大原有管道截面 无须清管	不适用于地下设施密集的地方

一、非开挖敷设一般要求

非开挖敷设施工需要使用机械设备将管道拖拉入既定的管沟、钻孔或者老旧管道中，在拖拉过程中，聚乙烯燃气管道会受到钻孔、旧管道内壁的摩擦力和钻机拖拉力等综合作用，管道的焊口等薄弱位置容易受到拉伸发生破坏，在旧管道管壁处受地下岩石和尖凸物体的刮擦会划伤管道的表面，并且管道过分弯曲也会造成屈曲变形甚至失效，所以非开挖敷设方式对聚乙烯管道具有一定危险性，必须进行严格的施工设计和质量控制，以保证管道安全。

在拖拉前，要对管道的外观进行全面的检查，管道表面划伤深度不应超过管材壁厚的5%，焊口应进行100%的切边检查。管沟、钻孔或者旧管道内不应有石块或尖凸物体，避免对管道造成划伤。拖拉长度建议不超过300m。在进行水平定向钻穿越施工时，建议采用SDR11系列管材，在条件允许的情况下，首选使用包覆管进行施工。在拖拉时，管道的曲率半径应在管径的500倍以上，避免曲率半径太小造成管道变形。

拖拉时允许的拖拉力应在管材允许的范围之内，管道才不会受到损坏，通常拖拉力不超

过管材屈服拉伸应力的 50%，可以按照式（10-7）进行计算。

$$F = \sigma \frac{\pi(\mathrm{DN}^2 - D_0^2)}{4C} \tag{10-7}$$

式中　F——允许拖拉力（N）；

DN——管道公称直径（mm）；

D_0——聚乙烯管道内径（mm）；

σ——管材的拉伸强度（MPa），PE80 管材取 16MPa，PE100 管材取 20MPa，或实测值；

C——在 PE80 管材基础上的设计系数，取 3。

二、水平定向钻施工

水平定向钻施工是利用聚乙烯管道柔韧性好的特点，通过钻机在地下钻一条直径为管道直径 1.5 倍以上的孔，然后将管道拖入钻孔完成敷设的施工方式。该方式多用于穿越道路、铁轨或河流时的管道敷设，有开挖面积小、路面破坏少的特点，也多用于城市地下燃气管道敷设。图 10-7 是水平定向钻施工示意图。

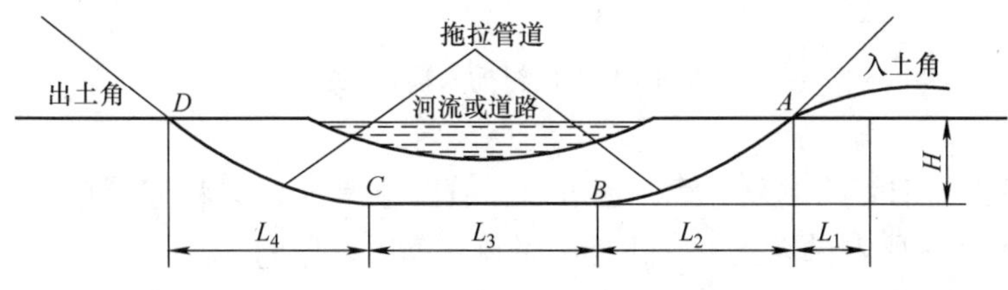

图 10-7　水平定向钻施工示意图

三、插入法敷设

插入法敷设的方法种类很多，常见的有直接插入法、U 形内衬插入法、爆管插入法等。

1. 直接插入法

直接插入法是用新聚乙烯管插入原有管道内，因此新管外径应不超过原有管道内径的 90%，一般可选取比旧管小一至两级直径的聚乙烯管。应用此法的关键是设计使用能否允许缩小管径。聚乙烯管的自然弯曲半径一般不小于 25 倍管直径，因此不能通过弯曲半径小的弯头，原有管线的弯头，如果弯曲半径比较小则必须切除。

插入作业可用绞车将聚乙烯管拉出，也可用液压驱动机将聚乙烯管推入旧管。大型管道还可两者并用。为防止聚乙烯管在旧管导入口受到损坏，应在导入管口放置喇叭形导滑管，并将聚乙烯管放置在滚筒上，以减少插入的阻力。当完成插入管修复后，必须密封旧管和新管之间的环形间隙以防止杂物进入。

2. U 形内衬插入法

U 形内衬插入法是一种为旧管道提供一个与母管内径吻合的内衬管，方法是先将圆形管压成 U 形，插入旧管内，再利用聚乙烯材料的高弹性展开，聚乙烯管恢复圆形，并紧贴旧管内壁。

将圆管压成 U 形有两种方式：一种是全部在工厂预制，以盘管形式运至施工现场；另一种是将聚乙烯管一段一段地用热熔对接焊连接起来，去除翻边，检验试压后冷压成 U 形，再经一个专用的机械用缠绕带将其缠紧，以保证该内衬折成 U 形后不会立即弹起。

圆形的聚乙烯管被压成 U 形后，截面积减少了 40%，插入旧管后，用专用工具使聚乙烯管端面翻边，形成法兰，再充以一定的内压，挣断缠绕带，并使管道复圆，与旧管内壁紧贴在一起。图 10-8 所示为 U 形内衬插入法施工实例。

图 10-8　U 形内衬插入法施工实例

U 形内衬可以与旧管构成复合管，也可以衬管独立承压，只将旧管作为一个保护套管。目前国内已实施的 U 形内衬修复工程还是按照独立承压设计的。

U 形内衬管需要借助内压复圆，根据不同的工艺和要求可以使用常温压缩空气、常温水，也可以使用蒸汽或热水。

3. 爆管插入法

爆管插入法是使用爆管工具将旧管破碎，并将碎片挤压到周围的土层，同时将新管或套管拉入旧管的管位，完成管道的更换工作。

爆管插入法适用于大部分管道的更换，尤其适用于由脆性材料制成的管道（如铸铁管），新管的直径可以与旧管的直径相同或者更大，视地层条件的不同，最大可比旧管大 50%。如果爆管工程需要扩径，周边土层的移动会影响邻近的其他管道或引起地表的隆起，因此，当邻近的管道距离小或埋管的深度过小时，建议避免使用爆管插入法。

爆管插入法主要适用于不减少或增加原有管道直径的管道更新工程。破碎后的管道分布在管道周围，易形成对聚乙烯管道长期的点载荷破坏，建议在选择管道时，选择更耐慢速裂纹增长的 PE100 - RC 原料或者带有保护层的包覆管道。

第五节　非金属管道抢修

在铺设完成后，管道的抢修逐渐成为日常管道维护工作的重点。运行中的管道发生损坏时，管道内的燃气或者其他有毒、有害气体、液体发生泄漏，必须采取正确的抢修措施，否则一旦处置不当，会造成火灾、爆炸、中毒等事故，甚至引发二次事故，造成严重后果。

一、常见非金属管道事故成因

由于一些施工单位的疏忽，在进行地下作业的过程中，没有提前了解地下管网的分布情况，直接进行违章施工，导致地下管道遭受破坏。常见的破坏包括挖掘机、钻孔机凿穿、划伤管道等。

其他导致事故的原因还有：

（1）管道元件质量问题　在管道建设时期，选用的管材、管件或者其他配件质量存在缺陷，比如生产过程中产生的气孔、砂眼、杂质，甚至使用劣质的原材料、污染的回收料、再生料生产管道或者管件。这些产品无法达到使用要求的强度或者寿命，使得管道在发生压力波动、环境条件变坏或者达到一定使用年限后出现损坏。

（2）施工质量问题　部分施工单位管理制度不完善，在管沟开挖过程中，出现深度不够或者回填砾石的情况。还有操作人员缺乏责任心，操作不规范，遗漏操作步骤，或者未按焊接工艺施工，焊接吸热时间、冷却时间未达到工艺要求的时长的情况。有的使用未经评定的焊接设备和未进行焊接工艺评定的焊接参数，焊接设备未进行定期维护保养，使焊口出现错边、虚焊等情况，导致焊口强度降低，成为管道的薄弱环节。

（3）环境影响　管道焊接通常是在露天环境下进行的，焊接质量受气候影响较大，恶劣的气候条件使各项焊接参数无法保证，如大风、降雨、低温天气时若未采取有效的保护措施，会引起管道焊接面污染，使实际焊接温度、压力达不到要求，导致焊接质量下降。

（4）管道堵塞　在使用人工煤气的城市，由于煤气中具有一定杂质，这些杂质在管道中遇到低温时，会发生冷凝现象，最终堆积在管道最低点，引起水堵。人工煤气一般都经过冷却、脱硫、脱氨、脱萘等处理，但其中仍然残存一定浓度的萘，当季节、环境变化使温度达到露点时，萘从不饱和状态达到饱和状态，然后有萘结晶析出，出现在管壁上，甚至形成堵塞的状况。

二、抢修的一般要求

非金属管道抢修应以安全、有序、快速为原则，并且做到各部门统一指挥、共同协作、严明纪律、服从命令。CJJ 51—2016 等相关技术标准对抢修作业做出了技术性指导，可以最大限度地保障作业的顺利进行，并保证人员和设备的安全，必须严格遵守。

1. 作业条件

抢修作业是一项特殊作业项目，负责抢修的单位和人员应掌握管网相关信息，并根据管网情况，对可能出现的紧急情况进行分类，制定抢修预案。对于不明确的管道，不可盲目作业。在我国燃气管道发展过程中，曾有部分企业使用金属复合管道，这部分管道在抢修作业时，必须停气置换，在燃气密度快达到爆炸极限时，才可以进行抢修作业。在以往的抢修作业中，曾出现操作人员对聚乙烯复合管道在未进行空气置换的情况下，就采用切割作业这种错误的方式，以致引起火灾，造成人员受伤的事故。

抢修作业人员必须具有抢修资质，并要对抢修人员进行定期培训、演练，使其熟悉作业流程、设备和相关各个管道部件。

在条件允许的情况下，燃气企业应配备专用的抢修设备。对于需要在带气环境进行作业的设备，应选用符合防爆要求的电气设备和工具。抢修设备必须指定专门人员进行管理，并定期维护保养，保证设备安全可靠。根据管网情况，抢修单位还应储备一定量的抢修专用备件，并定期进行检查，使备件正常可用，对于超出保质期和发生损伤的备件必须及时进行更新。

2. 现场管理

抢修作业时，现场必须严格管理，避免作业受到干扰，同时防止未采取保护措施的人员进入现场，避免不必要的事故发生。抢修作业现场必须划定警戒区，设立警示标志，并有专人进行监管。根据抢修现场情况，必要时应与警察、消防、急救进行联动，协同配合，施行交通管制、医疗监护等。

抢修作业人员在进行抢修时，必须佩戴职责标志，并按照规定穿戴防静电、毒气等防护服。作业时需有专人监护，严禁单独作业。

为避免影响道路交通，燃气企业往往在夜间进行道路开挖作业。在使用照明设备时，要采用防爆的照明设备，不得使用碘钨灯。带气作业时，现场必须配置通风设备、消防器材和其他安全设备。

3. 非金属燃气管道抢修技术要求

在进行管道抢修时，必须采取措施控制气源，消灭火种，驱散聚积燃气、监测燃气浓度，必要时强制通风。抢修前应当将燃气浓度降至爆炸下限的20%以下，否则不得作业。对于多余燃气需要进行燃烧时，燃烧完成后要先灭火，再降压或切断气源。

当燃气设施发生火灾时，应切断气源或降压，控制火势，防止出现负压。

管道内介质不同，选择的抢修方案也不同，对于密度较大的液化石油气泄漏必须采取有效措施，防止其聚积在低洼处或其他地下设施内，并且在修复作业完成后，要进行全面检查，防止燃气窜入其他夹层造成隐患。未进行隐患清查或未排除隐患不得撤离现场。

4. 聚乙烯管道抢修焊接要求

聚乙烯管道为不良导体，由于燃气及其中灰尘易造成管道内静电堆积，在操作前应进行静电释放，确认管道内无静电。管道在地下运行过程中，由于受到内压和外部载荷的影响，会出现椭圆、膨胀甚至塌陷的现象，在抢修焊接前，必须保证管道的椭圆度，可使用椭圆规进行测量，必要时使用复圆工具进行复圆。

聚乙烯管道使用电熔焊接或者热熔对接焊焊接时，必须保证焊接面清洁、干燥，未被水、油、泥土等污染，必要时使用专用的清洁工具进行清洁，尤其是在进行鞍形管件焊接时，必须使用专用的试剂擦布进行焊接面的清理。

电熔套筒等管件内安装有限位装置，在进行地下管道焊接时，由于管道移动困难，在管件出现安装不便时，可将限位装置去除，但应在焊接前做好安装位置的标记，以保证正确安装。

带气作业及抢修熔接时，熔接界面严禁带气进行焊接，必须将气源、泄漏点进行封堵后，方可进行焊接操作。

新管置换放散燃气时，禁止用聚乙烯管道直接放散，应在聚乙烯管道上接出长度不小于2m的钢管，且钢管应可靠接地，其接地电阻值不应大于10Ω。

新管置换时，输入的燃气工作压力应缓慢升高，置换过程中，燃气压力不得超过5kPa，待置换合格后再继续升压。

对破损位置进行修复前，应对破损部位进行检查，如破损情况为锐形破口（非圆形或

椭圆形），必须处理成钝性破口；如果破口为裂纹形状，应在裂纹的两末端打孔，以避免慢速裂纹增长，进而引起二次开裂。图 10-9 所示为管道破损的处理方式。

图 10-9　管道破损的处理方式

三、停气降压

在进行管道抢修、干线管道延伸等施工作业时，需要暂时切断气源或者降低燃气管道内压力，以保证施工操作安全。聚乙烯管道停气降压操作可以通过关闭阀门、夹扁断气进行。

1. 停气降压及恢复供气

管道内压力较高的中压管道停气时，使用阻气袋无法有效阻气，因此一般采用关闭阀门的方法进行停气。停气时，应当查清关闭中压管道阀门对管网的影响范围，以便采取相应的措施。如果停气影响范围较大，则应考虑安装临时管道供气。对于受到影响的用户，应及时进行通知，便于用户安排生产，避免造成不必要的损失。

对于低压管道，如果使用充气后的阻气袋（见图 10-10），可以实现有效阻气，不必停气或降压，如果阻气袋无法保证阻断气源，应考虑进行降压，并保证压力降至阻气袋能有效阻气的压力以下。使用阻气袋进行断气作业，通常建议压力控制在 2kPa 以下。同样，停气作业前应考虑受影响用户的需求。

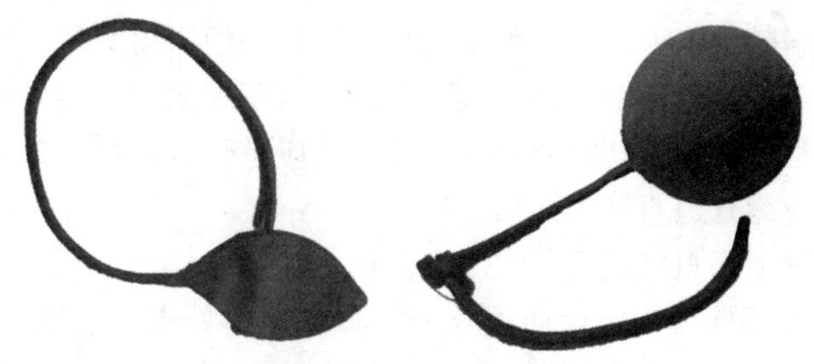

图 10-10　阻气袋充气前后的状态

在恢复供气时，也应通知用户做好通气准备，避免燃气扩散和泄漏，并且排除管道内的混合气体，确认后方可点火。

2. 夹扁断气

利用聚乙烯材料的柔韧性，用夹管器将管道夹扁断气，进行维修。夹管器是通过用两个平衡夹管架将聚乙烯管的横截面压扁而控制流量，从而实现止气作业的一种施工方式。夹管器可适用于管道运行压力小于 0. 4MPa 的气体流量控制。

控制流量并不等于完全截断流量，当管内气压较低时，管道内气体的流量可以减至零；如果管内气压较高，有一小部分气体仍能通过夹管，会有微漏。在夹管器的两个平衡杆之间使用机械停止装置可以避免损毁管材，国家标准 GB 15558. 1—2015《燃气用埋地聚乙烯管

道系统　第1部分：管材》要求停止距离为管材壁厚两倍的80%（d_n≤250mm）或90%（250mm<d_n≤630mm）。

夹管的速度和松管的速度对夹管接线的操作非常重要，要有足够的时间，让管材吸收和释放由夹扁所产生的应力，两者都应该以一个低速进行，松管速度的控制应该更小心。经验表明，松管速度应控制在12mm/min以内。

温度降低也会造成管材延伸率降低，因此在气温低的时候，夹管和松管的时间均应增加。

在选择夹管器时，夹管器必须根据管道外径和SDR值选择，并将壁厚控制板调校到正确的位置，避免过夹损伤管道。图10-11所示为夹管操作。

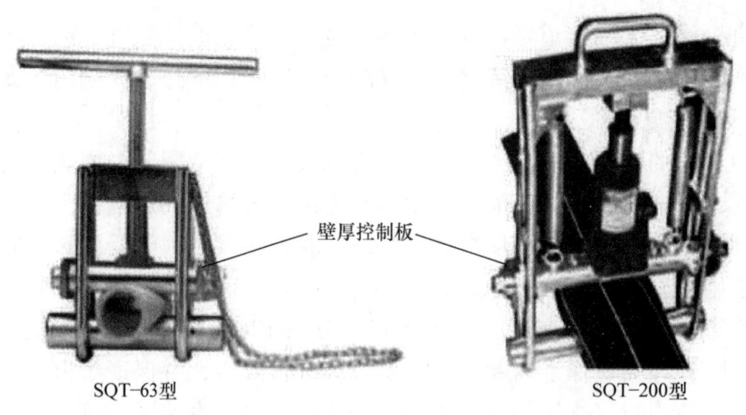

图10-11　夹管操作

低压管道进行压扁带气作业时，一般每侧只需作单一的压扁截气。管径在63mm以上的中压管道，通常每侧需使用双重的压扁截气，并需在两压扁位置之间装有放散装置。

压扁截气位置与管道配件或切割位置的最短距离应是管道直径的2.5倍，而压扁截气位置之间的最理想距离应为管道直径的6倍。

在管道的同一位置上，只能进行一次压扁操作。

修复完成拆除断气工具后，建议使用复圆夹具对夹扁处进行复圆，并对该位置进行标记，避免在相同位置再次进行夹扁操作引起管道损伤。图10-12所示为使用复圆工具对夹扁位置进行复圆。

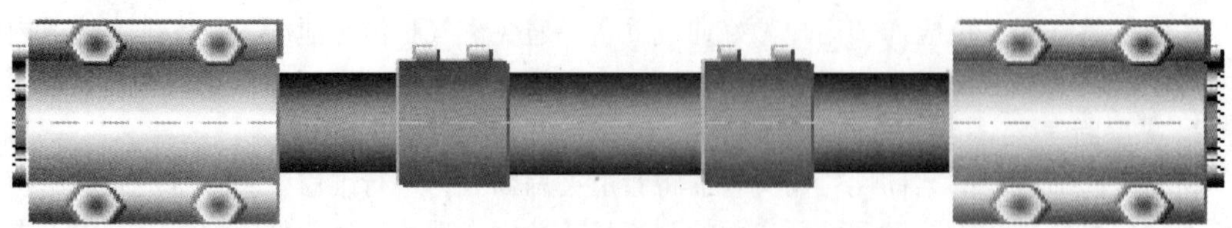

图10-12　使用复圆工具对夹扁位置进行复圆

四、聚乙烯管道抢修方法

聚乙烯管道抢修需要根据破损位置的情况选择具体抢修方法，通常的方法有电熔置换抢修、鞍形熔接修复、快速机械管件抢修、临时抢修、带压封堵。

1. 电熔置换抢修

对于管道破损严重的位置，需要将原有破损管道切除，使用电熔套筒管件或者法兰将破损管道进行置换，如图 10-13 所示。

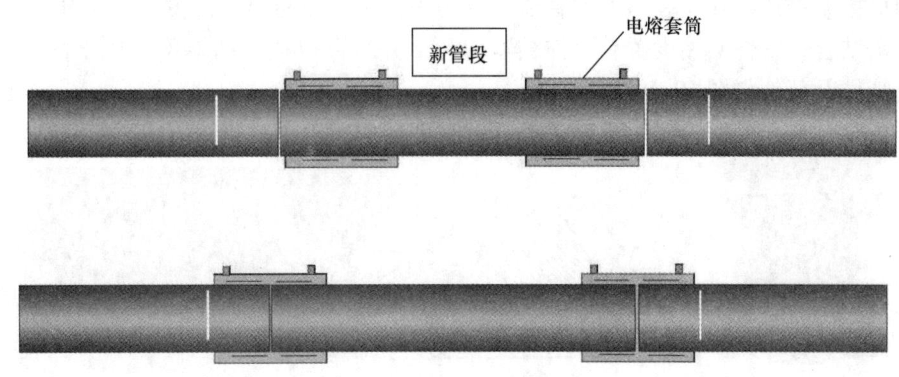

图 10-13　电熔置换抢修

置换抢修可以实现永久无泄漏连接，是最可靠的抢修方式，且无须考虑抗拉拔处理，在条件允许的情况下应首选使用。为防止管道变形，必要时需要使用复圆工具进行复圆。具体操作步骤如下：

1）切除损坏位置的管道。

2）截取与切除管道相同长度的置换管段。

3）将置换管段表面进行清洁。

4）清除置换管段及旧管道焊接位置氧化皮，并标记安装位置。

5）将电熔套筒内部的限位装置去除，并放置到置换管段上。

6）将置换管段放置到安装位置，并将电熔套筒放到焊接区域。

7）进行电熔焊接完成置换。

2. 鞍形熔接修复

如果管道破损口直径小于或等于 2.5cm，可以将鞍形三通或者鞍形直口管件出口使用电熔端帽进行熔接封堵后，作为修补管件使用，或者直接使用电熔鞍形修补管件进行修复。电熔鞍形修补管件同样可以用于直径小于或等于 7.5cm 以下破损管道的修复。操作过程中，必须保持干燥，并按照生产商推荐的焊接程序和设备操作。

熔接时，破损位置必须处于焊接区域中间，并进行充分冷却，时间在 30min 以上方可通气。

对于 10mm 及以下的孔可用沉头螺钉或自攻螺钉直接旋入进行封堵；大于 10mm 的孔需先用工具将漏孔扩圆，避免破损位置引起慢速裂纹增长后，用锤子把聚乙烯塞子或木塞子钉入破口处，将泄漏燃气封堵，并将封堵工具高出管道表面的多余部分进行清理，然后将电熔鞍形管件的四个螺钉进行对角线拧紧。为保证最佳焊接效果，拧紧后的螺钉可往回拧两圈，保持一定的间隙，然后使用电熔焊机焊接，并在焊接完成后至少保证自然冷却 30min 以上。

3. 快速机械管件抢修

由于聚乙烯管道在进行热熔对接和电熔焊接时，必须保证焊接位置干燥，否则无法焊接，当管道周围有水或遇到降雨天气时，排水过程将大大降低抢修效率，给快速抢修带来不便。近年来，国外开发出用于燃气管道抢修的快速机械管件，可以实现带水快速抢修。快速机械管件主体由球墨铸铁铸造而成，两端通过一种特殊结构的柔性橡胶内衬丁腈橡胶（NBR）或三元乙丙橡胶（EPDM）作为密封圈。为防止管道轴向拉伸，快速机械管件设置有不锈钢抗拔脱钢片，在安装后增大管道与管件摩擦力，可防止管件位置被拉开。为使管件与管道紧密结合，管件两端设置有可伸缩紧固环，并且可以适应两端不同规格的管道连接。快速机械管件及部件如图 10-14 所示。

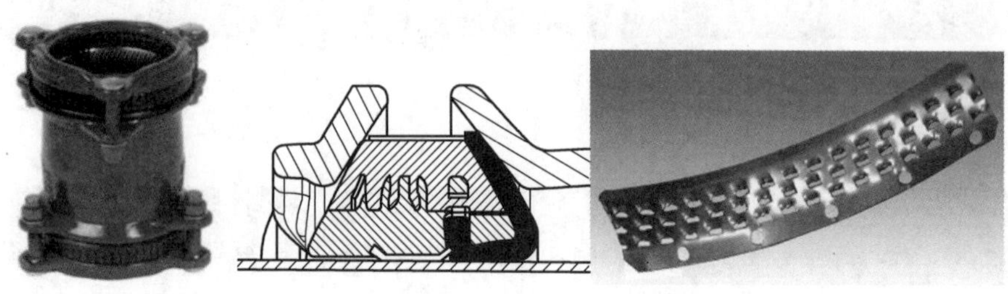

图 10-14　快速机械管件及部件

在使用快速机械对管件进行抢修时，通过紧固两端螺栓，收缩紧固环，使抗拉拔钢片、橡胶圈与管道紧密接触，从而连接管道。需要注意的是，聚乙烯材料对于机械紧固力会产生应力松弛，导致抢修后二次泄漏。所以，在使用快速机械管件抢修时，必须在管道内安装金属内衬，以保证密封性能的稳定。

4. 不锈钢修补临时抢修

对于一些无法保证可以停气抢修的位置，可使用不锈钢修补管件进行临时修复，待到抢修条件具备后再进行停气抢修。不锈钢修补管件由不锈钢主体、密封橡胶垫和紧固螺栓组成，仅用于修复局部损坏的管道，如凿出或刺穿管壁的破口。图 10-15 所示为不锈钢修补管件。

图 10-15　不锈钢修补管件

为保证抢修的密封性，建议夹紧且橡胶垫长度不小于管径的 1.5 倍。

抢修时，应根据破损位置确定不锈钢修补管件的规格。打开不锈钢抢修管件，并包覆在管道上，将破损位置置于不锈钢抢修管件中央位置，使用螺栓进行紧固即可完成修复。临时抢修后，应在 3 个月内，寻找合适的时间进行长久修复。

5. 带压封堵

不停输封堵器带气接线是对正在运行中的管网、管线进行不停输施工的作业方法，主要

通过聚乙烯管专用开孔、封堵设备来完成。图 10-16 为双橡胶球胆带压封堵示意图。

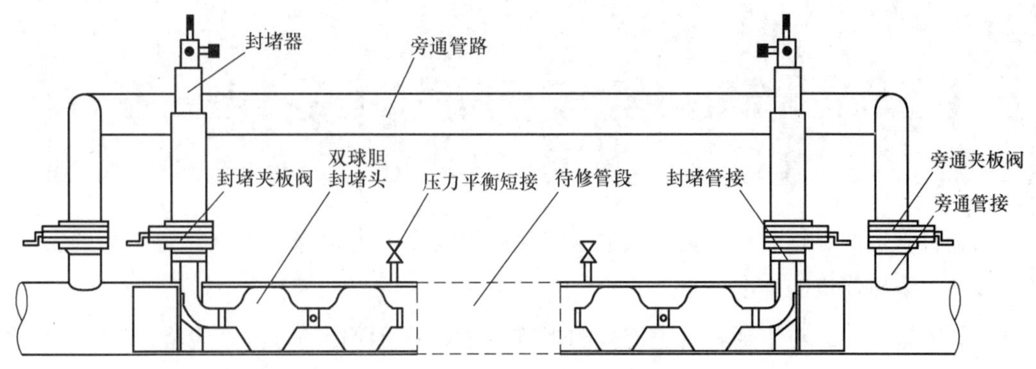

图 10-16 双橡胶球胆带压封堵示意图

通常使用橡胶球胆进行封堵，操作时将排空空气的橡胶球胆放入管道，充气膨胀完成封堵。该工艺封堵压力通常在 0.07MPa 及以下，并且封堵所使用的橡胶球胆应为复合橡胶球胆，避免使用纯橡胶球胆，因为纯橡胶球胆在 0.2MPa 内压下就会发生破裂，而复合橡胶球胆内添加了合适的填充物，可以在 0.8MPa 内压作用下膨胀到预期尺寸而不产生结构性损伤，确保在管道压力 0.4MPa 下实现长期有效的封堵。

带压封堵的流程为：开挖作业基坑──→焊接旁通管件、封堵管件（包括焊缝检测）──→安装开孔设备并开孔──→接通旁通、封堵──→放空受损管道内的介质并割管──→更换受损管道（包括打压验收）──→收回封堵装置，拆除旁通，下管接堵塞并盖上法兰盖──→做好防腐、回填并恢复地貌。

第十一章 非金属管道焊接数据的采集与分析

非金属管道的工程质量事关管道输送和使用的安全。为确保非金属管道工程的安全性，必须保证非金属管道的施工质量。

在管网施工中，对于金属管道连接的焊口，通常采用探伤的方法来检验，只有焊口合格后方可填埋。对于非金属管道熔接的焊口，同样要确保焊口熔接合格后方可填埋。一般情况下，熔接焊口采取目视的方法来检验，该方法具有很大的主观性；对非金属管网采取压力试验的检验方法，只能检验管网当前的气密性，对于焊口的内部质量及在长期工作状态下焊口性能就没有明确定论了。

在目前检验手段有限的状况下，应严格把控好影响熔接施工质量的诸多因素，即材料的质量、设备的质量、焊接程序和参数的控制、施工环境的好坏和施工人员的素质等。

在材料质量合格的前提下，施工环境的影响可随施工人员相关保护措施的好坏而改变，施工人员的技术水平也会影响施工质量，所以施工人员是施工过程中的主观影响因素。全面应用高质量的全自动焊机，规范焊接施工人员的操作过程，明确焊接质量检验标准等举措可大幅提高焊接质量。同时，应用一套系统的管道工程建设全过程质量管理平台，对非金属管道焊接数据进行采集与分析，可以实现管道焊接施工的实时监督，以及焊接记录数据的自动校验和电子化永久储存，提升焊接数据检阅的准确性和智能化程度，为非金属管道焊接记录数字化和焊接质量评定提供依据。

第一节 管道工程建设全过程质量管理平台

为了严格控制、确保非金属管道施工过程中的工程质量，提高非金属管网的运行质量，保障管网的高质量安全运行，提高工程质量管理过程的可追溯性和系统性，国内多家燃气企业先后开发并成功运用了非金属管道工程建设全过程质量管理平台。通过建立一套基于 B/S 架构的项目管理系统平台，对工程项目的进度、质量、材料、设备、人员和文档等进行在线监控和实时管理，提供一套既能分项使用，又能够进行综合管理的方便灵活的工程项目管理体系。

非金属管材（管件）进行焊接时需要使用热熔（电熔）专用焊接设备，而全自动焊接设备能够保证焊接操作的一致性和可靠性。全自动热熔焊机通过设定符合标准的焊接参数，自动完成加热卷边、吸热、切换、加压熔接、保压冷却等操作。全自动电熔焊机内装有数据

输入解码器，管件生产厂家将电阻、焊接电压、时间等参数编入管件条形码中，焊接时使用扫码枪自动读取管件信息并设置焊接参数。焊接记录真实地反映了焊接工艺的执行情况，是判断焊口是否合格的重要参考依据。以往焊接记录需打印后人工进行焊接记录与设定参数的比较，难以做到焊接记录长期、有效保存。因此，运用信息化技术打通焊机与工程管理信息系统的接口，利用信息系统对焊接记录进行永久保存和自动检阅，可以协助企业提升管道工程焊接质量管理和全过程质量管理。

1. 平台构架

非金属管道工程建设全过程质量管理平台可用于对实时采集到的焊口信息进行数据保存、查询、分析、统计、报表等操作，具备人员管理、设备管理、项目管理、权限管理、数据管理、报表等动态模块，如图 11-1 所示。

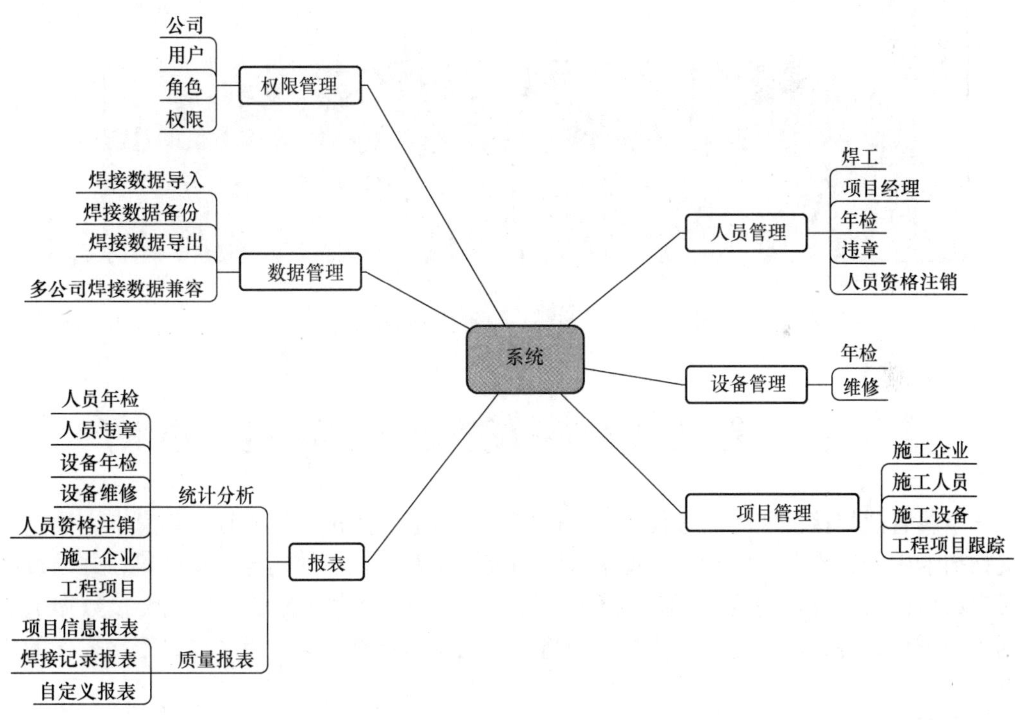

图 11-1　平台构架

2. 平台功能

平台主要功能包括：工程、单位、设备、人员、配件信息备案、现场考勤管理、焊工识别开机、配件扫描功能、焊机实时数据传输、焊机作业拍照取证、焊工作业、埋管定位、焊口条形码、实施监控、设备定位、数据查询、数据鉴定等，如图 11-2 所示。

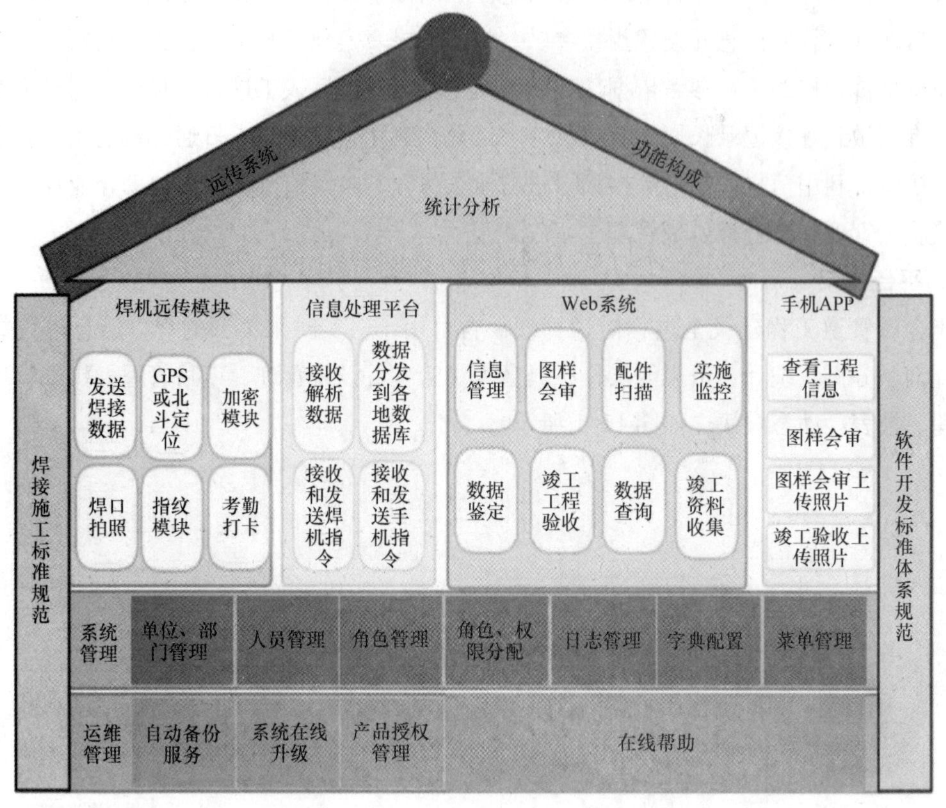

图 11-2　平台功能

第二节　非金属管道焊接实时监管技术

非金属管道焊接的实时监管技术主要由网络平台系统生成工程和焊工信息卡，通过移动终端扫描卡中的二维码，将相关信息录入到加装了无线传输模块的全自动焊机，并通过网络与后台数据比对。焊机的 WIFI/蓝牙模块连接移动终端，将其拍摄的照片和熔接数据上传到数据管理平台，各方的监管人员皆可在网络平台上实时检查焊口质量、监督熔接操作的关键节点。

1. 管理目标

1）实时监控聚乙烯管熔接的施工质量。

2）实现焊接数据的无线远传及后台处理。

3）为工程质量验收提供数据支撑。

4）为安全质量追溯提供技术依据。

2. 软硬件技术要求

硬件方面：全自动焊机安装无线传输模块，安装专用移动终端（或使用手机），总部机房内部署服务器并与分部计算机连接，建立专用网络传输通道。

软件方面：聚乙烯管焊接数据传输与管理系统，该套系统的 APP。

3. 操作规程

（1）工程和焊工信息卡的制作与现场检查

1）质监员在网络平台系统中，需录入焊机设备信息、焊接作业人员的特种作业资质信息，燃气公司质监员以及总包、分包、监理等单位的名称和人员信息。

2）质监员应向施工单位核对现场作业的焊工是否与开工单写明的一致，且是否在系统平台的焊工名录中，如果一致且有备案信息，则按照开工单制作焊工卡。若不一致则以现场实际操作的人员为准，实际操作人员如果在系统平台的名录中，则以其信息制作焊工信息卡；若名录中没有该作业人员信息，施工单位须向质监员提交该作业人员的焊工特种作业操作证复印件，质监员在系统平台中备案并制作焊工信息卡。不允许不具备操作资质的人员作业。

3）质监员根据新建项目开工单中的总包、分包单位及相关人员等信息制作工程项目信息卡。

4）录入的工程和焊工信息包含于二维码内，通过系统平台生成并打印制卡，由质监通知施工单位领取。焊工通过移动终端扫描卡上的二维码来开启操作全自动焊机的权限。

5）质监员现场监管时，须核对操作人员是否与焊工信息卡一致，若不一致则该操作人员应暂停施工，联系后台处理，操作人员有资质则重新制作焊工信息卡即可，若无证上岗，则应禁止该人员操作，施工单位须立即联系具有资质的焊工操作。

（2）熔接数据的传输与检查

1）首先确认移动通信信号是否正常，发生故障应及时排除，运转正常后方可实施焊接操作。

2）在移动网络通信正常的情况下，每个焊口的熔接数据和图像都将实时上传至平台系统，若发生网络暂时断开的情况，数据仍会保存在焊机内存中，在网络恢复连接后，继续自动上传数据和图像，确保数据的完整性。

3）熔接数据传输至系统平台后，系统根据以下标准进行焊口质量的检查。

热熔焊接：选择熔接压力校验作为信息系统与热熔焊机连接的主校验规则，系统对压力参数进行自动校验，监控焊机液压系统控制精度及稳定性；将温度、抽板时间、加热时间、冷却时间等参数作为记录指标，供焊接质量监督及后续追溯焊口质量。

电熔焊接：选择电熔焊接时的焊接能量作为信息系统与电熔焊机连接的主校验规则，电阻、电压、加热时间等参数作为记录指标。

由系统自动识别及判断焊接记录的有效性，对于不在偏差范围内的焊接记录，系统自动给出提示，帮助监督人员关注这些异常记录的焊口，大大提高了焊接记录检查的及时性、准确性、真实性及工作效率。

4）当发现焊接数据不符合标准要求时，质监员应确认发生质量问题的焊口位置及编号，要求施工单位立即切除不符合质量要求的焊口（若有机器故障或断电等原因应及时排除）后重新进行焊接。

（3）结合图像的热电熔焊口外观检查

1）使用带远程传输功能的全自动热熔和电熔焊机作业时，可以通过移动终端对管端切削、翻边成型、刮除氧化皮、夹具固定和切割不合格焊口等步骤拍摄照片，并成功上传至服务器后焊机才能开启下一步操作的权限。为规范焊接操作，实时检验关键节点的施工质量，对熔焊操作和照片的拍摄要求做出相关规定。

2）在热熔对接焊过程中，管端切削后的表面应平整、光滑，无灰尘黏附在切口表面及管端处，符合要求后拍摄照片上传，成功上传后才可进行烫板熔融切面的操作。对接翻边成型时，其表面应无气孔、裂缝等外观质量缺陷，翻边最低处不应低于母材，焊口的错边量不应超过壁厚的10%。在冷却阶段完成后拍摄焊口成型照片上传，成功上传后才可进行下一个焊口的焊接。如果焊接中出现断电、卷边等情况造成焊口废弃，焊工应当沿翻边中心切除问题焊口，切除后拍照上传，成功上传至系统后才能重新进行焊口的熔接操作。

3）对于电熔管件连接的拍摄要求，第一关键点是管道插入端的氧化皮必须使用旋转刮刀均匀刮除，拍照上传至管理系统，符合要求后才可进行下一步操作；第二关键点是为了使管件与管道处于同一轴线，要求使用固定夹具稳固管道，忌用铁棒等工具强行借力，夹具固定管道后须拍照上传，成功后才可继续下一步电熔操作。冷却阶段完成后，管件内的电阻丝不应挤出，观察孔熔融料的溢出不得呈流淌状，符合要求后需拍照上传。如果电熔连接过程中产生不合格焊口，问题焊口的切除过程也需要拍照上传至系统后才可重新电熔连接。

4）根据焊口的外观检查要求，热熔翻边和电熔观察孔熔料的外观检验是焊口质量检验的一部分，质监员可以通过网络平台系统的局部放大功能，查看放大后的翻边外观和观察孔熔料情况，并以照片底部的水印时间综合判断上传照片的真实性和焊口的外观质量。

（4）焊口编号与单线图标注对应一致

1）为使单线图能准确反映焊口的实际位置，焊工需要用白色油性笔将热熔对接焊口的编号写在焊口周围的空白处，拍摄照片时应将焊口编号同时拍入；当用电熔管件连接时，同样在管件周围空处标注各电熔焊口编号，然后拍照上传系统。

施工时，焊工每完成一个热熔、电熔焊口就应将该焊口的编号画在草图上。

2）当出现焊接失败的焊口时，平台系统将显示报警信息，后台应留意信息中提示的焊口，根据焊口在原编号上修复的原则，检查焊工是否有在下一个编号上修复或者直接忽视该问题焊口的情况，通知负责对应项目的质监员及时查看移动端APP。当天施工结束后，焊工需要绘制已拍管道的热熔、电熔焊口草图，并将草图通过微信传给后台质监员，后台应核对管道上标注的编号是否与单线图标注的一致。如果存在不一致的情况，应通知该项目的质监员进行现场核验，提出整改意见。通过数据、图像和单线图的结合对比，确保热熔和电熔焊口数量的真实性、焊口位置的精准性。

（5）移动端APP　负责监管的质监员配备一台手机，以物联卡为媒介，安装移动端专用APP来查看焊口的焊接质量情况。每个质监员都有各自的账号，进入后可以查看自己负责项目的焊接情况、报警信息提示的问题焊口并及时做出处理。

（6）印制管道工程焊接报表　管道敷设完毕后，施工单位需要提交完整的单线图，质监员将此图与施工中上传的草图比对，确认焊口数量和位置，审核无误后由平台系统生成管道工程焊接报表，质监单位和施工单位各留存一份。此表是允许开展试压等其他现场验收工作的凭据。

第三节　焊接质量管理信息化发展及展望

从最初的通过U盘或者其他介质进行焊接数据的传输和导入，到现在的实时远传；从

对施工人员的资质无法有效监管，到后来的指纹识别，再到人脸识别；从手工输入工程、配件信息，到扫描条形码，再到扫描二维码；从没有现场图片的信息，到现在可以回传每一次焊接过程中的图片；从不准确的定位数据，到现在准确地测绘定位数据回传，在非金属管道焊接数据的采集与分析领域，借助管道工程建设全过程质量管理平台和非金属管道焊接实时监管技术，可以做到及时、真实、长久地保留管道焊接一手资料，为建立管道全生命周期管理提供真实、可追溯的数据资料。同时，可以清晰、直观地判断焊接结果是否在要求的范围内，为焊工自查焊口焊接质量、监理方及甲方监督焊口焊接质量、上级主管部门远程监管焊口焊接质量提供了真实和便利的工具。

随着信息化、数字化技术的不断发展，以及通信基础设施的快速建设，大数据应用的条件越来越好。对企业而言，这有助于企业生产数据的整合和共享，可以减少数据重复采集、处理和存储，降低成本。对行业而言，打造了开放共享的大数据应用生态环境，有助于大数据对外变现和提升产业合作能力，能让数据产生更大的价值。通过管道焊接记录信息化处理，将焊接记录转化为大数据并存储在云服务器中，作为构建管网信息化全生命周期管理的重要一环，未来可以为工程建设质量评估、管网资产风险评估等人工智能应用场景提供重要的数据支撑。

第十二章 非金属管道的施工安全

特种设备非金属管道施工是一个复杂的综合性工程，涉及土建、吊装、安装、焊接等多个环节，需要坑道、沟槽作业，很多施工都在室外进行，环境复杂多样，同时还需要使用各种电气和机械设备。尤其是压力管道运行维护时，管道内输送的介质多为易燃、易爆、有腐蚀性的气体、液体、粉尘等危险品，稍有不当会引发爆炸、火灾、触电等事故。因此，非金属管道施工时主要的安全隐患有火灾、爆炸、触电、灼烫、急性中毒、高空坠落和物体打击等。虽然焊接相关人员暴露于这些危险环境中的时间可能很短暂，但有关安全问题同样不容忽视。施工前，必须对焊接作业人员进行必要的安全培训，使其掌握相关知识和技能，树立安全意识和紧急应对思路。

第一节 燃气事故及防控

1. 燃气事故的分类和级别

对燃气事故进行分类和级别划分，可以为开展燃气事故抢修提供参照，对事故危害程度进行量化管理，有助于合理、高效地利用资源，及时对事故采取不同级别的应急响应。此外，还有助于及时、准确、客观和全面地进行信息传递和发布，便于对事故进行统计和调查。

燃气事故的分类有以下几种常见方法：按严重程度分为轻微、一般、重大、特大；按事故性质分为火灾、爆炸、爆燃、中毒、泄漏、停气、设备故障。

燃气事故的分级以《国家突发公共事件总体应急预案》为原则，按照事故的性质、严重程度、可控性和影响范围等因素进行等级划分，其中由于管道、设备引发的情况，可以分为四个等级，分别为：

Ⅰ级，特别重大，红色。天然气调压站、燃气输配管道等发生大面积泄漏，引起爆燃、爆炸，导致失去控制，需要紧急疏散人群、实施交通管制，或因其造成10人以上死亡或者30人以上重伤、严重中毒的。

Ⅱ级，重大，橙色。天然气调压站、燃气输配管道等发生严重泄漏，引起爆燃、爆炸，难以控制，需要紧急疏散人群、实施交通管制，或因其造成3~9人死亡或者一次重伤、严重中毒10~29人的。

Ⅲ级，较大，黄色。天然气调压站、燃气输配管道发生严重泄漏，引起爆燃、爆炸，难以控制，需要紧急疏散人群、实施交通管制，或因其造成1~2人死亡或者一次重伤、严重中毒3~9人的。

Ⅳ级，一般，蓝色。天然气调压站、燃气输配管道等设施设备发生故障，造成部分片区家庭用户燃气供应中断，且24h内不能恢复，或因其造成人员轻伤、轻度中毒1~2人的。

2. 燃气管道事故特点及原因分析

燃气管道广泛分布于城市的地下，具有环境复杂、敷设隐蔽、组成多样等特点，当管道发生损坏时，管道内的压力瞬间下降，释放出大量的能量和冲击波，危及周围环境和人身安全，甚至能将建筑物摧毁。管道内的燃气或有毒物质大量外溢，会造成人员中毒或火灾爆炸等恶性事故。

燃气管道施工过程中发生事故的原因主要有：设计不当，选用的材料不符合技术标准和工艺的要求，造成材料在压力和外界环境的作用下失效或者损坏；产品质量有缺陷，比如管材壁厚不均匀，含有裂缝、气孔、夹渣等严重的缺陷；安装施工单位对质量体系控制不严，焊接工艺评定存在缺陷，焊工未进行培训，操作人员违规违章施工等，造成焊接质量低劣；管理混乱，管理制度不全，管道数据缺失，导致施工人员采取了错误的方法预案，引起事故发生。

3. 燃气管道事故应急措施

在施工现场，应急管理措施和应急演练都非常重要，尤其是燃气管道具有特殊性，一旦发生事故，应做好以下几点工作：

冷静判断：发生事故时保持冷静，根据现场情况，快速判断，启动应急预案，保护现场。

隔断气源及火源：迅速切断气源，当燃气发生泄漏时，要对周围明火进行控制，切断电源，严禁一切用电设备运行，防止火灾、爆炸事故发生。

救护伤员：将受伤人员转移至安全地带，并迅速拨打“120”急救电话。

消防排险：根据现场燃气泄漏情况，及时拨打“119”火警电话，进行喷淋作业，消除由静电引起的爆炸隐患，根据起火情况，组织开展灭火工作。

秩序维持：拨打“110”报警电话，及时联系警方，维护现场秩序，避免事故范围扩大。

事故上报：发现隐患或发生事故时要及时上报有关领导和监察机构。

第二节　城市燃气安全

1. 城市燃气知识

我国城镇燃气主要以天然气、液化石油气、人工煤气为主，同时还包括沼气、掺混气和工业余气。不同的燃气具有不同的物理和化学特性，在空气中有不同的表现，只有了解燃气知识，在管道维护抢修时，才能有针对性地采取适当的安全措施。

广义上讲，天然气一般分为五种：纯气田天然气（也称气井气）、石油伴生气（油井气）、凝析气田气、煤田气和煤成气，在我国均有不同程度的应用，大致情况如下：

1）纯气田天然气即我们通常所说的天然气，其成分以甲烷为主，还含有少量的乙烷、丙烷等烃类及二氧化碳、硫化氢、氮和微量的氦、氖、氩等气体。我国四川天然气中甲烷含量一般不少于90%。天津大港地区的天然气为石油伴生气，甲烷含量约为80%，乙烷、丙烷和丁烷等烃类含量约占15%。

2）人工煤气一般分为：固体燃料干馏煤气、固体燃料汽化煤气、油制气和高炉煤气，在我国20世纪50年代为主要气源，目前也是我国重要气源之一。

3）液化石油气是开采石油和炼制石油过程中获得的一种副产品，我国城镇作为燃料用的液化石油气（LPG）主要来源于石油炼厂催化裂解装置产生的石油气，主要成分为丙烷、丁烷、丙烯和丁烯。液化石油气作为城镇燃气气源，具有投资少、设备简单、供应方式灵活、建设速度快的优点，被我国很多城镇作为生产生活及汽车燃料使用。液化石油气在管道输送中，需要采用汽化的方式，为了避免在压力下重新液化，通常会掺混一定量的空气输送给用户使用。按照国家规定，液化石油气与空气的混合气作为气源时，液化石油气的体积分数应高于其爆炸上限的 2 倍，且混合气体的露点温度应低于管道外壁温度 5℃，硫化氢含量不应大于 20mg/m^3。

4）沼气是一种生物能源，通过厌氧细菌使有机物发酵分解成可燃气体，是一种清洁的再生能源。沼气主要成分为甲烷（约占 60%）、二氧化碳（占 35%），另外还有少量氢、一氧化碳等气体，是未来城镇燃气的一种资源。

5）掺混气是为了对天然气、液化石油气、人工煤气输送过程中供气量和热值进行调整，而将不同类别的燃气或者燃气与空气混合配制成的混合气体，在城市燃气输配的调峰、过渡、补充过程中经常使用。

2. 城市燃气特性

城镇燃气是由多种气体组成的混合气体，其性质由不同气体成分共同决定，所以需要根据气体的组分计算混合气体的平均密度、与空气密度的比值即相对密度，常见的几种燃气的密度和相对密度见表 12-1。通过了解燃气的密度，可以在维护抢修过程中判断气体可能的堆积位置，并采取相应措施，尤其是相对密度大于空气的气态液化石油气容易聚集在工作坑中，造成操作人员中毒及窒息，所以应加强通风，避免出现危险。

表 12-1　几种燃气的密度和相对密度

燃气种类	密度/(kg/m^3)	相对密度
天然气	0.75～0.8	0.58～0.62
焦炉煤气	0.4～0.5	0.3～0.4
气态液化石油气	1.9～2.5	1.5～2.0

燃气在达到一定温度后开始燃烧，即着火点，各种单一可燃气体在空气中的着火点见表 12-2，而在纯氧中着火点比空气中低 50～100℃。

表 12-2　单一可燃气体在空气中的着火点（在 0℃，101.325kPa 条件下）

气体	氢	一氧化碳	甲烷	乙烷	丙烷	丁烷	苯	硫化氢
着火点/K	400	605	540	515	450	365	560	270

燃气的燃烧速度快，最小点火能量较低，其范围在 0.19～0.28MJ 之间，而且传播速度快。城市燃气火焰的传播速度见表 12-3。

表 12-3　城市燃气火焰的传播速度

燃气名称	天然气	液化石油气	煤气
火焰传速/(m/s)	0.67	0.32	0.7～3.1

当燃气与空气或者氧气混合达到一定比例时，就会形成具有爆炸危险的混合气体，一旦接触火源则形成爆炸。但爆炸不是绝对的，只有当燃气和空气的混合达到一定范围时才会发生。爆炸下限越低，危险性越高。常见的几种主要燃气的爆炸极限见表 12-4，可以看出，液化石油气的危险性是最高的。

表 12-4　几种主要燃气的爆炸极限

燃气名称	纯天然气	炼焦煤气	液化石油气	人工沼气
上限（空气中体积分数,%）	15.0	35.8	9.7	24.4
下限（空气中体积分数,%）	5.0	4.5	1.7	8.8

3. 相关安全措施

燃气管道如果泄漏会引起火灾或爆炸，引起火灾必须同时具备三个条件：可燃物（如燃气、聚乙烯管道）、助燃物（如氧气）、着火源（如静电、电弧）。形成爆炸必须具备的三个条件：达到爆炸极限浓度、存在火种或热源、处于封闭容器或者相当于封闭的容器内。因此，施工人员需要根据现场条件制定相应的安全措施，避免爆炸条件的形成。

对于聚乙烯等非金属管道如有泄漏、超压及火灾等风险，应采取如下相关措施：

1）燃气管道发生超压时，要马上关闭进气阀，打开放空管，降低管道压力，将介质通过接管排至安全地点。

2）保持空气流通，使用鼓风机进行强制通风，及时将管道内燃气进行扩散，或使用惰性气体进行置换。在比较密闭的空间，如管廊等环境，通风应根据燃气扩散浓度定期进行。

3）划定警戒区域，对区域内的明火进行严格控制，切断电源，严禁一切用电设备运行，禁止外来火种靠近，比如吸烟者、机动车、出现火星的设备等，一般以操作点为圆心，半径 20m 以上，设置专门的人员进行监护。如操作点上空有电车电缆等可能存在的火源，应在操作点正上方设置隔离棚，防止摩擦火星掉落。选用的设备应为防爆设备。如需要凿击或切割金属材料，应采取淋水等方法，避免火星产生。

4）现场灭火：当施工现场出现燃气火灾时，特别是中压燃气管道破裂后泄漏出的燃气，着火燃烧后火焰很高，一般情况下难以用灭火机及消防器材扑灭，故应采取必要措施，控制和扑灭火焰，以防事态扩大。对于低压管道，可使用 68×10^4Pa 的高速水流、高速蒸汽或者惰性气流喷射火焰，或者用泥土（最好是黄沙）进行覆盖，隔绝空气。对于压力过高的燃气，应立即关闭两侧阀门，但是不得全部关闭，防止燃烧火苗延伸至管内，引起爆炸，应逐步控制管内压力处于正压（不低于 300Pa），再采取上述灭火方法灭火。

第三节 毒 性

1. 燃气毒性

城镇燃气中常常含有有毒有害的成分，比如人工煤气中的一氧化碳（CO），无色无味，具有剧毒，对神经系统是一种极其危险的气体，它在人体中与血红蛋白的亲和力比氧大200～300倍，与血红蛋白结合形成碳氧血红蛋白，使血液失去吸氧能力，造成中毒死亡。而液化石油气同样有害，人吸入其中的重碳氢化合物，溶于人体脂肪肌体内，会破坏神经系统和血液。天然气有含硫和无硫两种，含硫天然气中常见的硫化物是硫化氢（H_2S），是一种无色气体，具有臭鸡蛋气味，是强烈的神经毒物，对黏膜有明显的刺激作用，吸入人体进入血液后，与血红蛋白结合形成硫化红蛋白，使人出现中毒症状，甚至死亡。硫化氢气体对人的毒害性见表12-5。即使一些天然气为无硫天然气，其主要成分为甲烷，属于单纯窒息性气体，依然容易造成人因缺氧而窒息，当空气中的甲烷浓度达到25%～30%时会出现头昏、呼吸加速、运动失调。因此，为了避免管道燃气泄漏引起中毒、燃爆事故，GB 50028—2006《城镇燃气设计规范》规定，燃气中应当进行加臭，便于无毒燃气达到爆炸极限或有毒燃气达到有害程度前，能够及时察觉。根据城镇燃气的性质，在管道维护和抢修过程中，应设置通风设施以及各种防火防爆措施。

表12-5 硫化氢气体对人的毒害性

浓度/(mg/m^3)	影 响
0.025	嗅觉阈
0.3	明显嗅出
20	达到对人的损害浓度，虽无全身作用，但接触6h则可引起眼炎
70～150	数小时后可引起轻度中毒症状
200	造成黏膜灼热性疼痛，能忍受30min
400～700	接触30min～1h就有危险，可能急死或缓死，呼吸系统的炎症特别明显
700～800	接触30min即有生命危险，可因呼吸中枢麻痹等而立即死亡

2. 中毒救护

施工人员在有可能中毒的现场进行操作时，应保持现场空气流通，并需佩戴防毒面具等防护用具，可以采用隔离式防毒面具，不建议使用过滤式防毒面具，避免出现氧气不足的情况。

当发现人员出现燃气中毒时，应当立即采取以下救护措施：将中毒人员移至通风处，去除一切影响中毒者呼吸的因素，敞开领子、胸衣，解下腰带，清理口中异物。若中毒者处于昏迷状态，可使其闻氨水，喝浓茶、汽水或者咖啡，不能让其入睡。如果中毒者身体发冷，则要用热水袋或摩擦的方法使其温暖。若中毒者失去知觉，除采取上述措施外，还应将中毒者放在平坦的地方，用纱布擦拭口腔，必要时进行人工呼吸。人工呼吸应当延续进行，不得中途停止，直至送入医院为止。

第四节　静电安全

1. 静电知识

随着技术的发展，静电逐渐被认知和利用，其危害也引起了工程施工的重视，并采取措施加以预防。

产生静电的情况主要有：两种物质相互摩擦；紧密接触的物质发生分离；物质受压、撕裂、剥离、拉伸、撞击、受热；物质发生电解或者其他带电体的感应。

静电产生后，在局部形成高电位差，一旦与其他低电位物体接触，瞬间发生放电，会给人以电击，放电形成的电弧会损伤精密仪器仪表，在输送易燃易爆物质时，则会成为火源，引起火灾和爆炸。

静电可以通过导出及中和两种方式进行消散，常见的做法是与大地导通以及增大空气湿度。

2. 管道静电防护

聚乙烯管道属于电的不良导体，容易发生电荷堆积从而携带静电。在管道吹扫、置换和燃气输送过程中，气体中的粉尘与聚乙烯管壁发生摩擦，都会引起静电。在吹扫时，吹扫口钢管应进行有效接地，并控制吹扫速度。气体置换时，应控制气流流速，降低静电的产生，同时防止由于流速过快，吹起来的颗粒物相互碰撞产生火花。在管道维护带气作业前，需将管道进行接地，导出管道内静电，金属阀门可通过阀门自身与大地连通，聚乙烯阀门在生产时，会在放散口位置设置接地点，便于静电导出。

当发生管道损伤大量燃气泄漏时，应尽快进行雨淋，增加空气湿度清除静电。

第五节　非金属管道焊接操作安全防护

非金属管道施工过程中，常常会用到电气、机械设备，焊接过程中也存在加热工序、挤压工序、剪切工序、对接接头工序、切割工序、刮削工序等，这些都存在触电、高温烫伤、机械摆动磕碰、挤压等风险，因此在工作过程中应严格遵守操作程序，避免事故发生。

1. 电气设备使用安全

触电会导致猝死，如果没有采取适当的预防措施并按规定操作，则会在焊接和切割过程中发生触电而造成人员伤亡。聚乙烯管道的焊接操作会用到某种类型的电气设备，可能会引起触电事故。然而，所有用电事故都是可以避免的。触电就是足够大的电流通过人体，并对人体产生不利的影响。触电的严重程度主要取决于以下几个方面的因素：电流的大小、电流流过时间的长短、电流流动的途径以及受害人的健康状态。施加电压引起电流的流动，电流的大小取决于所加电压的大小，以及流经人体路径的电阻大小。如果是交流电，那么电流的频率也是要考虑的因素。大于 6mA 的电流被视为是主要触电电流，因为它会导致直接的人体生理伤害；而 0.5 ~6mA 之间的恒定电流被视为次要触电电流，次要触电电流通常不会对人体造成直接的生理伤害，但会引起人体不自觉的肌肉反应；0.5mA 的电流称为人体的感知限值电流，因为这一电流使大多数人感觉刺痛。人体对电流的敏感程度取决于每个人的体重，以及男女的个体差异。如果没有进行正确的安装、使用或维护，大多数电气设备都会导致触电。在非金属管道的焊接和切割过程中，大多数用电设备都在大于安全电压36V的情况下使用，触电事故大多数是因为不小心碰到了裸露的，或绝缘很差的高压导体。因此，焊工在工作中必须小心，注意不要碰到焊接回路，以及主回路的裸露导体。好的安全培训计划是非常重要的，在动手操作前，必须由有能力的人员对焊工进行有关安全用电培训。

（1）触电事故原因　使用电气设备时，最为常见的事故即触电。引发人体触电的原因主要有人体触及漏电的焊机、焊机保护接地或者保护接零（中线）系统不牢或接线错误。

焊机长期处于超负荷运行状态或者短路发热，都会损坏绝缘部分；不正确的操作方式，如焊机受到振动、撞击或野蛮搬运，也容易使绝缘部分造成机械损伤；管理、存储不当使焊机受潮，也会造成绝缘失效；错误地将220V电源与380V电源线路相接，也会造成设备绝缘失效。为了在设备绝缘功能失效时保证人员和设备安全，通常采取保护接地和保护接零措施，保护措施必须根据设备连线情况正确选取并牢固连接，如果选择不当或连接不牢靠，当人体与带电设备接触时，保护措施将无法发挥其应有的作用，从而引发触电事故。

（2）焊接设备使用的一般要求　施工过程中，所有设备、机器和工具必须符合性能要求，具有合格证，例如聚乙烯管道焊机应定期检验，时间间隔不超过一年，取得相应的检验合格报告后才可使用。设备使用前，操作人员要进行设备检测，确认正常才能起动。如果需要进行设备改装，要核对改装是否符合电气安全要求。

我国采用的安全电压为36V、50Hz的交流电源，对于潮湿而危险性较大的环境，安全电压为12V，超过安全电压会对人体造成致命伤害。设备工作电压一般为220V、50Hz或者380V、50Hz，所以接线和设备维修人员必须经过培训并具有相应资质，对电气知识一知半解者，要严加管理，禁止玩弄电气设备或乱拉乱接线。

金属外壳的电气设备都要采取接地保护，接地必须有效，不能为了方便使用，私自取消接地保护，一旦发生漏电，后果不堪设想。保护接零方法必须根据电源及设备情况由专业人员进行设置，避免由于措施选择不当引发事故。

使用前，电缆应保证安全绝缘，出现绝缘层破损、插座松动、接触不良等情况要及时进行修理更换。不能在地线和零线上装设开关和熔丝，这样即使关闭开关或切断熔丝，仍然存在触电风险。将接地线接到自来水、煤气管道上，也是绝对禁止的。

在移动设备时，操作者要及时切除电源，不能带电移动设备。禁止用湿手接触带电开关、拔插电源插头，拔插电源插头的时候手指不得接触插头的金属部分，禁止用拉导线的方法拔插头。

（3）预防触电事故发生　使用设备时，应当注意观察设备运行情况，一般方法是“听、闻、看、摸”，“听”就是听设备运行声音是否出现异响；“闻”就是注意电气设备是否有怪味，如果闻到焦臭味，可能是电机或电气绕组绝缘材料将要烧损；“看”就是要观察设备运行中是否有冒烟或打火现象，这可能是由于设备烧损或者接头松动造成的；“摸”就是触摸电机外壳等温度是否正常，避免过热。设备一旦出现异常应立即采取切断电源等适当的措施，找有关人员进行检查和修理，避免故障继续扩大，以致发生更严重的事故。

（4）触电事故处理　当发现有人触电时，应保持冷静，不要惊慌。首先应尽快切断电源，如果开关或者按钮距离触电位置很近，应迅速拉开开关，切断电源；如果开关距离较远，可以使用绝缘手钳或者干燥的木柄工具，手握绝缘柄将火线电线切断，并保证切断的电线不可触及人体。对于低压触电，如果触电人员衣服是干燥的，并且没有紧紧缠绕在身上，

救护人员可以站在干燥的木板上，用干衣服、围巾等将自己进行严格绝缘包裹，然后用单手将触电人员拉离带电体。需要注意的是不可使用双手、不可触及触电人员皮肤、不可拉触电人员的脚。在救护触电人员时，千万不要用手直接拉触电人员，防止救护人员触电。救护时，还要保证充足照明，以便进行抢救。

当触电人员脱离电源后，若神智仍然保持清醒，应使其就地躺下，并进行严密看护，避免站立或走动。如果触电人员出现神志不清，应使其躺下，确保其气道通畅，每间隔5s呼叫触电人员一次，或者通过轻拍其肩部判断其是否丧失意识。禁止摇动伤员头部进行呼叫。通过观察伤员胸部、腹部起伏，贴近口鼻，触摸颈部动脉的方法判断其呼吸、心跳是否停止。若无呼吸、无脉搏，应就地采取心肺复苏进行抢救。

2. 机械伤害

随着聚乙烯管材在燃气行业使用的口径逐渐增大，需要使用机械设备对管材进行吊装，吊装过程中，必须严格遵守吊装技术规程。

吊装管材前必须保证绳索、吊带安全可用，管材的固定应牢固稳定，不得发生摆动。指挥人员要确保作业范围内的人员撤离、排除危险因素后，才可以指挥驾驶人员进行吊装，同时应阻止非作业人员进入作业区域。吊装应当平稳，避免大幅度、突然性的动作。

使用焊接设备进行焊接时，操作人员必须在排除设备移动区域内的危险因素后，才可以起动设备，进行铣削、设备合拢、加压等操作。操作过程中，操作人员要随时观察设备运行情况，一旦发现危险应及时进行处理，排除不安全因素后，才可以继续操作。

在进行带压作业时，操作人员应当注意的是，由于管道内存在压力，带压封堵、开孔设备一旦开通管道后，压力会对开孔刀具形成反作用力，造成刀具快速反向弹出，存在击伤的危险，所以应保证在开孔刀具可能的运动空间内不得站人，以免人员受伤。

3. 高温伤害

聚乙烯管道在焊接过程中，会使用高温进行加热，热熔对接焊焊接时温度往往要达到235℃，操作人员如有不慎，容易发生烫伤，或者造成电源线缆与加热板发生接触损坏绝缘，导致短路的情况。焊接过程中，操作人员应严格执行操作程序，尽量选用全自动对接焊焊接设备，并且不得随意拆除加热板保护罩。

电熔焊接时，管件内部温度可达到260℃，聚乙烯物料处于高温、高压、熔融状态，此时，不得随意移动连接件或者使连接件受到外力，否则可能发生熔融物料从管件内喷溅出来的情况，造成人员烫伤。电熔管件在口部往往设计有锁紧螺钉，焊接时应当锁紧，同时配合使用电熔焊焊接夹具，保证焊接管材的同轴度，防止由于连接件不同轴发生熔融物料喷溅的情况。

第六节　坑道作业安全

在进行开挖管沟敷设、非开挖敷设管道或者抢修维护过程中，往往需要开挖管沟或者工作坑，以便施工人员作业。施工人员在进入沟槽后必须按照沟槽作业操作规程进行作业，保证人员和设备安全，确保施工稳步进行。

沟槽开挖后，原有土壤结构发生破坏，沟壁土壤失去部分支撑，黏着力下降，同时，管道工程周边环境比较复杂，常存在以下情况，可能造成沟槽结构失去稳定，发生塌方风险。

1）沟槽两侧有回填土存在，对开挖后的沟壁形成挤压，增加管壁的负担。

2）沟槽周围存在墙、电线杆、房屋和堆放物等因素，这些物体存在倾斜倒塌的风险。

3）地下水位较高，周围存在河流，或者正逢雨雪季节，造成沟槽土壤形态发生变化。

4）沟槽土质松软，存在流沙。

5）沟槽周围存在公路、铁路或重型车辆碾压情况。

针对以上情况，施工人员应对现场情况进行确认，并逐一排除。首先应对施工地区气候予以了解，尤其是对于多雨地区或地下水位较低的地区，应关注施工周期内天气变化。其次，开挖人员应了解现场的土质，以便配置充足的支撑板桩。管沟周围环境存在墙体、电线杆、重型车辆等时，应与其保持1.5m以上距离，如无法保证该距离，必须进行有效的支撑后方可开挖，沟槽必须使用板桩支撑加固。开挖时，土方应尽量外运，避免在沟槽两侧堆放，且堆放位置应距离沟槽边缘300mm以上。

沟槽深度达到1.5m以上时，应设置爬梯，便于施工人员撤离。沟槽深度在2m以上的，必须在距离边缘300mm以外设置1.2~1.5m高的护身栏杆，夜间应设置警示灯，避免人员跌落。沟槽应设置相应的挡水台和排水沟，保证排水畅通。

施工过程中，如发现存在塌方裂缝痕迹，应及时采取必要措施。施工所需起重机、挖掘机等车辆应与沟槽边缘保持1.5m以上的距离。施工人员在非施工时间应离开沟槽，禁止在沟槽内休息。

第七节 管材起火灭火

聚乙烯等非金属管材属于有机材料，具有可燃性，其燃烧行为类似于蜡。低密度聚乙烯及聚丙烯材料燃烧特性见表12-6。

表12-6 低密度聚乙烯及聚丙烯材料的燃烧特性

物理性能	低密度聚乙烯	聚丙烯
分解温度/℃	335~450	328~410
自燃温度/℃	350	570
氧指数（%）	17.4	17.4

聚乙烯、聚丙烯管材如果发生火灾，可以使用的灭火剂包括：射流水、干粉、泡沫或二氧化碳。灭火时会有一氧化碳和二氧化碳等碳氧化合物分解产生，消防人员应穿戴自给式呼吸器、手套、护目镜和全身防护服，在上风向灭火。

附录　特种设备非金属材料焊接作业人员考试培训习题

一、判断题

1.《中华人民共和国特种设备安全法》规定，负责特种设备安全监督管理的部门依照本法规定，对特种设备生产、经营、使用单位和检验、检测机构实施监督检查。（　）

2.《中华人民共和国特种设备安全法》规定，负责特种设备安全监督管理的部门应当加强特种设备质量宣传教育，普及特种设备质量知识，增强社会公众的特种设备质量意识。（　）

3.《中华人民共和国特种设备安全法》规定，国务院负责特种设备安全监督管理的部门发现特种设备存在应当召回而未召回的情形时，应当帮助特种设备生产单位召回。（　）

4.《中华人民共和国特种设备安全法》规定，进口的特种设备应当符合我国安全技术规范的要求，并经检验合格；需要取得我国特种设备生产许可的，应当取得许可。（　）

5.《中华人民共和国特种设备安全法》规定，禁止使用国家明令淘汰和已经报废的特种设备。（　）

6.《中华人民共和国特种设备安全法》规定，军事装备、核设施、航空航天器使用的特种设备安全监督管理不适用本法。（　）

7.《中华人民共和国特种设备安全法》规定，特种设备安全工作应当坚持安全第一、预防为主、综合治理的原则。（　）

8.《中华人民共和国特种设备安全法》规定，特种设备安全管理人员、检测人员和作业人员应当严格执行安全技术规范和管理制度，保证特种设备安全。（　）

9.《中华人民共和国特种设备安全法》规定，特种设备办理了使用登记后，即使未经定期检验或者检验不合格，仍可继续使用。（　）

10.《中华人民共和国特种设备安全法》规定，特种设备出现故障或者发生异常情况时，特种设备使用单位应当对其进行全面检查，消除事故隐患，方可继续使用。（　）

11.《中华人民共和国特种设备安全法》规定，特种设备检验、检测机构的检验、检测人员可以同时在两个以上检验、检测机构执业；变更执业机构的，应当依法办理变更手续。（　）

12.《中华人民共和国特种设备安全法》规定，特种设备检验、检测机构及其检验、检测人员可从事有关特种设备的生产、经营活动，但不得推荐或者监制、监销特种设备。（　）

13.《中华人民共和国特种设备安全法》规定，特种设备进行改造、修理，按照规定需

要变更登记的，应当办理变更登记，方可继续使用。（　）

14.《中华人民共和国特种设备安全法》规定，特种设备生产、经营、使用单位对其生产、经营、使用的特种设备应当进行自行检测和维护保养，对国家规定实行检验的特种设备，在接到检验机构发出的检验通知后接受检验。（　）

15.《中华人民共和国特种设备安全法》规定，特种设备生产、经营、使用单位及其主要负责人对其生产、经营、使用的特种设备安全负责。（　）

16.《中华人民共和国特种设备安全法》规定，特种设备生产单位应当保证特种设备生产符合安全技术规范及相关标准的要求，对其生产的特种设备的质量负责。（　）

17.《中华人民共和国特种设备安全法》规定，特种设备使用单位应当对其使用的特种设备进行不定期维护保养和定期自行检查，并作出记录。（　）

18.《中华人民共和国特种设备安全法》规定，特种设备事故应急专项预案由地方各级人民政府制定，使用单位只要定期进行应急演练即可。（　）

19.《中华人民共和国特种设备安全法》规定，特种设备销售单位应当建立特种设备检查验收和销售记录制度。（　）

20.《中华人民共和国特种设备安全法》规定，特种设备行业协会应当加强行业自律，推进行业诚信体系建设，提高特种设备安全管理水平。（　）

21.《中华人民共和国特种设备安全法》规定，违反本法规定，构成违反治安管理行为的，依法追究刑事责任。（　）

22.《中华人民共和国特种设备安全法》规定，违反本法规定，应当承担民事赔偿责任和缴纳罚款、罚金，其财产不足以同时支付时，先缴纳罚款、罚金。（　）

23.《中华人民共和国特种设备安全法》规定，县级以上地方各级人民政府负责对本行政区域内特种设备安全实施监督管理。（　）

24.《中华人民共和国特种设备安全法》规定，为了加强特种设备安全工作，预防特种设备事故，保障人身和财产安全，促进经济社会发展，制定本法。（　）

25.《中华人民共和国特种设备安全法》于2013年6月29日公布，自2014年1月1日起施行。（　）

26. 压力管道属于特种设备的一种。（　）

27. 压力管道元件是指连接或装配成压力管道系统的组成件。（　）

28. 压力管道按其用途可分为工业管道、公用管道和长输管道。（　）

29.《燃气用聚乙烯管道焊接技术规则》是根据《特种设备安全监察条例》和《压力管道安全管理与监察规定》制定的。（　）

30. 燃气用聚乙烯管道元件制造单位应当取得特种设备制造许可，但安装单位不必取得国家安装许可。（　）

31. 国家规定，申请聚乙烯管焊工考试的焊工应具有高中以上文化程度，身体健康。（　）

32. 聚乙烯管道焊工证有效期为4年。（　）

33. 聚乙烯管道焊工证在发证的质量技术监督部门管理的地区内有效，在其他地区无效。（　）

34. 聚乙烯管道焊工在证件有效期满前6个月，应当向考试机构提出复审申请。（　）

35. 中断焊接工作半年以上，想再从事此项工作的聚乙烯管道焊工，必须重新进行考试。（　）

36. 聚乙烯管焊工考试包括基本知识考试和焊接操作技能考试两部分。（　）

37. 聚乙烯管焊工考试只有焊接操作技能考试合格后方可进行基本知识考试。（　）

38. 聚乙烯管焊工焊接操作技能考试，需对焊接操作过程和试件检验进行综合评定。（　）

39. 进行电熔施工时，把每个管件打开，做好熔接准备，是比较经济和科学的做法。（　）

40. 聚乙烯管道在运输和存放中，小管不可以套在大管中。（　）

41. 聚乙烯管材在储存和运输过程中应竖直放置在平整的地面或车厢内。（　）

42. 热熔对接熔接技术一般用于连接熔融指数不相同的管材或管件。（　）

43. 全自动电熔焊机必须有接地保护，严禁接380V三相动力电。（　）

44. 合格的电熔焊口在电熔焊过程中应无冒烟（着火）、过早停机等现象，电熔件的观察孔有物料顶出。（　）

45. 燃气聚乙烯管可以与其他管道或电缆同沟敷设。（　）

46. 规格为DN160、SDR11热熔对接的管子，错边量不超过0.5mm就可以。（　）

47. 从操作规程上说，电熔熔接时无须使用固定夹具。（　）

48. 热熔对接焊机有两个夹管器，一个是固定的，一个是活动的。长管应放在固定的一端。（　）

49. 焊机的操作人员不能穿肥大的服装，也不能佩戴首饰。（　）

50. 管材经加热板加热熔融后，应过一段时间再接合。（　）

51. 回填土应分层夯实，每层以20cm为宜，管顶0.5m以上可用机械夯。（　）

52. 聚乙烯燃气管采用直埋敷设。（　）

53. 燃气聚乙烯管在穿越堆积易燃、易爆材料和具有腐蚀性液体的地下时，应加套管。（　）

54. 聚乙烯管道也需要电保护，因为它的导电性强。（　）

55. 聚乙烯管材通常是用挤出成型的方法加工制造的。（　）

56. 聚乙烯管道连接时可以使用明火加热。（　）

57. 聚乙烯管件随时可以拆开包装。（　）

58. 生活中的塑料薄膜和塑料容器均使用聚乙烯生产，这些塑料原料都可以用来生产燃气管道。（　）

59. 聚乙烯管材在运输途中捆扎、固定是为了避免其相互移动造成挫伤。（　）

60. 聚乙烯管道表面应光滑、无气泡、表面颜色均匀一致。（　）

61. 示踪线（带）是在运行管理时探测管道位置使用的。（　）

62. 燃气管道与电信管道可以同沟敷设，但与热力管道应分开敷设。（　）

63. 由于SDR11管材壁厚较大，管材划伤后，不影响使用。（　）

64. 聚乙烯管道在输送天然气时只做埋地使用，对于人工煤气和水煤气在压力较低的情况下可以进行露天敷设，但必须进行架空，防止受到外力破坏。（　）

65. 电熔焊接时，为方便焊接，可以延长电缆长度，但必须适当增加电缆直径，避免造

成欠电压。（ ）

66. 对接焊加压、冷却时间越长，焊接效果越好。（ ）

67. 使用PE100聚乙烯管道输送燃气可以使用较低壁厚管材达到同样的输送压力。（ ）

68. 切削厚度过大时，会在停止位置形成台阶，影响管材端面平整度，所以连续切削平均厚度不宜超过0.2mm。（ ）

69. 电熔焊接氧化皮刮除厚度一般为0.1~0.2mm。（ ）

70. 电熔鞍形焊接时，机械连接或其他连接方式必须固定紧密，其目的是开孔时防止管件移动。（ ）

71. 聚乙烯管件堆放时应采取上重下轻的原则。（ ）

72. 聚乙烯燃气管道不宜直接引入建筑物内或直接引入附属在建筑物墙上的调压箱。（ ）

73. 在聚乙烯管道焊接时，焊接设备必须有效接地。（ ）

74. 现场检测焊口质量的方法是试验法，如拉伸试验、剥离试验等。（ ）

75. 为保证对接焊焊接管材能充分吸热，可以将管材的吸热时间尽量延长，使聚乙烯管材端面充分熔化。（ ）

76. 由于拖动压力的变化，管材焊接吸热时的压力是变化的，不是固定的。（ ）

77. 聚乙烯管材焊接机具应当定时进行保养和维护，以保证其正常工作。（ ）

78. 热熔对接焊焊接管材的焊接参数是根据管材外径、壁厚、材料等级而变化的。（ ）

79. 拖动压力的数值必须进行多次测量取最小值，但每天测量一次就可以。（ ）

80. 两根管材安装在机架上时，中间间距不宜太大，避免焊接时出现假焊现象。（ ）

81. 热熔对接焊接结束后，只要严格按照焊接操作规范完成操作，可以不必检查焊缝外观。（ ）

82. 使用电熔焊接时，焊接时间受到电熔焊机输出电压（直流或交流）的影响而焊接参数不同。（ ）

83. 使用电熔焊接时，电网输入电熔焊机的电压对焊接质量有直接影响，所以必须进行检测。（ ）

84. 不同厂家生产的电熔管件，如果是同一个规格，其焊接参数可以通用。（ ）

85. SDR11的管材比SDR17.6的管材的壁厚要小。（ ）

86. 对接焊机油管在连接前，快插接头应当清理干净，防止垃圾进入油路，损伤设备。（ ）

87. 加热板表面具有特氟隆的涂层，可以避免与管材粘连，同时可以防止加热板被划伤。（ ）

88. 热熔对接焊机的铣刀一般单面切削，用来清除管材端面污物并平整管材端面。（ ）

89. PFSA全自动电熔焊机扫描枪必须保持清洁，以便保证焊接参数输入正确。（ ）

90. 大口径管材进行电熔焊接时，应自管材口部切除部分管材，并进行管材的椭圆复圆操作，以便保证焊接质量。（ ）

91. 电熔焊口外观符合要求，但在打压时发生泄漏，可能是由焊接参数输入不正确，焊接时间不够造成的。（　）

92. 电熔焊管件的观察孔，只要露出管件表面，就说明此次焊接是成功的。（　）

93. 电熔焊接时禁止移动焊机，直到电熔管件冷却结束。（　）

94. 电熔管件由于是内部加热，所以在冷却阶段可以进行淋水冷却。（　）

95. 管材吸水造成的翻边出现细小麻点现象，对焊接质量影响不大。（　）

96. 电熔焊口切开后，出现电阻丝胀出、裸露现象，管件焊接失败。（　）

97. 电熔焊接正常状态下，应尽量采用人工手动焊接模式。（　）

98. 电熔焊接时输出插头必须分清正负极。（　）

99. 电熔焊接时，两根管材轴线必须与管件保持同轴，否则将影响焊接质量。（　）

100. 电熔焊接前管材焊接区域的氧化皮必须刮削干净。（　）

101. 电熔焊接结束后，即可拆除焊机，可以不进行冷却。（　）

102. 电熔焊接氧化皮清理干净后，推荐使用无水酒精进行清洁。（　）

103. 电熔焊接切割管材时，切口应尽量与管材垂直，防止影响焊接质量。（　）

104. 燃气用聚乙烯管道连接可以采用电熔连接、热熔连接、法兰连接或热风焊接。（　）

105. 聚乙烯管道采用对接焊接时，铣削压力不宜过大，防止损伤铣刀。（　）

106. 聚乙烯焊接设备搬运时，不得随意抛摔。（　）

107. 聚乙烯管道不同连接形式应采用对应的专用连接工具，必要时，可以使用明火加热。（　）

108. 为保证对接焊焊接质量，使用铣刀铣削完管材端面后，应用清水清洁管材端面。（　）

109. 对接焊接进入冷却状态后，10～20min 就可以移出机架，进行下一个焊接。（　）

110. 如果铣削后的管材错边量超过壁厚的 10%，除重新进行夹装调整外，还可以使用将高出部分进行削平的办法，减少错边量。（　）

111. 手动测试拖动压力时，应将压力降至为 0，然后增加压力直到管材开始在机架上发生缓慢移动，等管材合拢时压力表的显示压力为拖动压力。（　）

112. 聚乙烯管道连接宜采用同种牌号、等级的管材和管件。（　）

113. 进行电熔焊接时，为增加工作效率，应把焊机提前接好，将每个管件从包装袋里提前拿出，做好熔接准备，是比较经济而又科学的做法。（　）

114. 对接焊后的翻边呈 V 形，是由于加热板的温度高所致，不影响焊接质量，无须重新焊接。（　）

115. 聚乙烯管材具有柔韧性，即使在装卸时抛摔也不会造成管材损伤。（　）

116. 注塑管件与管材对接，翻边不对称，是由成型工艺所致，不是焊接质量问题。（　）

117. 为了保证对接焊焊接质量，必须在打开机架取出加热板后，迅速合拢机架，此时压力可以适当加大，等翻边翻起后再把压力降到规定压力。（　）

118. 铣削完必须先降压力，后打开机架，再停铣刀，防止端面出台阶。（　）

119. 对接焊机必须定时进行清洁，可以防止设备安全和液压油溅到焊接的端面。
（　）

120. 焊接收工时，管口应封堵，不得将刮去氧化皮的管材放到第二天进行焊接。
（　）

121. 聚乙烯管材在存放时，为了节省空间，可以将小管插入大管中存放。（　）

122. 管子的不圆度必须小于20%才为合格。（　）

123. 电熔鞍形焊接时需要清理电熔鞍形表面的氧化皮，以达到最佳焊接效果。（　）

124. 电熔焊截取管材时，管材端面应垂直于轴线，若有斜坡，高度应当小于5mm。
（　）

125. 对接焊夹装管材时调整同心度，必要时调整浮动悬挂装置或用辊杠支架将管垫平减小摩擦力。（　）

126. 当出现划伤时，划伤深度不得超过壁厚的17%，如果超出必须进行处理。（　）

127. 半自动焊接时，加热板温度到达设定温度后宜立即进行焊接，使加热板达到最佳焊接状态。（　）

128. 不同标准尺寸比（SDR）的管道元件不可以直接进行热熔对接，推荐采用电熔连接或进行加工使焊接处壁厚相等。（　）

129. 焊接吸热时间结束后，转换时间不得超过规定时间。（　）

130. 使用全自动电熔焊机焊接加热时间倒计时结束后，所焊接的管材就可以正常使用了，焊接快捷方便是电熔焊接的一个突出优点。（　）

131. 对接焊接完成后的冷却期间，为节能，可以关闭泵站电源，使焊口在自然状态下冷却，但不得施加任何外力。（　）

132. 燃气聚乙烯管道焊接机具使用前必须测量电网及发电机电压，防止损毁设备。
（　）

133. 聚乙烯管道使用断气工具进行抢修时，必须分次夹扁逐渐断气，便于管材能够吸收夹扁时产生的应力。（　）

134. 使用电熔套筒进行地下管道抢修时，为方便安装，电熔套筒中的挡圈可以去除，但必须将管件安装位置标示清楚。（　）

135. 使用断气工具夹扁断气后的聚乙烯管道时，不得在同一位置进行重复夹扁作业。
（　）

136. 聚乙烯管道夹扁断气时应该避开承插类管件，并保持一定距离。（　）

137. 全自动对接焊机拖动压力自动测量后会在屏幕上显示，操作人员必须立即进行记录，以便查询。（　）

138. 全自动对接焊机的焊接数据如果使用不便可以随意删除。（　）

139. 全自动对接焊接时，对于不同厂家的管材信息可以分别记录。（　）

140. 在全自动热熔对接焊接过程中，如果加热板未能正常抬起，焊机将自动报警。
（　）

141. 为保证大口径管材吊装时的安全，应尽量选用较粗的钢丝绳进行吊装。（　）

142. 聚乙烯管道较小口径的破损在抢修前必须将破损部位修整为钝性破口。（　）

143. SDR即标准尺寸比，指壁厚与公称外径的比值。（　）

144. 管材运输时，应放置在带有挡板的平地车上或平坦的船舱内，堆放处不得有可能损伤管材的尖凸物。（　　）

145. 聚乙烯管材存放时，可以与油类或化学品混合存放。（　　）

146. 当聚乙烯管沟中土质为无坚硬土石的原土层时，可以不用铺垫细沙或细土。（　　）

147. 管道连接时，每次收工，管口必须进行封堵。（　　）

148. 管道在地下水位较高地区或雨季施工时，应采取排水措施，管道在漂浮状态下严禁回填。（　　）

149. 聚乙烯强度试验和气密试验发现的问题，必须待试验压力降至大气压后进行处理，处理合格后应重新试验。（　　）

150. 鞍形三通开孔时，应旋转开孔钥匙到达钥匙标示的位置或感觉阻力明显减小为开通，应及时提起开孔钥匙。（　　）

151. 使用断气工具对聚乙烯管道进行断气操作时，首先要选择夹块规格，防止过夹，损伤管材。（　　）

152. 使用电熔焊焊接盘卷管材时，应当使用电熔夹具。（　　）

153. 加热板表面温度必须均匀一致，温差不得超过5℃。（　　）

154. 对接焊接泵站液压油，应当定期进行更换，更换时间一般不超过6个月。（　　）

155. 一个对接焊翻边切除后，发现翻边根部存在砂眼和黑色粉末，但背弯180°和360°后，未出现断裂现象，此焊口为不合格。（　　）

156. 对接焊时尽量减小打开机架取出加热板和合拢加压的速度，其目的是避免聚乙烯管材出现炭化。（　　）

157. 开槽作业的聚乙烯管道系统应在回填土至管顶0.5m以上后，依次进行吹扫、强度和严密性试验。（　　）

158. 管道吹扫时，可以关闭管道中的阀门，用来作为盲板，然后进行压力试验。（　　）

159. 管道系统安装检查合格后应当露天放置一段时间后再进行回填。（　　）

160. 吹扫时排气口应进行接地处理，防止静电。（　　）

161. 吹扫时应设立安全区域，吹扫出口处严禁站人。（　　）

162. 聚乙烯管道进行弯曲时，可以进行加热弯曲。（　　）

163. 使用托管法和插入法敷设管道时，必须在管道拖入管沟后进行压力试验。（　　）

164. 全自动热熔对接焊接数据，可以保存在计算机中以便查询。（　　）

165. 全自动对接焊接结束后，必须对焊口进行100%检查。（　　）

166. 使用不同规格的焊机焊接同一规格管材时，焊接参数受焊机影响，不一定相同。（　　）

167. 热熔承插焊接因为受人为因素影响较大，所以不能用于燃气聚乙烯管道的焊接。（　　）

168. 利用聚乙烯材料的柔韧性，不论多大规格的聚乙烯管道都可以使用夹扁断气工具进行断气。（　　）

169. 目前国内外主要聚乙烯管道专用料分为三类。（　　）

170. 聚乙烯的代表符号是 PVC。 ( )

171. 国际规定的用于燃气的聚乙烯管材的密度不低于 930kg/m^3。 ( )

172. 国际规定的用于燃气的聚乙烯管材的密度属于高密度。 ( )

173. 对聚乙烯材料而言，温度对其强度的影响是温度升高强度升高，低了则相反。 ( )

174. 聚乙烯最早出现的时间是 1956 年。 ( )

175. 原上海煤气公司是全国最早推行用聚乙烯管的单位，最早试排时间是 20 世纪 70 年代。 ( )

176. 最小平均外径与公称外径的关系是不相等的。 ( )

177. 敷设前后的聚乙烯管材管件表面尽量不要有划伤与磕碰，若有，其深度不应超过壁厚的 10%。 ( )

178. 小口径短距离与大口径长距离进行置换时所用的气体是不相同的。 ( )

二、选择题

1.《中华人民共和国特种设备安全法》是一部（ ）

A. 安全技术法规　B. 行政规章　C. 法律　D. 行政法规

2.《中华人民共和国特种设备安全法》规定，特种设备使用单位应当使用取得生产许可并经（ ）的特种设备。

A. 市场认证　B. 检验合格　C. 技术鉴定

3.《中华人民共和国特种设备安全法》规定，国家按照分类监督管理的原则对特种设备生产实行( )制度。

A. 许可　B. 核准　C. 认证

4.《中华人民共和国特种设备安全法》规定，特种设备安全管理人员、检测人员和作业人员应当按照国家有关规定取得（ ），方可从事相关工作。

A. 合格成绩　B. 相应资格　C. 行业认可

5.《中华人民共和国特种设备安全法》规定，特种设备安装、改造、修理（ ），安装、改造、修理的施工单位应当在验收后三十日内将相关技术资料和文件移交给特种设备使用单位。

A. 结束后　B. 竣工后　C. 施工后

6.《中华人民共和国特种设备安全法》规定，特种设备生产、经营、使用单位应当建立、健全特种设备安全和（ ）责任制度。

A. 质量　B. 节能　C. 管理

7.《中华人民共和国特种设备安全法》规定，特种设备作业人员在作业过程中发现（ ）或者其他不安全因素，应当立即向特种设备安全管理人员和单位有关负责人报告。

A. 异常情况　B. 设备故障　C. 事故隐患

8.《中华人民共和国特种设备安全法》规定，违反本法规定，被依法吊销许可证的，自吊销许可证之日起（ ）内，负责特种设备监督管理的部门不予受理其新的许可申请。

A. 一年　B. 三年　C. 五年

9.《压力管道安全管理与监察规定》规定（ ）

A. 最高工作压力大于或等于0.1MPa（表压）
B. 压力管道元件制造单位应经安全注册
C. 压力管道安装单位应取得安全许可证
D. 三项均是

10. 申请考试的聚乙烯管焊工应当具有（　　）文化程度，身体健康。
A. 大专及以上　　B. 初中或初中以上
C. 高中或高中以上　　D. 中专及以上

11. 聚乙烯管焊工特种设备作业人员证有效期为（　　）。
A. 4年　　B. 2年　　C. 3年　　D. 6年

12. 聚乙烯管焊工证在有效期满（　　）个月前，继续从事焊接工作的聚乙烯焊工，应当向聚乙烯焊工考试机构提出申请，由聚乙烯焊工考试机构安排聚乙烯焊工重新进行复试。
A. 3　　B. 4　　C. 5　　D. 6

13. 聚乙烯管焊工中断焊接工作（　　）个月以上再从事此项工作时，必须重新进行考试。
A. 6　　B. 5　　C. 4　　D. 3

14. 焊接工艺评定试件的检验试验，应当由（　　）进行，并且对检验试验质量负责。
A. 安装单位
B. 管材或管件的制造单位
C. 有能力的检验检测机构或者有关机构
D. “安装单位”和“管材或管件的制造单位”均可

15. 聚乙烯燃气管道的使用寿命一般按（　　）年计算。
A. 20　　B. 40　　C. 50　　D. 70

16. 天然气的主要成分是（　　）。
A. CO　　B. CH_4　　C. CH_2　　D. C_2H_6

17. 在有些情况下，炭黑被加到材料中去，以防止（　　）降解。
A. 紫外线　　B. 红外线　　C. 阳光线　　D. 灯光线

18. 聚乙烯管在应用中，随着时间的流逝，材料会在应力、介质和温度等的作用下发生老化，材料的强度会随时间的推移（　　）。
A. 逐渐上升　　B. 逐渐下降　　C. 不变　　D. 加速上升

19. 聚乙烯管的使用温度为（　　）℃。
A. 10～20　　B. －20～20　　C. －20～40　　D. －40～40

20. 与传统管材相比，使用聚乙烯为原料制成的管道，具有质量轻、耐腐蚀、水流阻力（　　）等显著优点。
A. 小　　B. 大　　C. 和钢管相同　　D. 为零

21. 在施工现场临时堆放聚乙烯管时（　　）。
A. 应有遮盖物　　B. 可无遮盖物　　C. 可露天放置　　D. A、B均可

22. 聚乙烯管道从生产到使用之间的存放期以不超过（　　）为宜。
A. 半年　　B. 一年　　C. 二年　　D. 二年半

23. 城市民用和工业用燃气是由几种气体组成的（　　）。

A. 单一气体　B. 混合气体　C. 不可燃气体　D. 混合液体

24. 聚乙烯管道运输时（　　）拖拽、抛摔。

A. 可以　B. 不可以　C. 不怕　D. 特殊情况可以

25. 电熔熔接（　　）用于不同牌号的聚乙烯原料生产的管材和管件及不同熔融指数聚乙烯原料生产的中、高密度聚乙烯管材和管件的连接。

A. 可以　B. 不可以　C. 一般不可以　D. 不宜

26. 聚乙烯管道运输和保管中，应用（　　）捆扎和吊装。

A. 铁丝　B. 钢丝　C. 铜丝　D. 非金属绳

27. 管子储存时，若无辅助保护措施，堆放高度不宜超过（　　）m。

A. 2.5　B. 3　C. 1.5　D. 2

28. 在购买管材、管件的过程中，一定要索取原材料生产厂家名称、牌号及出厂(　　)。

A. 时间　B. 质检人员名单　C. 质检报告　D. 规格

29. 管材经加热板加热熔融后，应（　　）接合。

A. 过一段时间　B. 稍后　C. 立即　D. 冷却后

30. 聚乙烯管道在运输和存放中，小管（　　）套在大管中。

A. 一定要　B. 可以　C. 不可以　D. 不宜

31. 管材标记：亚大 CHINAUST PLASTICS GAS 燃气 OD110 GB15558.1 SDR11 FINA3802B 970112。其中，OD110 指的是：(　　)。

A. 规格尺寸　B. 标准代号　C. 原料牌号　D. 生产日期

32. 发料时要坚持（　　）的原则。

A. 先进先出　B. 先进后出　C. 小件先出　D. A 和 B

33. 聚乙烯管熔接操作人员（　　）经过专门培训，熟悉焊接设备的操作及性能，准确地理解和把握熔接的工艺要求，并能在各种复杂的环境下保证熔接质量。

A. 无须　B. 不一定非要　C. 可以　D. 必须

34. 电熔连接适用于（　　）的管道。

A. 大管径　B. 壁厚　C. 壁薄　D. 所有规格尺寸

35. 下列几何尺寸控制成环的大小，一般可以保证接口的质量：环的宽度 $B=0.35\sim0.45S$　环的高度 $H=0.2\sim0.25S$　环缝高度 $h=0.1\sim0.2S$ 对上述系数的选取应遵循“小管径，选（　　）值；大管径，选（　　）的原则”。

A. 较大、较大　B. 较大、较小　C. 较小、较小　D. 较小、较大

36. 聚乙烯燃气管道的强度试验压力应为管道设计压力的（　　）倍。

A. 1.0　B. 1.15　C. 1.5　D. 2.0

37. 聚乙烯管道进行强度试验时，应缓慢升压，达到试验压力后，应稳压（　　）h，不降压为合格。

A. 1　B. 0.1　C. 0.2　D. 0.3

38. 聚乙烯管材参数中，SDR 是指（　　）。

A. 熔融指数　B. 标准代号　C. 标准尺寸比　D. 长期静液压强度

39. 电熔连接冷却期间，不得（　　）或在连接件上施加任何外力。

A. 移动连接件　　B. 移动焊机　　C. 切断电源　　D. A 和 B

40. 聚乙烯燃气管（　　）用作室内地上管道。

A. 可以　　B. 不宜　　C. 严禁　　D. 特殊情况下可以

41. 敷设管道需加套管时，宜加燃气聚乙烯管或聚氯乙烯管，（　　）使用热沥青封口。

A. 可以　　B. 不宜　　C. 应　　D. 严禁

42. 在购买管材、管件的过程中，一定要索取原材料生产厂家名称、（　　）及出厂质检报告。

A. 时间　　B. 质检人员名单　　C. 牌号　　D. 规格

43. 聚乙烯管敷设下沟后应立即用（　　）覆盖管道，厚度不小于 30cm，以保证聚乙烯管不受外力损伤。

A. 原土　　B. 水泥　　C. 碎石　　D. 细土或砂

44. 北京市对聚乙烯燃气管材的颜色规定：中压采用（　　）管材。

A. 黑色　　B. 黄色　　C. 黑色加黄条　　D. 黄色加黑色

45. 固定夹具在电熔熔接过程中的作用不包括：（　　）。

A. 固定组合件

B. 使待焊的组合件同心

C. 在熔接和冷却过程中不产生位移

D. 保证一定的熔接压力

46. 单管沟边组装敷设时，沟底宽度应符合 $a = D +$ （　　）。

A. 0.2　　B. 0.3　　C. 0.4　　D. 0.5

47. 电压波动、熔接时间、环境温度和（　　）对电熔熔接接口质量有影响。

A. 焊机型号　　B. 生产焊机厂家　　C. 焊机价格　　D. 不良操作

48. 用洗涤剂或肥皂液检查接头是否漏气完毕后，应（　　）冲去洗涤剂或肥皂液。

A. 慢慢用水　　B. 慢慢用汽油　　C. 立即用水　　D. 立即用汽油

49. 在进行电熔熔接时，（　　）过程完成后方可拆卸电极和固定夹具，进行下一个接口的熔接。

A. 加热　　B. 通电　　C. 固定　　D. 冷却

50. 热熔对接进入冷却阶段时，（　　），最后再取下焊好的管子（管件）。

A. 待达到冷却时间后，先打开夹具，再将压力降为零

B. 待达到冷却时间后，先将压力降为零，再打开夹具

C. 先将压力降为零，达到冷却时间后，打开夹具

D. 先将压力降为零，打开夹具，待达到冷却时间

51. 电熔连接（　　）受环境、人为因素影响。

A. 易　　B. 不易　　C. 很容易　　D. 绝对

52. 为保护管线在日后运行中不受到人为的损坏，应在管线的（　　）、距管顶 50cm 处敷设一条警示带。

A. 斜上方　　B. 垂直下方　　C. 两侧下方　　D. 垂直上方

53. 聚乙烯管道吹扫时，吹扫口要用长度不小于 4m 的钢管，这主要是因为（　　）。

A. 钢管不会变形　　B. 要降低噪声

C. 要保持管道清洁　　D. 聚乙烯管道吹扫时会产生静电

54. 对接端面铣削完毕，(　　)。

A. 从机架上取下铣刀时，应避免铣刀与端面碰撞

B. 铣削好的端面要用手或干净的布检查端面是否平滑

C. 若端面被污染，要用洗涤灵清洗干净

D. 若暂时不继续熔接，要用端帽盖好

55. 热熔熔接时，对管子（管件）的端面进行切削后，要打开夹具，关闭铣刀，此过程一定要按照（　　）的顺序进行。

A. 先降压，再关闭铣刀，最后打开夹具

B. 先关闭铣刀，再打开夹具，最后降压

C. 先打开夹具，再降压，最后关闭铣刀

D. 先降压，再打开行程，最后关闭铣刀

56. 燃气聚乙烯管（　　）穿过供热管沟。

A. 可以　　B. 不应　　C. 不得　　D. 严禁

57. 由于聚乙烯管道热膨胀系数大，回填时间宜在（　　）。

A. 一昼夜中气温最低时刻　　B. 一昼夜中气温最高时刻

C. 任何时刻　　D. 中午 12 时

58. 聚乙烯管沟回填时接口（　　）0. 2m 范围内不得回填，以便试压时直接观察质量。

A. 前　　B. 后　　C. 中间　　D. 前后

59. 检查接口质量最主要的方法有（　　）。

A. 检查焊环的高度

B. 检查焊环的宽度

C. 刮下焊环，扭曲，检查焊缝是否牢固

D. 以上皆是

60. 热熔对接时，对管子（管件）的端面进行切削，（　　），可停止切削。

A. 30s 后　　B. 3min 后

C. 5min 后　　D. 当形成连续的切屑时

61. 当完成热熔对接端面的切削后，要（　　）。

A. 从机子上部取走碎屑　　B. 从机子下部取走碎屑

C. 从机子前边取走碎屑　　D. 碎屑怎么处理都没关系

62. 燃烧三要素是：燃气、氧气和（　　）。

A. 水　　B. 电流　　C. 煤　　D. 火源

63. 电熔熔接时，需刮除管材表面氧化层，刮除区域为电熔套筒长度的（　　），并用记号笔做好标记。

A. 一倍　　B. 一半　　C. 30%　　D. 20%

64. 钢管与聚乙烯管连接的连接件称为（　　）。

A. 塑 - 塑接头　　B. 钢 - 钢接头　　C. 钢塑转换接头　　D. 塑钢连接件

65. 聚乙烯管道使用寿命一般按（　　）年计算。

A. 20　　B. 40　　C. 50　　D. 70

66. 我国最早是在（　　）年，开始试用聚乙烯管道输送燃气。

A. 1980　　B. 1990　　C. 1993　　D. 1995

67. 国家标准 GB 15558.1—2015 和 GB 15558.2—2005 规定了以（　　）为主要原料，经挤出和注射成型的燃气用埋地聚乙烯管材、管件的定义、材料、外观等基本性能和要求。

A. 木器材料　　B. 金属材料　　C. 聚乙烯混配料　　D. 陶瓷材料

68. 生产燃气用埋地聚乙烯管道的聚乙烯混配料是指（　　）。

A. 聚乙烯基础树脂　　B. 聚乙烯燃气专用原料

C. 聚乙烯给水专用原料　　D. 聚乙烯管道专用料

69. 生产聚乙烯的主要原料来自（　　）

A. 食盐　　B. 重金属　　C. 石油和煤炭　　D. 海水

70. 聚乙烯燃气管道生产必须具备（　　）。

A. 免检证书　　B. 生产许可证　　C. 产品合格证　　D. 检测报告

71. 在地震中，由于底层沉降对压力管道造成巨大损害，其中受损害最小的管道是(　　)。

A. 铸铁管道　　B. 聚乙烯（PE）管道　　C. 水泥管道　　D. 钢管

72. 聚乙烯管道具有很多优点，利用它的柔韧性，可以将管道（　　）后敷设，减少接口，降低成本。

A. 随意截断　　B. 压扁　　C. 盘卷　　D. 埋地

73. 炭黑在材料中的作用，主要是防止（　　）对管材的降解。

A. 紫外线　　B. 红外线　　C. 太阳光线　　D. 灯光线

74. 聚乙烯材料的低密度值是（　　）。

A. $0.941 \sim 0.965 g/cm^3$　　B. $0.925 \sim 0.941 g/cm^3$　　C. $0.910 \sim 0.925 g/cm^3$

75. 聚乙烯管道允许的使用温度：<（　　）℃。

A. 50　　B. 40　　C. 20　　D. 70

76. 聚乙烯管道独特的特点之一是重量轻：密度为聚氯乙烯的2/3，钢管的（　　）。

A. 1/2　　B. 1/4　　C. 1/6　　D. 1/8

77. 聚乙烯的密度为（　　）g/cm^3，比水轻，运输方便。

A. 0.93 ~0.95　　B. 1　　C. 7.8　　D. 2.7

78. 用来生产燃气用聚乙烯管道的原材料必须进行（　　）评定，即命名为 PE80 或 PE100。

A. 压力　　B. 密度　　C. 等级　　D. 氧化性

79. 聚乙烯是一种（　　）塑料、高度结晶型的非极性的聚合物。

A. 热塑性　　B. 热固性　　C. 高弹性　　D. 低弹性

80. 聚乙烯管的材料，是一种以聚乙烯为基料的共聚物的复合材料（或混合材料）；材料中必须加有一定量的抗氧化剂、光稳定剂、炭黑。影响其性能主要有三大因素，即分子结构、(　　)、分子量分布。

A. 湿度　　B. 紫外线　　C. 结晶度　　D. 温度

81. 聚乙烯黑色管材上应至少有（　　）条黄色色条，色条均匀分布。

A. 1　　B. 2　　C. 3　　D. 5

82. 聚乙烯管材规格中，（　　）SDR = 公称外径 d_n/公称壁厚 e_n。

A. 工作压力　　B. 静液压强度　　C. 标准尺寸比　　D. 标准代号

83. 聚乙烯是一种高分子材料，它的强度概念和人们熟悉的钢管的强度有（　　）的区别。

A. 一般　　B. 极小　　C. 比较相似　　D. 本质

84. 聚乙烯（PE）的焊接温度为（　　）℃。

A. 127 ~ 133　　B. 220 ~ 250　　C. 200 ~ 235　　D. 230 ~ 270

85. 聚乙烯管材的延伸率为（　　）。

A. >250%　　B. >150%　　C. <350%　　D. >350%

86. 下列说法中对聚乙烯对接焊口外观描述不正确的是：（　　）。

A. 焊缝应当对称，宽度、高度一致

B. 焊缝中缝的最低点不得低于管材表面，即 K 值大于零

C. 焊缝表面无切口或缺口状缺陷

D. 焊缝宽度应大于壁厚规格

87. 下列说法中对聚乙烯管道电熔焊口的外观描述不正确的是：（　　）。

A. 观察孔应当能看到少量的聚乙烯顶出，但是顶出物不得呈流淌状，焊接表面不得有熔融物溢出

B. 电熔管件整个圆周有明显刮削痕迹或有明显插入位置标识

C. 电熔管件承插口应当与焊接的管材保持同轴

D. 电熔管件中心有明显焊接后凹陷痕迹

88. 聚乙烯管材的热稳定性，是聚合物在高温状态下耐热（　　）化分解老化的能力。

A. 氢　　B. 氮　　C. 氧　　D. 二氧化碳

89. 燃气管应为黄色或（　　）；给水管为蓝色或黑色加蓝条。

A. 黑色　　B. 黑色加黄条　　C. 白色　　D. 白色加黄条

90. 对接焊时，如果温度过高，使材料降解，聚乙烯材料将受到（　　），析出挥发性的物质和气体，材料结构发生变化，生成不饱和烃，出现杂质，从而使焊接质量降低。

A. 氮气冲击　　B. 一氧化碳破坏　　C. 氧化破坏　　D. 外界因素破坏

91. 对接焊时，管端面的不平度，造成热量的传递不均匀，窝藏空气，产生气孔，最终影响（　　）。

A. 焊接质量　　B. 压力丢失　　C. 管材偏离轴线　　D. 熔融指数下降

92. 根据焊接方法、用途的不同，可将聚乙烯管件分为（　　）两种类型。

A. 电熔管件和对接管件　　B. 套筒、三通、变径、异径三通等

C. 机械连接管件和熔接管件　　D. 常用工程管件和抢修管件

93. GB 15558.1—2015 规定，盘管应在距端口（　　）范围内进行平均外径和壁厚测量。

A. $0.5d_n \sim 1.0d_n$　　B. $1.0d_n \sim 1.5d_n$

C. $1.5d_n \sim 2.0d_n$　　D. $2.0d_n \sim 3.0d_n$

94. 聚乙烯管材划伤深度超过 10% 后，应进行（　　）处理。

A. 正常使用　　B. 刮平　　C. 切除　　D. 热板烫平

95. 聚乙烯的强度一般是指（　　）。

A. 短期静液压强度　　B. 屈服强度　　C. 抗拉强度　　D. 应用到50年时的强度

96. 燃气用埋地聚乙烯管道可以采用的连接方式有（　　　）。（多选）

A. 热熔承插焊接　　B. 电熔焊接　　C. 热熔对接焊接　　D. 热风焊接

97. 原材料级别不同的聚乙烯管道应尽量采用（　　）进行焊接，否则必须进行工艺评定后方可进行（　　）（多选）。

A. 热熔承插焊接　　B. 电熔承插焊接

C. 热熔对接焊接　　D. 热风焊接

98. 焊接机具正常使用温度为（　　）℃，如果超出此温度范围，不允许进行焊接。

A. 0～40　　B. －10～40　　C. －20～40　　D. －5～40

99. 热熔对接必须进行工艺评定的情况有：（　　）。（多选）

A. 首次采用的焊接参数　　B. 不同原材料等级元件互焊

C. 熔融指数差值大于要求　　D. 施工环境与正常条件相差较大

100. 当管材外径规格小于（　　）时，不得使用热熔对接焊接进行连接。

A. 40mm　　B. 50mm　　C. 90mm　　D. 110mm

101. 热熔对接焊机油管连接前必须（　　）。

A. 保证快插接头表面清洁　　B. 为设备添加液压油

C. 对对接焊接进行预热　　D. 泵站必须处于打开运转状态

102. 不同SDR值的管材焊接时，不经处理的情况下必须使用的连接方式为（　　）

A. 热熔焊接　　B. 电熔连接

C. 热熔承插焊接　　D. 粘接

103. 使用外翻边刮刀切除外翻边来检验焊口质量时，不需要达到的要求是（　　）。

A. 翻边应是实心圆滑的，根部较宽

B. 经180°反复弯曲后焊缝不开

C. 翻边下侧不应有杂质、小孔、扭曲或损伤

D. 使用拉伸试验机拉不开焊缝

104. 吸热时间结束后，取出加热板，合拢机架，使待焊接管材紧密结合，这个过程(　　)。

A. 时间越短越好

B. 严格按照规定时间完成，不能缩短

C. 由操作者自由掌握

105. 热熔对接焊的冷却时间决定了管材的焊接强度，所以冷却应（　　）。

A. 达到40min以上　　B. 达到规定时间

C. 使焊口达到环境温度　　D. 使翻边翻起，呈半圆形

106. 下列现象为对接焊焊缝外观，（　　）的焊缝为合格焊缝。

A. 焊缝K值小于0　　B. 焊缝K值等于0　　C. 焊缝K值大于0

107. 聚乙烯管道在与金属管道进行连接时，可以使用的是（　　）。

A. 钢塑转换　　B. 直接使用螺纹连接

C. 电熔套筒　　D. 金属承插接头

108. 聚乙烯管道使用法兰连接时必须对（　　）进行防腐处理。

A. 法兰片　　B. 螺栓、螺母

C. 所有使用到的金属配件　　D. 法兰

109. 下列（　　）因素不会影响热熔对接焊焊口质量。

A. 原材料　　B. 焊接设备　　C. 环境因素　　D. 焊接记录

110. 在热熔对接焊接中，应尽量减少拖动压力，保持两焊接管道安装同轴，若所连接管道较长，应当在管道下（　　）。

A. 加装牵引机　　B. 加装护管　　C. 安装滚轮支架

111. 热熔对接焊机加热板表面如果粘到了顽固的污物，应当使用（　　）清洁加热板。

A. 螺钉旋具　　B. 铁铲　　C. 丁酮　　D. 木铲

112. 全自动电熔焊机存储记录满后，为保存焊接记录，应当（　　）。

A. 不管它，继续焊接　　B. 立即删除所有记录

C. 焊机复位　　D. 使用 U 盘导出并保存记录

113. （　　）是指机架拖动管材所需要的最小的力，可以保证管材与加热板充分接触，并叠加在焊接压力上。

A. 吸热压力　　B. 铣削压力　　C. 拖动压力　　D. 冷却压力

114. 对接焊机机架可以起到复圆管材和（　　）的作用。

A. 清洁管材　　B. 保持管材同轴

C. 加热管材端面　　D. 控制管材焊接时间

115. 电熔焊接时发现管件周围出现喷料、冒烟情况，可以排除的因素是（　　）。

A. 焊接时间太长　　B. 焊接时间太短

C. 管材连接不同轴　　D. 管材未插到位

116. 电熔焊接焊口检验方法适用于现场的情况是（　　）。

A. 拉伸剥离试验　　B. 背弯试验　　C. 目测检验　　D. 扭曲试验

117. 电熔焊机的所谓自动焊接和手动焊接的区别在于（　　）。

A. 焊接参数输入及修正　　B. 加热板是否自动抬起

C. 焊接记录是否保存　　D. 加热方式

118. 电熔焊接加热时间结束后，可以采用的冷却方式有（　　）。

A. 压缩空气风冷　　B. 自然冷却　　C. 淋水冷却　　D. 液氮冷却

119. 电熔焊接时，全自动电熔焊机在环境温度超过（　　）℃后，会自动报警无法进行焊接。

A. 35　　B. 40　　C. 45　　D. 50

120. 电熔焊接时均应采用电熔焊夹具，以保证两根管材和管件的同轴度，否则将造成焊接失败，甚至喷料，其中对（　　）管材影响最大。

A. 63mm 以下　　B. 160mm 以上　　C. 翻卷管　　D. 钢塑转化

121. 管材和电熔管件连接好后，应用螺钉旋具将管件上的螺钉拧紧，目的是防止（　　）。

A. 管材未插到位　　B. 焊接时管材和管件脱开

C. 管材连接不紧　　D. 管材变形

122. 管材在使用电熔套筒焊接时，插入以（　　）为准。

A. 套筒长度的1/2　　B. 套筒长度的1/3

C. 套筒长度的1/4　　D. 明显插入套筒即可

123. 电熔焊氧化皮清理干净后应当立即进行焊接，如未能及时焊接，放置时间较长应（　　）后焊接。

A. 更换管材　　B. 重新清理氧化皮，必要时切除部分管材

C. 明火加热　　D. 不需做任何处理

124. 下面（　　）是电熔焊接时使用不到的工具。

A. 记号笔　　B. 刮刀　　C. 切刀　　D. 铣刀

125. 全自动电熔焊机的（　　）容易受到灰尘污染，造成无法读取条形码的错误，应当经常擦拭，保持清洁。

A. 输出插头　　B. 压敏电阻

C. 扫描器　　D. 液晶屏幕

126. 管材在潮湿的露天场所存放时间较长，且未加任何保护，可能引起（　　）。

A. 焊缝错边量大　　B. 焊缝 K 值小于0

C. 焊缝出现炭化浮渣　　D. 焊缝出现气孔

127. 对接焊口焊缝最低点低于管材表面（$K<0$），可能是由于（　　）。

A. 加热板温度未到　　B. 加热时间过长

C. 机架行程不够　　D. 冷却时间不足

128. 对接焊焊口翻边宽度较大，并形成二次翻边，可能是由于（　　）。

A. 加热板温度未到　　B. 加热时间过长

C. 机架行程不够　　D. 冷却时间不足

129. 聚乙烯的结晶度随着温度升高而降低，温度越接近熔点，结晶度（　　）。

A. 下降越激烈　　B. 反而不变化　　C. 升高　　D. 下降缓慢

130. 应用于聚乙烯管道系统施工的设备主要有（　　）、电熔焊机以及一些辅助工具。

A. 氧气－乙炔焊枪　　B. 热封焊机

C. 交流亚弧焊机　　D. 热熔对接焊机

131. 普通热熔对接焊机主要包括如下部分：焊机机架、动力源、铣刀、（　　）及计时装置。

A. 加热板　　B. 氧气瓶　　C. 电源线　　D. 熔丝

132. 管材对接焊接翻边出现气孔后，应采取的措施为（　　）。

A. 管材报废　　B. 切除端口部管材重新焊接

C. 清除管材表面氧化皮　　D. 延长加热时间

133. 动力源由（　　）提供动力，通过压力控制阀控制压力，方向控制阀控制方向，对固定在机架上的聚乙烯管进行前进、后退与保压等动作。

A. 机架　　B. 油箱　　C. 液压泵　　D. 控制阀

134. 铣刀是铣削管材、管件（　　）的专用装置。

A. 长短　　B. 端面　　C. 表面　　D. 下面

135. 机架用于夹紧与固定管材，保证管材在焊接中移动的（　　）。

A. 位置　　B. 速度　　C. 同轴度　　D. 角度

136. 聚乙烯管熔接操作人员，（　　）经过专门培训，熟悉聚乙烯材料的基本性能，熟悉熔接设备的操作及性能，准确地理解和把握熔接的工艺要求，并能在各种复杂的环境下保证熔接质量。

A. 必须　　B. 可以　　C. 不　　D. 施工后

137. 对接焊工艺中的三个重要参数：温度、（　　）、时间。

A. 强度　　B. 防护　　C. 电压　　D. 压力

138. 聚乙烯管材对接焊的最佳焊接温度 PE80 为（　　）℃，PE100 为（　　）℃。

A. 215 ~ 235　　B. 200 ~ 220　　C. 180 ~ 210　　D. 230 ~ 260

139. 实践证明，温度低于（　　）℃，即使加热时间长，也不能达到质量好的焊接结果。

A. 190　　B. 210　　C. 220　　D. 240

140. 对接焊时，发现管材与加热板有粘接现象，焊接翻边较大，翻边出现降解炭化现象，说明（　　）。

A. 加热时间长　　B. 加热板温度过高　　C. 冷却时间较长　　D. 转换时间太短

141. 法兰连接时，法兰盘、法兰连接件必须进行（　　），两法兰必须（　　），以保证长期使用。

A. 防腐处理　　B. 无须防腐

C. 平行铺设　　D. 可形成一定角度，可装入螺钉即可

142. 聚乙烯的软化温度在 120℃，所以在钢管式钢塑转换焊接时，必须（　　）。

A. 远离聚乙烯一端　　B. 采取降温措施

C. 不得使用电弧焊接　　D. 使用螺纹联接

143. 对接焊接的冷却时间，必须（　　）。

A. 保持规定压力　　B. 无压冷却，不得搬动

C. 尽量保持较高压力

144. 熔接过程的（　　）是为了排出气孔和气体夹杂物，并尽量增加实现相互扩散的面积。

A. 压力　　B. 时间　　C. 温度　　D. 清洁度

145. 对接焊时，焊接压力必须加入（　　），保证有效焊接面的压力值。

A. 大气压力　　B. 拖动压力　　C. 吸热压力　　D. 工作压力

146. 对接焊时，与焊接端面接触的所有物件必须清洁，包括（　　）。

A. 加热板　　B. 铣刀　　C. 机架　　D. 泵站

147. 对接焊取出铣刀、加热板时，（　　）端面，防止翻边不均匀，有划伤。

A. 可以摩擦　　B. 不怕碰伤　　C. 可以轻微碰伤　　D. 不能碰伤

148. 对接焊时，加热凸起要求的必须是（　　），保证焊接有效面平整。

A. 圆周　　B. 大部分　　C. 二分之一　　D. 局部

149. 与焊接端面接触的（　　）必须清洁，以保证焊接质量。

A. 毛刷　　B. 铣刀　　C. 所有物件　　D. 加热板

150. 对接焊吸热结束，打开机架，迅速取出加热板，应（　　）闭合机架，调整压力到焊接压力（p_1），同时按冷却计时按钮。

A. 立即　B. 稍后　C. 过一段时间　D. 冷却后

151. 对接焊时，管材夹紧后的错边量应（　　）的管壁厚度。

A. <20%　B. >10%　C. <15%　D. <10%

152. 对接焊焊口翻边凸起的中心焊缝高度 K 值（　　）零。

A. 大于或等于　B. 必须大于　C. 可以小于　D. 应该等于

153. 在施工现场的质量检验，主要以（　　）检验控制焊接质量。

A. 静液压强度　B. 抗拉强度　C. 非破坏性　D. 破坏性

154. 对接焊时，对管材（管件）进行铣削结束后，一定要按照（　　）的顺序进行操作。

A. 降压力，再关闭铣刀，然后打开机架

B. 先关闭铣刀，再降压力，然后打开机架

C. 先降压力，再打开机架，然后关闭铣刀

D. 关闭铣刀，打开机架

155. 某管材上标注有“110 SDR11”等字样，那么该管材的壁厚应为（　　）mm，对接焊时管口错边量应不超过（　　）mm。

A. 11mm　1mm　B. 10mm　1mm　C. 11mm　1.1mm　D. 10mm　1m

156. 对接焊时，对管材（管件）进行铣削，（　　），方可以停止铣削，保证焊接端面有效接触。

A. 3min 后　B. 切屑必须是连续的长屑

C. 5min 后　D. 10min 后

157. 寒冷天气（-5℃以下）、大风环境下焊接（　　）。

A. 可照常进行　B. 无须进行防护

C. 必须采取保护措施　D. 注意焊接情况

158. 电熔焊焊接完成后的冷却期间，不得（　　）或施加任何外力。

A. 移动连接件　B. 切断电源　C. 移动焊机　D. B 和 C

159. 电熔鞍形管件操作的顺序，正确的是（　　）。

A. 标注鞍形位置、清理氧化皮、安装鞍形管件、焊接、开孔、冷却

B. 清理氧化皮、安装鞍形管件、标注鞍形位置、开孔、焊接、冷却

C. 标注鞍形位置、清理氧化皮、安装鞍形管件、焊接、冷却、开孔

D. 清理氧化皮，安装鞍形管件、标注鞍形位置、焊接、冷却、开孔

160. 使用电熔鞍形管件（三通或修补）进行焊接时，下列说法错误的是（　　）。

A. 鞍形主体必须和管材连接牢固，焊接面无间隙

B. 修补所用电熔鞍形管件必须对中，电阻丝区域不得安装在需要修补的孔上

C. 鞍形三通必须在管件焊接时间结束后再开孔，开孔并封堵后自然冷却

D. 开孔后会有少量燃气渗漏，必须防止明火

161. 电熔焊接时，焊接的压力是通过（　　）提供的。

A. 原料热膨胀　B. 泵站加压　C. 人工加压　D. B 和 C

162. 当热熔对接焊接，管材与加热板接触上以后，应当加压使管材表面出现（　　）的一定宽度的翻边，以便保证管材端面与加热板充分接触。

A. 整圈　B. 50% 圆周　C. 75% 圆周　D. 80% 圆周

163. 下列（　　）不属于全自动对接焊机存储的信息。

A. 铣削时间　B. 加热时间　C. 翻边时间　D. 冷却时间

164. 鞍形修补在修补管材破口时，破口在鞍形主体的位置是（　　）。

A. 鞍形正中间　B. 鞍形下面　C. 鞍形底座正中间　D. 鞍形侧边

165. 电熔焊接前需要对聚乙烯管道特别是大口径管道进行圆整，目的是防止（　　）影响质量。

A. 配合间隙不均　B. 插入不到位　C. 插入过位　D. 管材同轴

166. 全自动对接焊机在选择好管材规格后，焊接的吸热时间、冷却时间及压力等参数由（　　）设置。

A. 人工输入　B. 扫描枪输入　C. 焊机自动设　D. 菜单选择

167. 电熔焊接时，需焊接的表面（　　）氧化皮。

A. 清洁无须刮去　B. 必须刮去

C. 可以用酒精擦去　D. 可以用洗涤剂去

168. 全自动对接焊接无法自动完成的工作为（　　）。

A. 拖动压力测试　B. 加压铣削　C. 加热板抬起　D. 合拢机架加压冷却

169. 使用全自动对接焊接时，焊接数据可以通过 U 盘存入计算机，并且可以使用（　　）信息进行查询。

A. 焊接时间　B. 管材规格　C. 焊工编号　D. 以上均可

170. 全自动对接焊机的焊接报警功能可以有效防止很多操作的失误，但是不能预防的失误是（　　）。

A. 吸热时间设置错误　B. 焊接行程不足

C. 冷却时间不足　D. 管材错边量超差

171. 冬天，气温较低时，管材敷设宜采用（　　）。

A. 竖直波浪形敷设　B. 水平蛇形蜿蜒敷设

C. 直线敷设　D. 随意敷设

172. 聚乙烯管材回填时，为保护管材不受到外力破坏，应在管道上方敷设（　　）。

A. 示踪线　B. 警示带

C. 护管　D. 红白带

173. 聚乙烯管在埋地敷设时（　　）。

A. 不需要防腐　B. 需要防腐

C. 是否防腐取决于甲方要求　D. 条件允许就做防腐处理

174. （　　）为压强（压力）的标准计量单位。

A. 千克　　B. MPa　　C. kg/cm^2　　D. 毫米水柱

175. 聚乙烯管材、管件运输和搬运时，应用（　　）捆扎和吊装。

A. 铁丝　　B. 钢丝绳　　C. 非金属绳　　D. 铜丝

176. 聚乙烯管材、管件运输和搬运时，（　　）抛摔和受剧烈撞击，也不得拖拽。

A. 不得　　B. 可以　　C. 不怕　　D. 特殊情况可以

177. 聚乙烯管材、管件在施工现场临时堆放时，（　　）。

A. 可露天放置　　B. 可无遮盖物　　C. 应有遮盖物　　D. A 和 B 均可

178. 聚乙烯管材在运输和存放过程中，小管（　　）套插在大管中。

A. 一定要　　B. 可以　　C. 不可以　　D. 不宜

179. CJJ 63—2018 规定了聚乙烯管道输送天然气时运行压力不得超过（　　）MPa。

A. 1.0　　B. 0.8　　C. 0.4　　D. 0.7

180. 使用凝水缸是为了排出管道内的积水，对于（　　）由于水分含量较少可以不必安装。

A. 水煤气　　B. 天然气　　C. 液化石油气　　D. 人工煤气

181. 聚乙烯穿管施工中根据图样资料，其抽水井、阀门井、三通、弯管部位均为开挖点，自然段长度宜为（　　）m 左右。

A. 300　　B. 400　　C. 500

182. 聚乙烯管道回填时，管沟内不能有（　　）。

A. 细沙　　B. 尖锐石块　　C. 少量的积水

183. 聚乙烯燃气管道进行强度试验时，应缓慢升压，达到试验压力后，应稳压（　　）h，不降压为合格。

A. 1　　B. 2　　C. 3　　D. 4

184. 聚乙烯燃气管道埋设在非机动车道下时，深度不宜小于（　　）m。

A. 0.4　　B. 0.6　　C. 0.8　　D. 0.9

185. 管材使用货架，并在两侧加支撑保护时，堆放高度可适当提高，但是不宜超过（　　）m。

A. 2.0　　B. 2.5　　C. 3.0　　D. 5.0

186. 聚乙烯燃气管道安装完毕后，在强度试验时，可使用（　　）检查接头是否漏气。

A. 水　　B. 肥皂水　　C. 柴油

187. 用断气工具夹扁聚乙烯管材时，最大挤压程度不得超过（　　）（S 为管材厚度）。

A. 1.5S　　B. 1.6S　　C. 2S　　D. 1.8S

188. 小口径聚乙烯管道使用热熔对接焊接时，形成（　　）容易影响气体流量。

A. 内翻边　　B. 外翻边　　C. 焊瘤　　D. 管材炭化

189. 聚乙烯管材存放时间不宜太长，管材和管件的推荐存放时间不宜超过（　　）。

A. 均为 2 年　　B. 1 年和 2 年　　C. 无限制　　D. 均为 4 年

190. 当管材存放时间超过规定值后，必须（　　）检测合格才可以使用。

A. 回收再生产　　B. 重新抽样后进行性能实验

C. 现场焊接使用，并打压　　D. 必须报废

191. 电熔焊机的存储记录数量不得少于（　　）个。

A. 150　　B. 250　　C. 500　　D. 1000

192. 加热板温度到达设定温度后，再等10min后才开始使用，其目的是（　　）。

A. 减少测温误差　　B. 使加热板表面温度均匀一致

C. 降低加热板中心温度　　D. 增加热板边缘的温度

193. 聚乙烯管材管件连接必须使用专用工具，不得使用（　　）。

A. 螺纹联接和粘接　　B. 热熔对接　　C. 电熔对接　　D. 法兰连接

194. 在正常的焊接管材、工艺、设备保障下，影响焊接质量的最主要因素是（　　）

A. 是否按照操作流程操作　　B. 焊接气候

C. 焊工经验　　D. 设备质量

195. PFSA电熔焊机在电压低于工作电压的15%后，会自动显示欠电压报警，是由于(　　)

A. 低电压焊机无法起动　　B. 无法保证焊接质量

C. 管件无法通电　　D. 会烧毁管件

196. 示踪线及警示带铺设应当（　　）。

A. 随管道走向　　B. 垂直管道走向

C. 随管道走向间断铺设　　D. 随管道走向连续铺设

197. 口径超过400mm的聚乙烯管道的警示带铺设时，应在管道正上方平行铺设(　　)条间距在100~200mm的警示带。

A. 1　　B. 2　　C. 3　　D. 4

198. 下列焊接参数可以随意延长的是（　　）。

A. 吸热时间　　B. 转换时间　　C. 冷却升压时间　　D. 冷却时间

199. 管道系统进行分段强度试验，试验管段长度不得超过（　　）m。

A. 100　　B. 500　　C. 1000　　D. 2000

200. 当PE80管材与PE100管材进行焊接时，宜采用（　　）。

A. PE100参数　　B. PE80参数　　C. 电熔焊接　　D. 热熔焊接

201. 聚乙烯管道在松开断气工具后，在24h之内可恢复至管材外径的（　　）。

A. 60%　　B. 70%　　C. 80%　　D. 100%

202. 吹扫与试验介质宜采用（　　），但其温度不宜超过40℃。

A. 压缩空气　　B. 压缩氮气　　C. 压缩氢气　　D. 压缩氧气

203. 穿越道路的聚乙烯管应该砌水泥盖板保护或用钢套管保护，钢套管口径为大于聚乙烯管径的（　　）倍。

A. 1.0　　B. 1.1　　C. 1.2

204. 纵向回缩率的国际规定是（　　）℃条件下，不超过（　　）%。

A. 100，2　　B. 110，3　　C. 120，5

205. 国家标准中规定的聚乙烯管材断裂伸长率为大于（　　）。

A. 350%　　B. 300%　　C. 250%

206. 热稳定性不佳的聚乙烯原材料，在熔接过程中易发生（　　）现象。

A. 收缩　　B. 膨胀　　C. 降解

207. 国家标准中规定，热稳定性用氧化诱导时间衡量，指标规定应大于（　　）min。

A. 10　　B. 20　　C. 30

208. 为避免电熔接口焊接质量不可靠，电熔管件与管材间焊接时配合间隙越小越好，最大不宜大于（　　）mm。

A. 0.3　　B. 0.5　　C. 0.8

答　案

一、判断题

1. √	2. ×	3. ×	4. √	5. √	6. √	7. ×	8. √	9. ×	10. √
11. ×	12. ×	13. √	14. ×	15. √	16. ×	17. ×	18. ×	19. √	20. √
21. ×	22. ×	23. ×	24. √	25. √	26. √	27. √	28. √	29. √	30. ×
31. ×	32. √	33. ×	34. ×	35. √	36. √	37. ×	38. √	39. ×	40. ×
41. ×	42. ×	43. √	44. √	45. ×	46. √	47. ×	48. √	49. √	50. ×
51. √	52. √	53. ×	54. ×	55. √	56. ×	57. ×	58. ×	59. √	60. √
61. √	62. ×	63. ×	64. ×	65. √	66. ×	67. √	68. √	69. √	70. ×
71. ×	72. √	73. √	74. ×	75. ×	76. √	77. √	78. √	79. ×	80. √
81. ×	82. √	83. √	84. ×	85. ×	86. √	87. ×	88. ×	89. √	90. √
91. √	92. ×	93. √	94. ×	95. √	96. √	97. ×	98. ×	99. √	100. ×
101. ×	102. √	103. √	104. ×	105. √	106. √	107. ×	108. ×	109. ×	110. ×
111. ×	112. √	113. ×	114. ×	115. ×	116. √	117. ×	118. √	119. √	120. √
121. √	122. ×	123. √	124. √	125. √	126. ×	127. ×	128. √	129. √	130. ×
131. ×	132. √	133. √	134. √	135. √	136. ×	137. ×	138. ×	139. √	140. √
141. ×	142. √	143. ×	144. √	145. ×	146. √	147. √	148. √	149. √	150. √
151. √	152. √	153. √	154. √	155. ×	156. ×	157. √	158. ×	159. ×	160. √
161. √	162. ×	163. ×	164. √	165. √	166. √	167. ×	168. ×	169. √	170. ×
171. √	172. ×	173. ×	174. √	175. √	176. √	177. ×	178. √		

二、选择题

1. C	2. B	3. A	4. B	5. B	6. B	7. C	8. B	9. D	10. B
11. A	12. A	13. A	14. C	15. C	16. B	17. A	18. B	19. C	20. A

21. A	22. B	23. B	24. B	25. A	26. D	27. C	28. C	29. C	30. B
31. A	32. A	33. D	34. D	35. B	36. C	37. A	38. C	39. D	40. C
41. D	42. C	43. D	44. B	45. D	46. B	47. D	48. C	49. D	50. B
51. B	52. D	53. D	54. A	55. D	56. D	57. A	58. D	59. D	60. D
61. B	62. D	63. B	64. C	65. C	66. A	67. C	68. D	69. C	70. B
71. B	72. C	73. A	74. C	75. B	76. D	77. A	78. A	79. A	80. C
81. C	82. C	83. D	84. C	85. D	86. B	87. D	88. C	89. B	90. C
91. A	92. A	93. B	94. C	95. D	96. BC	97. B、C	98. B	99. ABCD	100. C
101. A	102. B	103. D	104. A	105. B	106. C	107. A	108. C	109. D	110. C
111. D	112. D	113. C	114. B	115. B	116. C	117. A	118. B	119. B	120. C
121. B	122. A	123. B	124. D	125. C	126. D	127. D	128. C	129. A	130. D
131. A	132. B	133. C	134. B	135. C	136. A	137. D	138. A	139. A	140. A
141. A、C	142. B	143. A	144. A	145. B	146. A	147. D	148. A	149. C	150. A
151. D	152. B	153. C	154. C	155. B	156. B	157. C	158. A	159. C	160. C
161. A	162. A	163. A	164. A	165. A	166. C	167. B	168. B	169. D	170. D
171. B	172. B	173. A	174. B	175. C	176. A	177. C	178. B	179. B	180. B
181. C	182. B	183. A	184. B	185. C	186. B	187. D	188. A	189. B	190. B
191. B	192. B	193. A	194. A	195. B	196. A	197. B	198. D	199. C	200. C
201. C	202. A	203. B	204. B	205. A	206. B	207. B	208. C		

参考文献

[1] 卢少忠，卢晓晔，胡淑芬．塑料管道工程 性能·生产·应用［M］．北京：中国建材工业出版社，2004.

[2] 王从曾．材料性能学［M］．北京：北京工业大学出版社，2001.

[3] 孙逊．聚烯烃管道［M］．北京：化学工业出版社，2002.

[4] 郑伟义，陈国龙，陈志刚，等．塑料焊接技术［M］．北京：化学工业出版社，2015.

[5] 马长城．城镇燃气聚乙烯（PE）输配系统［M］．北京：中国建筑工业出版社，2011.

[6] 高立新．聚乙烯压力管道连接与熔接接头质量检查［J］．特种结构，2005，22（3）：21－25.